高职高专工学结合教改规划教材系列

计算机维护与维修

主　编　钱　海
副主编　和铁行　何寒晖

图书在版编目（CIP）数据

计算机维护与维修／钱海主编．—杭州：
浙江大学出版社，2013．3(2021．1重印)
ISBN 978-7-308-11252-9

Ⅰ．①计…　Ⅱ．①钱…　Ⅲ．①计算机维护
—高等职业教育—教材　Ⅳ．①TP307

中国版本图书馆CIP数据核字（2013）第042618号

计算机维护与维修
钱　海　主编

丛书策划　阮海潮(ruanhc@zju.edu.cn)
责任编辑　阮海潮
封面设计　姚燕鸣
出版发行　浙江大学出版社
　　　　　　(杭州市天目山路148号　邮政编码310007)
　　　　　　(网址:http://www.zjupress.com)
排　　版　杭州中大图文设计有限公司
印　　刷　浙江新华数码印务有限公司
开　　本　787mm×1092mm　1/16
印　　张　14
字　　数　358千
版 印 次　2013年3月第1版　2021年1月第4次印刷
书　　号　ISBN 978-7-308-11252-9
定　　价　32.00元

前　言

随着计算机技术的快速发展和其在生活与工作中应用的快速普及，越来越多的使用者对计算机相关的软硬件技术产生了浓厚的兴趣，希望了解如何选购、组装、检测、维护好计算机。目前市面上有很多计算机组装与维护的书籍，但由于计算机技术发展迅速，特别是适合高职高专院校使用的教材相对缺乏，因此我们针对高职高专院校学生的特点，以项目化教学的形式将目前最新的软硬件知识组织起来，同时鼓励学生通过相关专业媒体、网络、市场等渠道了解计算机的相关技术，使教、学、做、用紧密结合，学生通过本课程的学习可以掌握计算机有关硬件的基础知识，能自己选购各种零配件进行组装，能对计算机进行日常的维护以及解决计算机的常见故障。

本书具有以下几个特点：

(1)突出项目驱动的模式。全书分为“认识与选购计算机配件”、“组装计算机”、“安装操作系统”等十个项目，每个项目又分为若干个任务，学生通过完成项目中的各个任务可以主动地、循序渐进地掌握相关知识。

(2)突出“实用”原则。理论知识以必需、够用为原则，从相关职业岗位能力需求出发，摆脱传统的学科型教材模式。

(3)内容全面。本书介绍了计算机各主要部件的分类、结构、参数和选购建议，同时介绍了操作系统和驱动程序、常用办公软件、安全软件、测试软件的安装，还介绍了笔记本电脑的选购、升级、维护、常见故障的排除，以及常用计算机外设的选购、使用、维护等内容。

(4)图文并茂，通俗易懂。本书在介绍各主要零部件、组装、维护维修过程时都附有大量图片，同时努力以简单通俗的语言来解释难懂的知识，力求方便阅读。

(5)紧跟技术潮流。本书介绍的内容大多为当今最新的技术，如 Intel 第三代 Core i7、AMD FX(推土机系列)CPU、Intel 和 AMD 最新的主板芯片组、DDR3 内存、最新显卡的 GPU 参数、显示器的 HDMI、DisplayPort、Thunderbolt 等接口，Windows 8、Ubuntu 等操作系统、Microsoft Office 2010、WPS Office 2012、Apache Openoffice 3.4.1 等办公软件的安装，以及笔记本电脑的分类、选购、升级、维护、常见问题的解决等内容。

(6)篇幅适当，适合教师安排教学。本书共分为十个项目，结构合理、条理清晰。建议学时为72学时(含理论和实验,比例为1∶2),使学生有较多的动手实践的机会,能在操作中理解计算机各主要部件的工作原理及相互关系,掌握计算机选购、组装、日常维护、维修的技能。

本书由浙江医学高等专科学校卫生信息管理专业的钱海老师主编,其中钱海编写了项目二、项目三、项目五和项目九,和铁行编写了项目六、项目七和项目十,何寒晖、钱海编写了项目一、项目四和项目八。全书由钱海统编定稿。

目前,本书编写组正在开发iPad平台下的课件应用,同时也面向教师提供配套的PPT课件等教学素材。由于计算机软硬件技术发展迅速以及编者水平有限,书中不足和错漏之处,恳请老师、同学及读者朋友们提出宝贵意见和建议,联系方式:qianhai@zjmc.net.cn。

编　者

目录

CONTENTS

项目一　认识与选购计算机配件

任务一　认识计算机配件

【实训目的】

理解计算机软硬件的基本组成，熟悉计算机各主要配件的名称、形状、作用。

【实训准备】

计算机是一种不需要人工直接干预，能够快速对各种数字信息进行算术和逻辑运算的电子设备。我们接触比较多的是微型计算机，又称为微机、电脑或PC，是在大小、性能以及价位等多个方面适合于个人使用，并由最终用户直接操控的计算机的统称。它是20世纪最伟大的发明之一，目前广泛应用于我们的学习、工作与生活之中。

(一)微型计算机系统的组成

一个完整的微型计算机系统由硬件和软件组成。硬件是指组成计算机的各种物理设备，包括中央处理器(CPU)、存储设备(内存、硬盘、光盘等)、输入设备(键盘、鼠标、摄像头、扫描仪等)、输出设备(显示器、打印机等)。软件是指在硬件设备上运行的各种程序，包括系统软件(操作系统、数据库系统、语言处理系统等)和应用软件(办公软件、杀毒软件等)。

(二)微型计算机的结构形式分类

1. 台式机

台式机是最常见的微型计算机的形态，其主机、显示器相互独立，通过数据线连接在一起(图1-1)。一般需要放置在电脑桌或者专门的工作台上，因此被命名为台式机。台式机的特点是机箱空间较大，多采用标准化的计算机零部件，升级、维护维修比较方便，适合家庭、企事业单位等拥有相对固定环境的用户使用。

2. 笔记本电脑

笔记本电脑是一种小型、可以方便携带的个人电脑，其将主机、显示器、键盘等集成在一起，与台式机相比其最大的优势就是便携性(图1-2)。早期的笔记本电脑价格昂贵、性能较弱，随着技术的进步，笔记本电脑的性能不断提升、价格逐渐下降，现在笔记本电脑已经成为很多用户购买计算机的第一选择。

3. 上网本

上网本(Netbook)这个名词最早由加拿大ATIC公司于1996年6月提出，当时作为“可

图 1-1　台式计算机

图 1-2　笔记本电脑

上网”的笔记本电脑在北美市场销售，当时强调的是多功能、可直接上网、便携的网络型笔记本电脑(Network-linkable Notebook)。英特尔公司于 2008 年 2 月刷新了对上网本的定义，以形容一种低价、体积小、便携和功能精简的小型笔记本电脑(Subnotebook)，俗称Netbook。早期的上网本是一台功能不齐全的笔记本电脑，最早以 7～9 英寸为主，下图为当时最流行的上网本华硕 EeePC(图 1-3)和 HP 2133(图 1-4)，后期上网本尺寸以 10～12 英寸之间居多，一般不带光驱。随着平板电脑的兴起，上网本正逐渐退出历史的舞台。

图 1-3　华硕 EeePC

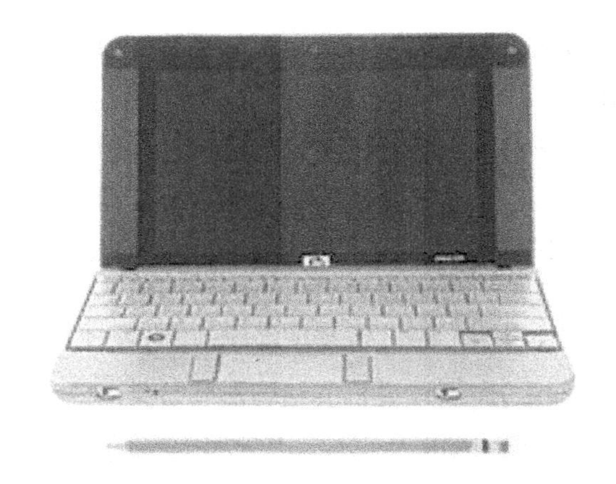

图 1-4　HP 2133

4. 超极本(Ultrabook)

Ultrabook 是英特尔公司为与苹果笔记本 MBA(Macbook Air)竞争，为维持现有 Wintel 体系而提出的新一代极致轻薄的笔记本电脑，中文翻译为“超极本”(图 1-5)，旨在为用户提供低能耗、高效率的移动生活体验。Ultrabook 既具有笔记本电脑性能强劲、功能全面的优势，又具有平板电脑响应速度快、简单易用的特点。它集成了平板电脑的应用特性与 PC 的性能，可以实现众多商务人士所需求的“iPad＋PC”二合一的需求。

5. 电脑一体机

电脑一体机是目前介于台式机和笔记本电脑之间的一个新形态电脑，它将主机、显示器部分整合到一起，内部元件高度集成，其键盘、鼠标也可与主机/显示器部分实现无线连接，

图 1-5 超级本

机器只有一根电源线,解决了台式机一直为人诟病的线缆多而杂的问题。目前电脑一体机主要分为 PC 系列和 MAC 系列,外观分别如图 1-6(联想 A720)和图 1-7(Apple iMac)所示。

图 1-6 联想 A720 一体电脑

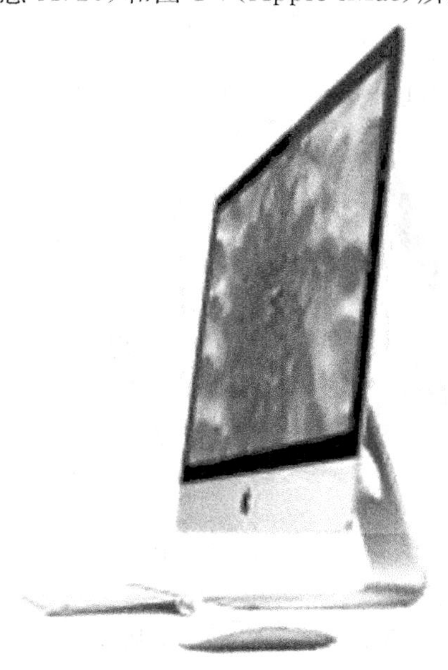

图 1-7 Apple iMac 一体电脑

6. 平板电脑

平板电脑(Tablet Computer)是一种以触摸屏作为基本输入设备的小型的、携带方便的个人电脑。目前大多数平板电脑使用电容触摸屏,支持多点触摸,用户可以使用手指触控、书写、缩放画面与图案,同时也可以利用屏幕上的虚拟键盘或语音输入信息。2002 年 12 月 8 日,微软在纽约正式发布了 Tablet PC 及其专用操作系统 Windows XP Tablet PC Edition,这标志着 Tablet PC 正式进入商业销售阶段。但由于当时的硬件技术水平还不成熟,而且所使用的 Windows XP 操作系统是为传统电脑设计,因此并没有引起过多的关注。直到 2010 年 1 月,苹果公司的 iPad(图 1-8)发布,平板电脑才突然火爆起来。目前,除了 iPad 使用苹果的 iOS 操作系统,其他主流的平板电脑大多使用 Android 操作系统及其定制版(图 1-9)。随着微软 Windows 8 操作系统和其自家的 Surface 平板的发布(图 1-10),Win8 平板也会逐渐占到一席之地。

图1-8 苹果iPad

图1-9 三星Android平板

图1-10 微软Surface平板

(三)微型计算机的主要配件

1. CPU

CPU(Central Processing Unit,中央处理器)是一台计算机的运算和控制核心。其功能主要是解释计算机指令以及处理计算机软件中的数据,由运算器、控制器和寄存器及实现它们之间联系的数据、控制及状态的总线构成,被喻为计算机的“大脑”。图 1-11 和图 1-12 分别为 Intel 公司和 AMD 公司的 CPU。

图 1-11 Intel 公司的 CPU

图 1-12 AMD 公司的 CPU

2. 主板

主板(Mainboard,又叫主机板、系统板或母板)安装在机箱内,是微机最基本的也是最重要的部件之一,在整个微机系统中扮演着举足轻重的角色。可以说,主板的类型和档次决定着整个微机系统的类型和档次,其性能影响着整个微机系统的性能。目前市场上主流产品

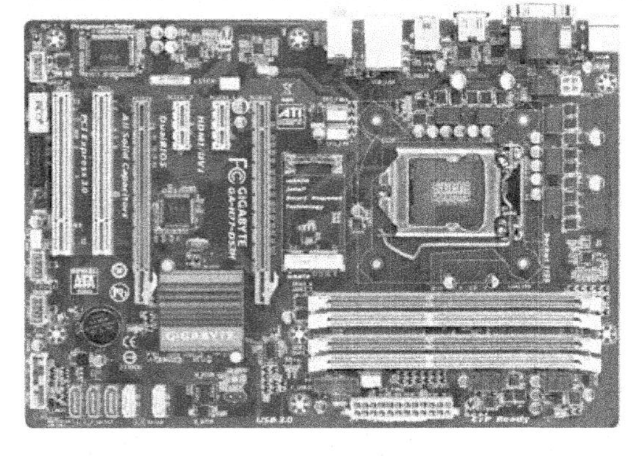

图 1-13 Intel 平台主板

图 1-14 AMD 平台主板

主要分成 Intel 平台的主板(图 1-13)与 AMD 平台的主板(图 1-14)。

3. 内存

内存(Memory)也被称为内存储器,是由内存芯片、电路板、金手指等部分组成,其作用是用于暂时存放 CPU 中的运算数据,以及与硬盘等外部存储器交换的数据。计算机中所有程序的运行都是在内存中进行的,因此内存的性能对计算机的影响非常大。其也是计算机中最重要的部件之一。目前主流计算机均采用 DDR3 内存,外观如图 1-15 所示,其内存开口尺寸见图 1-16。

图 1-15　Kingston DDR3 内存

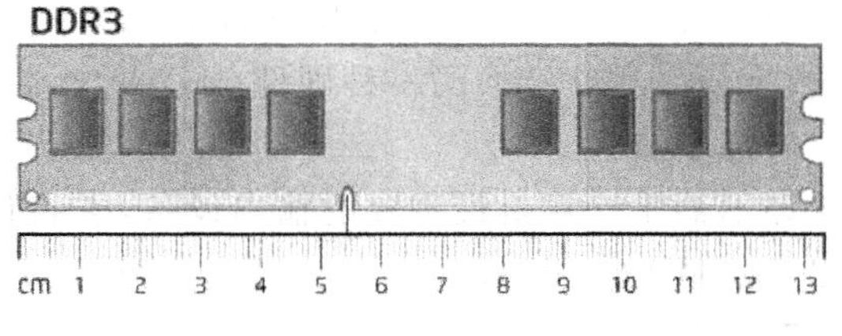

图 1-16　DDR3 内存开口尺寸

4. 硬盘与光驱

硬盘(Hard Disk Drive,HDD)是计算机中最重要的外部存储器,用于存放永久性的数据。其容量较大,但读写速度比内存慢。图 1-17 为 3.5 英寸 SATA 接口的台式机硬盘。

图 1-17　硬盘

图 1-18　蓝光刻录机

光驱是计算机用来读写光盘内容的机器,外观都大同小异,包括 CD-ROM、CD-R/RW、DVD-ROM、DVD 刻录机、蓝光光驱、蓝光康宝、蓝光刻录机(图 1-18)等多种类型,目前 DVD 刻录机已成为很多微型计算机的标准配置,其能够读取 CD、DVD 光盘,同时还能刻录 CD、DVD 光盘。

5. 显卡、网卡与声卡

显卡(图 1-19)又称显示卡(Display Card),是将计算机系统所需要的显示信息进行转换并输出到显示器的设备,是连接显示器和个人电脑主板的重要元件,也是"人机对话"的重要设备之一。其显示核心被称为 GPU(Graphic Processing Unit,图形处理器),是显卡的"心脏",决定了显卡的档次和大部分性能。

网卡(图 1-20)又称网络接口卡(Network Interface Card),是连接计算机与网络的硬件设备。

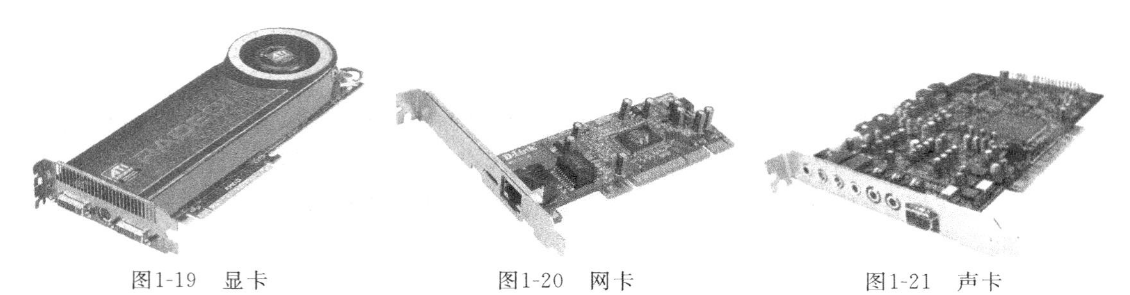

图1-19　显卡　　图1-20　网卡　　图1-21　声卡

声卡(图 1-21)也叫音频卡(Sound Card),是多媒体技术中最基本的组成部分,是实现声波/数字信号相互转换的一种硬件。

6. 显示器

显示器是计算机最重要的输出设备,它将计算机中的数据以文字、图片、视频等形式展现出来。目前应用最广泛的显示器就是液晶显示器。

7. 机箱与电源

机箱(图 1-22)作为电脑配件中的一部分,它起的主要作用是放置和固定各电脑配件,起到一个承托和保护作用,此外其还具有屏蔽电磁辐射的重要作用。

图 1-22　机箱

图 1-23　计算机电源

计算机电源(图 1-23)是一种安装在主机箱内的封闭式独立部件,它的作用是将交流电通过一个开关电源变压器转换为+5V,−5V,+12V,−12V,+3.3V 等稳定的直流电,以供应主机箱内各系统部件使用。

8. 键盘与鼠标

键盘(图 1-24)是计算机最重要的输入设备之一,主要帮助用户输入字母、数字、符号等内容。

鼠标(图 1-25)也是计算机的输入设备,它可以使计算机的操作更加简便。除了常见的USB 接口的有线键盘与鼠标,还有采用蓝牙和 2.4GHz 频率的无线键盘与鼠标。

图 1-24 键盘

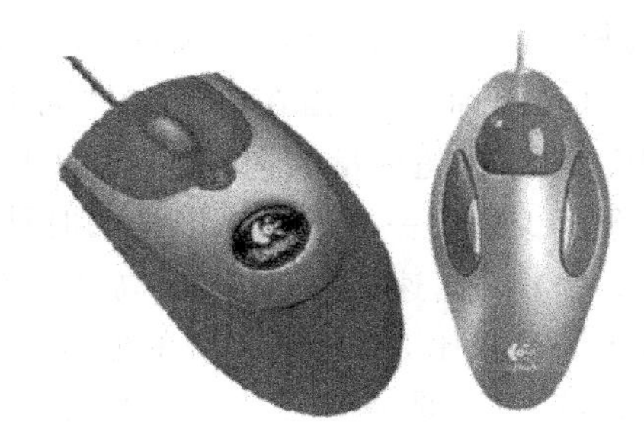

图 1-25 鼠标

任务二 选购计算机配件

一、CPU

【实训目的】

熟悉 CPU 的名称、结构、作用，掌握 CPU 的选购方法。

【实训准备】

(一)主流 CPU 品牌介绍

目前，CPU 的主要生产厂商为 Intel 和 AMD 两家，其中 Intel 品牌的 CPU 稳定性较好，价格稍高，而 AMD 品牌的 CPU 则拥有较高性价比。

(二)CPU 性能介绍

CPU 是整个微机系统的核心，它往往是各种档次微机的代名词，CPU 的性能大致上反映出微机的性能，因此它的性能指标十分重要。

CPU 主要的性能指标有：

(1)主频，即 CPU 的时钟频率(CPU Clock Speed)。一般说来，主频越高，CPU 的速度越快。由于内部结构不同，并非所有的时钟频率相同的 CPU 的性能都一样。

(2)内存总线速度(Memory-Bus Speed)，指 CPU 与二级(L2)高速缓存和内存之间的通信速度。

(3)扩展总线速度(Expansion-Bus Speed) 指安装在微机系统上的局部总线(如 VESA 或 PCI 总线)接口卡的工作速度。

(4)工作电压(Supply Voltage)，指 CPU 正常工作所需的电压。早期 CPU 的工作电压一般为 5V，随着 CPU 主频的提高，CPU 工作电压有逐步下降的趋势，以解决发热过高的问题。

(5)地址总线宽度，决定了 CPU 可以访问的物理地址空间，对于 486 以上的微机系统，地址线的宽度为 32 位，其最多可以直接访问 4096 MB 的物理空间。

(6)数据总线宽度，其决定了 CPU 与二级高速缓存、内存以及输入/输出设备之间一次数据传输的信息量。

(7)内置协处理器。含有内置协处理器的 CPU，可以加快特定类型的数值计算，某些需要进行复杂计算的软件系统，如高版本的 AUTO CAD 就需要协处理器支持。

(8)超标量，是指在一个时钟周期内 CPU 可以执行一条以上的指令。Pentium 级以上 CPU 均具有超标量结构；而 486 以下的 CPU 属于低标量结构，即在这类 CPU 内执行一条指令至少需要一个或一个以上的时钟周期。

(9)L1 高速缓存，即一级高速缓存。内置高速缓存可以提高 CPU 的运行效率，这也正是 486DLC 比 386DX-40 快的原因。内置的 L1 高速缓存的容量和结构对 CPU 的性能影响较大，这也正是一些公司力争加大 L1 级高速缓冲存储器容量的原因。不过，高速缓冲存储器均由静态 RAM 组成，结构较复杂，在 CPU 管芯面积不能太大的情况下，L1 级高速缓存的容量不可能做得太大。

(10)采用回写(Write Back)结构的高速缓存，对读和写操作均有效，速度较快。而采用写通(Write-through)结构的高速缓存，仅对读操作有效。

(三)CPU 的选购

1. Intel 系列处理器

(1)赛扬(Celeron)系列

Intel 酷睿架构面世之后，“奔腾”从高端品牌转型成了入门产品，而定位低一级的“赛扬”生存空间则被进一步压缩。更新到 Sandy Bridge 架构的“赛扬 G”定价在 300 元内，其中 G530＋H61 一度成为性价比最高的低端平台组合。不过现在比起 G530 有更好的选择——G540，频率高了一些，价格却保持不变。

Celeron G540 的 CPU 部分采用原生双核设计，主频为 2.5GHz；核芯显卡为 HD Graphics，具备 6 个 EU 处理单元，默认频率 850MHz。CPU 和核心显卡共享 2MB 缓存。TDP 热设计功耗为 65W，与 Pentium G600 系列一样最高只支持 DDR3-1066 内存。

优点：①第二代 Sandy Bridge 架构，CPU 性能不错，日用办公无压力。
②不足 300 元，性价比很高。

缺点：①集成的 GPU 性能一般。
②只能支持 DDR3-1066 内存。

点评：现在“赛扬”系列已经只剩下 300 元内初级市场这一小块市场了，G540 应付日常办公应用绰绰有余，全新报价不足 300 元，与 H61/B75 的组合依然是初级市场性价比较高之选。

(2)奔腾(Pentium)系列

在以前几乎成为了英特尔的代名词，在智能酷睿当道的今天，奔腾处理器升级到 Sandy Bridge 架构，退居二线主打中低端市场。采用与新赛扬系列一样的 G＋三位数字的命名方式，“新奔腾”的特点是：CPU 性能强劲，集成的 GPU 性能比不过 APU。代表型号：Intel Pentium G630。

Intel Pentium G630 是基于 Sandy Bridge 架构，内置 HD Graphics 核芯显卡。相比二代 Core i3，新奔腾缺乏超线程技术、英特尔高速视频同步技术、英特尔 InTru 3D 技术以及 AVX 指令集的支持，使两者保持着功能与性能的差距。

Intel Pentium G630 的 CPU 采用原生双核心设计，默认频率为 2.7GHz。核芯显卡为 HD Graphics，拥有 6 个 EU 单元，默认频率为 850MHz，可睿频到 1.1GHz，支持 DX10.1 技术。具备三级缓存系统，CPU 各核心与核芯显卡共享 3MB 三级缓存。TDP 热设计功耗为

65W,最高只支持 DDR3-1066 内存。

优点:①内置核芯显卡,足以应付日常应用。

②先进的微架构,CPU 效能很高,功耗超低。

缺点:①不能超频,没有潜力可挖掘。

②标配 DDR3-1066 内存。

代表型号:Intel Pentium G840

Intel 奔腾 G840 处理器基于 Sandy Bridge 架构,采用 32nm 核心制造工艺,原生双核双线程设计,默认主频为 2.8GHz,拥有 3MB 三级缓存,相比上一代奔腾产品,新品加入了对 AES 指令集的支持,内部集成 HD Graphics 核芯显卡,具备 6 个 EU 处理单元,默认频率 850MHz,GPU 部分最高可睿频(英特尔处理器的新技术,可以根据当前的工作量自动调整工作频率,也可理解为自动超频)至 1.1GHz。

优点:①内置核芯显卡,足以应付高清解码等日常应用。

②先进的微架构,CPU 效能很高,功耗超低。

缺点:①只能支持到 DDR3-1333 内存。

②双核心设计,在多线程应用上比不上原生四核。

(3)Core i3 系列

这是 Intel 的主要阵地。Intel Core i3 的优点在于取得了性能、功耗、价格三者之间的平衡,既可以依靠核芯显卡整合成影音平台,也可以搭配独立显卡组建一台高性能游戏主机,所以上市之初就已经很受消费者欢迎。得益于优秀的核心架构,双核四线程的 Core i3 游戏性能不错。代表型号:Core i3 3220

Intel Core i3 3220 基于最新的 Ivy Bridge 架构,采用 22nm 工艺制作,双核心四线程设计,共享 3MB 三级缓存。主频为 3.3GHz,不支持 Turbo Boost,支持 DDR3-1600 内存。CPU 整合了 HD Graphics 2500 核芯显卡,TDP 热设计功耗为 55W。

优点:①先进的微架构,超强的日常应用性能与游戏性能。

②22nm 工艺,功耗控制非常出色,能耗比很高。

③内置核芯显卡,可满足一般用户(非大型游戏)的需求。

④支持 DDR3-1600 内存。

缺点:部分多线程、多任务,性能不如对手的四核。

(4)Core i5 系列

Intel 第三代 Core i5 上市之后,Core i5 3450 很快就取代了上一代产品成为千元价位上的热门 CPU,按照 Intel 的传统,很快也会有“频率升级版”的型号出现,这就是 i5 3470,可以看作是“加量不加价”的小幅度升级。代表型号:Intel Core i5 3470。

和 Core i5 3450 一样,i5 3470 采用 22nm 工艺,原生四核心设计,每个核心拥有独立的一、二级缓存,分别为 64KB 和 256KB,四个核心共享 6MB 三级缓存。不同的是默认频率为 3.2GHz,通过睿频技术可睿频到 3.6GHz。核芯显卡部分没有改变,一样是 HD Graphics 2500,拥有 8 个 EU 单元,默认频率为 650MHz,可睿频到 1150MHz,支持 DX11 技术。TDP 热设计功耗为 77W。

优点:①新的 Ivy Bridge 架构,四核心设计,综合性能很强。

②睿频加速 2.0 技术,多任务、单任务智能加速,保证最佳性能。

③22nm 工艺，功耗控制出色，功耗比很高。

④内置核芯显卡，适合不玩大型游戏的用户。

缺点：i5 3470 不支持 VT-D 虚拟化技术和 TXT 技术(主要针对企业用户)。

(5)Core i7 系列

跨越 i5 系列之后，Intel 在高端处理器市场已经没有竞争对手了，所以 Core i7 的市场也一直很稳定，Ivy Bridge 发布之后，i7 3770 就顺理成章地接替了 i7 2600 的地位，成为性能最强的台式机 CPU 之一。代表型号：Intel Core i7 3770。

Intel Core i7 3770 是第三代 Core i 系列高端型号产品，22nm 工艺，原生四核八线程设计，默认频率为 3.4GHz，可睿频到 3.9GHz。核芯显卡为 HD Graphics 4000，拥有 16 个 EU 单元，频率为 650～1150MHz，共享 8MB 三级缓存。TDP 热设计功耗为 77W。除了锁定倍频上限、基础频率小降 0.1GHz 之外其余参数都和 3770K 保持一致。

优点：①第三代 Core i 系列高端型号，性能强悍。

②四核心八线程设计，满足专业需求。

③22nm 工艺，功耗控制出色，功耗比很高。

缺点：除价格偏高外几乎无其他缺点。

(6)Xeon 系列

Xeon E3-1230 v2 基于 Ivy Bridge 架构，采用四核八线程设计，主频 3.3GHz，最高可以睿频到 3.7GHz，具有 8MB 三级缓存，由于核芯显卡被屏蔽了，热设计功耗降至 69W。因为是服务器 CPU，和 SNB 版本一样，在购买家用主板前要确定一下自己的电脑是否支持该 CPU。得益于 22nm 工艺，v2 版本拥有更高的性能和更低的功耗——其性能基本上与默认频率下的 i7 2600K 持平，而且 E3-1230 v2 与 7 系主板的兼容性更好，其与 B75 的组合成为 Intel 中高端市场抢眼的性价比之选。

优点：①拥有与 i7 相近的性能，性能强悍。

②阉割了核芯显卡，降低了功耗。

③价格和 i5 接近，性价比高。

缺点：①只有散片，没有盒装版本。

②因为是服务器 CPU，并不是所有的家用级主板都能支持。

③不支持智能响应技术，无法组建混合硬盘。

2. AMD 系列处理器

(1)速龙(Athlon)系列

这是 AMD 的经典品牌，其地位与 Intel 奔腾不相上下。APU 上市之后，AMD 把速龙更新到 Husky 架构，速龙(Athlon)系列是 AMD 的经典产品，在 K8 时期曾经辉煌一时，经过几代架构变换，现在的“速龙”升级到 Husky 架构，采用 FM1 接口，原生四核＋不足 500 元的报价是入门级市场的性价比首选，代表型号是 Athlon II X4 641。

Athlon II X4 641 采用 FM1 接口，只支持 A75/A55 主板，不兼容 AM3 主板。它基于 32nm SOI 工艺的 Husky 微架构(K10 的优化版)，四核心设计，频率为 2.8GHz，每个核心拥有 128KB 一级缓存和 1MB 二级缓存(45nm Athlon II X4 只有 512KB)，没有三级缓存。

优点：①四核 CPU，多任务/多线程性能很强。

②32nm 工艺，功耗相比自家 45nm 的三核/四核低。

③不超500元,高性价比。

缺点:①无法组建集显平台,必须配独立显卡。

②不是原生设计,功耗相对较高。

新生"速龙"有Athlon II X4 631、Athlon II X4 641、Athlon II X4 651K三个型号,报价400元出头,Intel在这个价位上的新奔腾产品很难与之对抗。不过因为必须搭配独立显卡,实际上这款产品的定位与新奔腾还是有一些区别的。

(2)入门级APU:A4-3400

APU现在是AMD的主打产品,强悍的核显性能是它对付Intel系列的杀手锏,在整合市场优势明显。经过几轮降价,现在的APU性价比越来越高。代表型号:AMD A4-3400。

这款CPU定位入门市场,搭配A75/A55主板,是AMD入门整合平台的主力。AMD A4-3400采用32nm制作工艺,CPU部分采用双核设计,基于Husky微架构(K10的改进版),默认主频为2.7GHz,每个核心拥有512KB二级缓存;GPU为Radeon HD 6410D,具备160个流处理单元,默认频率为600MHz。热设计功耗为65W,可支持DDR3-1600内存,接口为FM1,需要搭配A75/A55主板。

A4-3400是AMD新一代的入门级处理器,集成CPU和GPU,主要对手是Intel的新奔腾。其中出色的GPU性能是A4的主要卖点,完胜奔腾G630的核芯显卡,但是CPU性能却有所不及。整机下来是2500元左右,适合预算有限、主要用于玩游戏的用户。如果是注重CPU性能的办公用户,推荐采用新奔腾+H61/B75搭配。

(3)最均衡的APU:A6-3670K

AMD A6-3670K采用32nm制作工艺,CPU部分为原生四核,基于Husky微架构(K10的改进版),主频为2.7GHz,每个核心拥有1MB二级缓存;GPU核心为Radeon HD 6530D,具备320个流处理单元,默认频率为443MHz。由于是黑盒版,没有锁定倍频,方便超频。

优点:①内置HD 6530D高性能显卡,轻松打败Intel核芯显卡HD 3000。

②四核心设计,多任务性能不错。

③32nm制作工艺,功耗控制相对不错。

④黑盒版,CPU和GPU轻松超频。

缺点:必须搭配DDR3-1600以上内存,并且需要双通道才能发挥内置显卡的最大性能。

(4)旗舰APU:A8-3870K

AMD A8-3870K是APU中的旗舰版,面向中高端用户。采用32nm制作工艺,CPU部分为原生四核,基于Husky微架构(K10的改进版),主频为3.0GHz,每个核心拥有1MB二级缓存;GPU核心为Radeon HD 6550D,具备400个流处理单元,频率为600MHz。

AMD A8-3870K采用FM1接口,搭配新的A75/A55主板使用。该CPU热设计功耗为100W,最高可支持DDR3-1866内存。值得一提的是,A8-3870K黑盒版自带散热器,不用额外购买。当然,如果你拥有AM2/3平台的强力散热器,仍可用在此FM1平台上。

优点:①内置目前最强核显HD6550D,即便面对HD Graphics 4000仍然保持领先。

②四核心设计,多任务性能不错。

③32nm工艺,功耗控制相对不错。

④黑盒版,CPU和GPU轻松超频。

缺点:要想玩爽单机大作还是需要搭配独立显卡。

(5)推土机(FX)系列

与APU和新速龙相比,AMD推土机系列就没那么耀眼了,目前推土机FX有四核、六核、八核三个版本。代表型号:AMD FX-4100。

AMD FX-4100是FX系列中的低端产品,CPU部分采用4核心设计,默认主频为3.3GHz,支持Turbo Core最高至3.8GHz,TDP为95W。AMD FX-4100为2模块4核心设计,4MB二级缓存,四个模块共享8MB三级缓存。最高支持DDR3-1866内存,采用AM3+接口,因此需要配备AMD 900系列主板。

优点:①AMD FX系列产品,不锁倍频,可以自由超频。

②支持Turbo Core,自动超频。

缺点:单核心性能比不上上一代产品。

(6)800元六核:FX-6100

AMD FX-6100采用6核心设计,默认主频为3.3GHz,最高可加速至3.9GHz,TDP热设计功耗为95W。FX-6100的6个核心被封装成3个模块,每个模块共享2MB二级缓存,3个模块共享8MB三级缓存,最高支持DDR3-1866内存。

优点:①AMD FX 6核心系列产品。

②三模块六核心设计,多任务性能不错。

③支持Turbo Core,自动超频。

④不锁倍频,玩家可以自由超频。

缺点:单核心性能比不上上一代产品

(7)AMD千元新旗舰:FX-8150

AMD FX-8150是FX系列中的旗舰级产品,CPU部分采用8核心设计,默认主频为3.6GHz,支持Turbo Core最高至4.2GHz,TDP为125W。8个核心被封装成4个模块,每个模块有2MB的二级缓存,四个模块共享8MB的三级缓存。最高支持DDR3-1866内存,采用新的AM3+接口,因此需要配备AMD 900系列主板。

优点:①AMD FX系列旗舰系列产品。

②四模块八核心设计,多任务性能不错。

③支持Turbo Core,自动超频。

④黑盒版,玩家可以自由超频。

缺点:单核心性能比不上上一代产品。

(四)关于CPU的大陆行货、水货、翻包和散片的区别

大陆行货:就是在大陆正式销售的版本,均为中文包装,搭配原装散热器,官方提供三年质保。

水货:其他地区行货的统称,比如说港行、台行等等,产品是正品,但在大陆得不到官方质保,一般都是商家通过自己的渠道保修。

翻包:又称为深圳盒装,CPU是没问题的,但散热器是山寨的,质量没保证,保修也是商家提供的一年保修。

散片:没有包装和散热器,只有一个CPU,一般是OEM或者是其他渠道流入市面的,由商家提供一年保修。

正常使用,CPU损坏的几率是很低的,所以购买行货、水货、散片+散热器差别不大,但是翻包需要谨慎选购,毕竟散热器是山寨的,有可能损害CPU和主板。

二、主板

【实训目的】

了解主板的品牌、性能指标，掌握选购主板的方法。

【实训准备】

(一)主板的品牌

目前市场上的主板品牌有很多，这些品牌主板的质量参差不齐。表1-1是一些主流主板品牌，这些品牌厂商生产的主板在质量、性能及质保等方面都有良好的保障。

表1-1 2012年主板品牌排行

排名	品牌	品牌介绍	市场占有率
1	ASUS 华硕	华硕是全球第一大主板制造商，公认第一品牌。高端产品出色，超频能力强	28.1%
2	GIGABYTE 技嘉	技嘉科技是全球前五大主板厂商，自1986年以来一直致力于高端主板生产	14.8%
3	msi 微星科技 msi 微星	微星主板的特点是附件齐全且豪华、做工精细，但超频能力一般	14.1%
4	ASRock 華擎科技 华擎	华擎公司成长迅速，已成为全球第三大主板品牌	6.6%
5	COLORFUL 七彩虹 七彩虹	高端产品一般但销量非常大，几乎霸占低端市场的大部分	6.4%
6	BIOSTAR 映泰	映泰主板拥有“九大奇技”等特色技术，适合普通家庭用户和办公用户选用	5.7%
7	SOYO 梅捷	梅捷科技坚持以品牌为导向，定位于追求DIY高性能路线	4.5%
8	ONDA 昂达电子 昂达	昂达主板是Intel和AMD在国内最大的合作伙伴之一	4.3%
9	铭瑄 铭瑄	经济实惠，性价比高	3.3%
10	unika 双敏 双敏	板卡稳定性好，性价比高	1.4%

(二)主板的主要性能指标

主板是整个硬件系统的平台,它的性能直接影响到电脑的整体性能。本节将介绍主板的主要性能指标。

1. 主板芯片组

主板是 CPU 与各种设备之间进行数据交换的通道,而主板的芯片组是衡量主板性能的重要指标之一,它决定主板所能支持的 CPU 种类、频率及内存类型等。目前,主板芯片组的生产厂商有 Intel、AMD、VIA、SIS 等。

2. 所支持 CPU 的类型与频率范围

CPU 插座类型的不同是区分主板类型的主要标志之一,尽管主板型号众多,但总的结构是类似的,只是在诸如 CPU 插座等细节上有所不同。现在市面上主流的主板 CPU 插槽分 AM2、AM3、LGA775 这几类,它们分别与对应的 CPU 搭配。

CPU 只有在相应主板的支持下才能达到其额定频率。我们在选购主板时,一定要使其能够支持所选的 CPU,并且留有一定的升级空间。

3. 对内存的支持

目前主流内存均采用 DDR3 技术,为了能发挥内存的全部性能,主板同样需要支持 DDR3 内存。此外,内存插槽数量也可用于衡量一块主板以后升级的潜力。如果用户想在使用一段时间后能通过添加硬件来升级电脑,则应选择有 4 个内存插槽的主板。

4. 对显卡的支持

目前主流显卡均采用 PCI-E 接口,如果用户想使用两块显卡组成 SLI 系统,则主板上至少需要两个 PCI-E 接口。还有一些高端显卡采用了 PCI-E 2.0 技术,用户若购买了该类型显卡,则应选购能支持 PCI-E 2.0 技术的主板。

5. 对硬盘和光驱的支持

目前主流硬盘和光驱均采用 SATA 接口,因此用户要购买的主板至少应有两个 SATA 接口,考虑到以后电脑的升级,建议选购的主板至少应具有 4～6 个 SATA 接口。

6. USB 接口的数量

由于 USB 接口使用起来十分方面,因此越来越多的电脑硬件与外部设备都采用 USB 方式与电脑连接,如 USB 鼠标、USB 键盘、USB 打印机、U 盘、移动硬盘、数码相机等。因此 USB 接口越多越好。

7. BIOS 技术

BIOS 是集成在主板 CMOS 芯片中的软件,主板上的这块 CMOS 芯片保存有电脑系统最重要的基本输入/输出程序、系统 CMOS 设置、开机加电自检程序和系统启动程序。现在市场上的主板使用的 BIOS 主要为 Award 和 AMI 两种。由于 BIOS 采用了 Flash ROM,用户可以更改其中的内容以便随时升级,但这使得 BIOS 容易受到计算机病毒的攻击,而 BIOS 一旦受到攻击,主板将不能工作,于是各大主板厂商对 BIOS 采用了各种防病毒的保护措施。因此,在选购主板时应该考虑到 BIOS 能否方便地升级,是否有优良的防病毒功能。

8. 集成功能

目前市场上很多主板在保证其功能的前提下,还集成了网卡与声卡的功能,一些主板还集成了显卡功能。若用户购买了这类主板,则无需再购买网卡、声卡。对于那些不追求电脑性能的普通用户来说,购买一块集成多项功能的主板可以大大降低购机成本。

9. 超频保护功能

现在市面上的一些主板具有超频保护功能，可以有效地防止用户因超频过度而烧毁CPU和主板，如Intel主板集成了Overclocking Protection超频保护功能，只允许用户适度地调整芯片运行频率。

（三）选购主板的注意事项

在了解主板的一些主要性能指标后，下面介绍在选购主板时应注意的一些事项和技巧。

1. 观察芯片的生产日期

电脑的速度不仅取决于CPU的速度，同时还取决于主板芯片组的性能。如果芯片的生产日期相差较大，则用户就要注意：一般来说，时间相差不宜超过三个月，否则将影响主板的总体性能。例如，其中一块芯片的生产日期为2012年10月第5个星期，另一块芯片的生产日期为2011年10月第4个星期，生产日期相差大约一年，因此可判断此主板的质量不能保证，不宜选购。

2. 注意主板电池

主板电池是为保持CMOS数据和时钟的运转而设的。如果电池没电了就不能保存CMOS数据，关机后时钟也不走了。因此选购时，应观察主板电池是否有生锈、漏液的现象。若生锈，应立即更换电池；若漏液，严重时可导致整块主板因腐蚀而报废，此类主板不宜选购。

3. 检查扩展槽质量

先仔细观察扩展插槽的弹簧片的位置和形状，再把相应板卡插入槽中后拔出，观察插槽内的弹簧片的位置与形状是否与原来的相同，若存在较大偏差，则说明该插槽的弹簧片弹性不好，质量较差，在以后的工作中，反复插拔板卡就有可能造成板卡与插槽之间的接触不好，造成不易察觉的故障。

4. 观察跳线

仔细观察各组跳线是否虚焊。开机后轻微触动跳线，看计算机是否出错，若有出错信息，则说明跳线松动，跳线接插件元件质量比较差，性能不稳定，此主板不应在选购之列。

5. 查看主板上的CPU供电电路

在采用相同芯片组时判断一块主板的好坏，最好的方法就是看供电电路的设计。就CPU供电部分来说，采用两相供电设计会使供电部分时刻处于高负载状态，严重影响主板的稳定性与使用寿命；采用三相供电设计可以保证电脑稳定运行，但没有更大的扩展空间；采用四相供电设计的主板不仅能使电脑稳定运行，还能拥有很大的超频与升级空间。

6. 查看主板设计和布局是否合理

主要查看主板各插槽周围的空间是否宽敞；CPU插槽是否过于靠边或者离电容太近，影响安装较大型的散热器；CPU、内存插槽是否紧密围绕在北桥芯片组旁；IED接口、声卡芯片、网卡芯片是否围绕在南桥芯片组旁。

7. 查看主板的用料及制作工艺

常见主板的PCB板一般是4～8层结构，优质主板一般都会采用6层以上的PCB板，6层以上的PCB板具有良好的电气性能和抗电磁性。

三、内存

内存是电脑的记忆中心，用来存放当前电脑运行的程序和数据。内存容量的大小是衡量电脑性能高低的重要指标之一，并且内存质量的好坏也对电脑的稳定运行起着重要的作用。本节将介绍选购内存的相关知识。

【实训目的】

了解内存的品牌、结构，掌握内存的选购技巧。

【实训准备】

目前市场上的内存同质化现象比较严重，因此在选购内存时，选择一个做工考究、售后服务完善的内存品牌可以让用户更加放心。

(一)内存的品牌

2012 年内存品牌排行情况如表 1-2 所示。

表 1-2　2012 年内存品牌排行

排名	品牌	品牌介绍	市场占有率
1	Kingston 金士顿	金士顿是全球内存领导厂商，成立于 1987 年。目前拥有 2000 多种存储产品	46.3%
2	ADATA 威刚	威刚科技 2001 年 5 月成立，它在内存模组方面的市场占有率已位于全球第二	16.6%
3	Apacer 宇瞻 宇瞻	宇瞻科技从创立之初所提供的内存模组，到便利的多媒体数码存储应用，都与数码资料读写有关	10.0%
4	CORSAIR 海盗船	海盗船内存在高速模块的设计与制造方面一直处于领先地位	8.4%
5	GeIL 金邦科技	金邦(Geil)科技股份有限公司是世界上专业的内存模块制造商之一	4.2%
6	G.SKILL 芝奇	芝奇是 1989 年由一群计算机狂热玩家共同于台北成立的一家内存模块领导制造商	4.1%
7	SAMSUNG 三星	三星内存的防伪技术比较好	3.2%
8	tigo 金泰克 金泰克	金泰克旗下有磐虎、速虎两大内存产品，全部内存芯片均选用国际 DRAM 大厂原装 A 级制造	1.2%

(二)内存的结构

内存主要由内存芯片、金手指、金手指缺口、SPD 芯片和内存电路板组成(图 1-26)。从外观上看，内存是一块长条形的电路板。

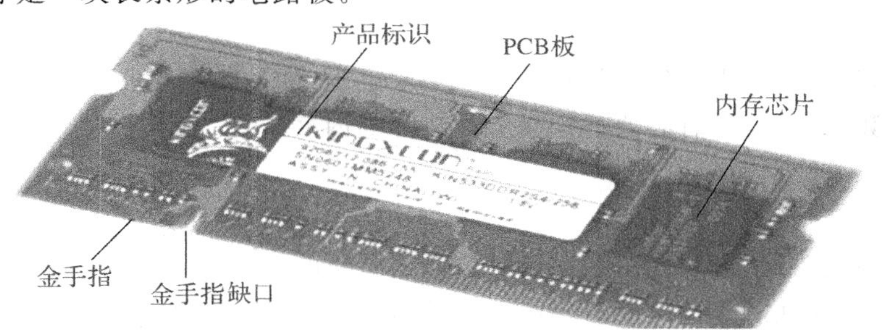

图 1-26 内存条结构

1. 内存芯片

内存的芯片颗粒就是内存的灵魂所在，内存的性能、速度、容量都与内存芯片密切相关。如今市场上有许多种类的内存，但内存芯片颗粒的型号并不多，常见的有 HY(现代)、三星、和英飞凌等。

2. PCB 板

PCB 板(Printed Circuit Board，印刷电路板)是以绝缘材料为基板加工成一定尺寸的板，它为内存的各电子元器件提供固定、装配的机械支撑，可实现电子元器件之间的电气连接或绝缘。

3. 金手指

金手指是指内存与主板内存槽接触的部分，是一根根黄色的接触点，数据就是靠它们来传输的。金手指是铜制导线，长时间使用就可能会氧化，进而影响内存的正常工作，发生无法开机的情况，可以每隔一年左右时间用橡皮擦清理一下金手指上的氧化物。

4. 内存固定卡口

内存插到主板上后，主板上的内存插槽会有两个夹子牢固地扣住内存两端，这个卡口便是专用固定内存的。

5. 金手指缺口

金手指上的缺口用于防止将内存插反，只有正确安装，才能将内存插入主板的内存插槽中。

(三)内存选购技巧

选择性价比高的内存条对于电脑的性能起着至关重要的作用。

1. 检查 SPD 芯片

SPD 可谓是内存的“身份证”，它能帮助主板快速确定内存的基本情况。在如今的高外频时代，SPD 的作用更大，兼容性差的内存大多是没有 SPD 或 SPD 信息不真实的产品，建议选择购买做工好的 SPD 芯片的内存。

2. 检查 PCB 板

内存由内存芯片、PCB 板及其他一些元件组成，芯片的质量只是内存质量的一部分，PCB 板的质量也是一个很重要的决定因素。一般情况下应选择使用 6 层板设计的内存。

3. 检查内存金手指

内存金手指部分应该比较光亮，没有发白或发黑的现象。如果内存的金手指存在色斑或氧化现象，估计这条内存有问题。

4. 品牌标准

和其他产品一样，内存芯片也有品牌上的区别，不同品牌的芯片质量自然也是不同。一般来说，一些久负盛名的内存芯片在出厂的时候会进过严格的检测。

5. 散热片

为了吸引消费者，一些内存生产厂商纷纷为自己生产的内存条加上了散热片。不过如果用户不打算超频的话，就没有必要选购具有散热片的内存条。

四、硬盘

硬盘是电脑最主要的存储设备，是存储电脑数据资料的仓库。此外，硬盘的性能也影响电脑整机的性能，一块性能不佳的硬盘会给电脑的运行带来很多问题。

【实训目的】

了解硬盘的品牌、结构，掌握内存的选购技巧。

【实训准备】

(一)硬盘的外观

硬盘由一个或多个铝制或者玻璃制的碟片组成。这些碟片外覆盖有铁磁性材料。绝大多数硬盘都是固定硬盘，被永久性地密封固定在硬盘驱动器中。

硬盘正面是硬盘编号标签，上面记录硬盘的序列号、型号等信息，反面裸露着硬盘的电路板，上面分布着硬盘背面的焊接点，如图 1-27 所示。

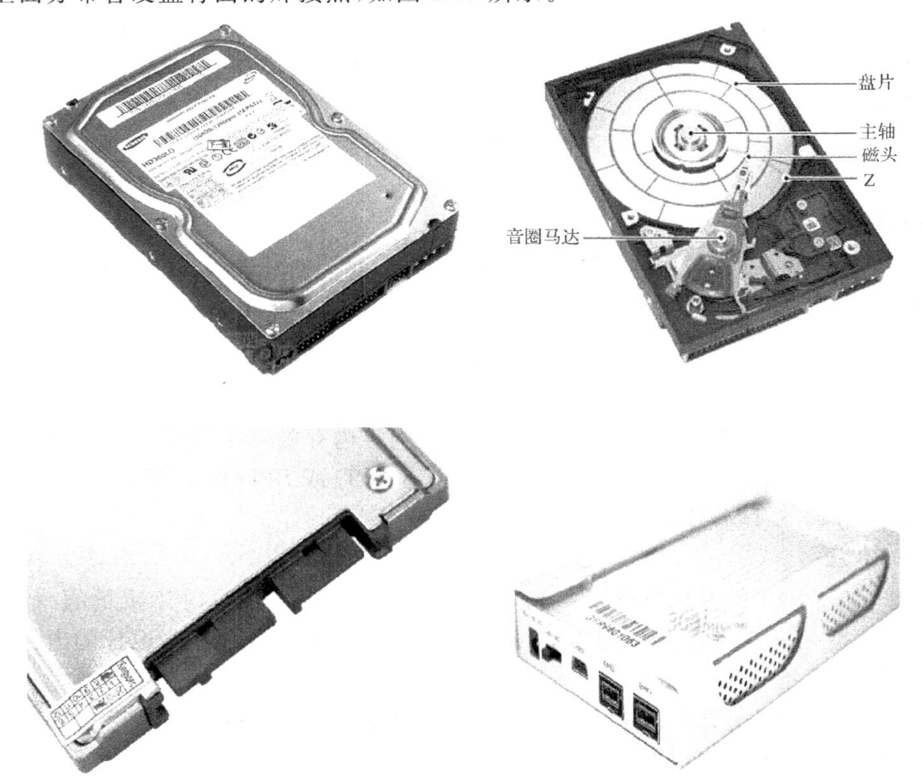

图 1-27　硬盘外观

(二)主流硬盘品牌

主流硬盘品牌如表1-3所示。

表1-3 主流硬盘品牌

排名	品牌	品牌名称
1	WD Western Digital	西部数据(WD)
2	Seagate	希捷(Seagate)
3	HITACHI Inspire the Next	HGST(原日立)
4	TOSHIBA	东芝(Toshiba)
5	SAMSUNG	三星(SAMSUNG)

(三)硬盘选购技巧

选购一块合适的硬盘将能直接提升电脑系统的性能,在介绍了硬盘的一些相关知识后,下面将介绍选购硬盘时的一些技巧。

1. 选择尽可能大的容量

硬盘的容量非常关键,大多数被淘汰的硬盘都是因为容量不足,不能适应日益增长的海量数据的存储要求。硬盘的容量多大也不为过,在资金充裕的条件下,应尽量购买大容量硬盘。这是因为容量越大,硬盘上每MB存储介质的成本就越低,从而降低了使用成本。

2. 稳定性

硬盘的容量大了,转速加快了,稳定性的问题就会越来越明显,所以在选购硬盘之前要多参考一些权威机构的测试数据,对于那些不太稳定的硬盘尽量不要选购。而关于硬盘的技术和震动保护方面,各个公司都有一些相关的技术给予支持,常见的保护措施有希捷的DST(Drive Self Test)、西部数据的Data Life Guard等。

3. 观察硬盘配件与防伪标识

用户在购买硬盘时应注意防止购买到水货,水货硬盘与行货硬盘最大的直观区别就是有无包装盒,此外还可以通过国内代理商的保修标贴和硬盘顶部的防伪标识来甄别。

4. 售后服务

无论购买了哪一款商品,售后服务都是要多加留意,对于比较“娇嫩”的硬盘,由于读写操作比较频繁,很容易老化,所以保修问题更是突出。在国内,硬盘的售后服务和质量保障这方面各个厂商做得都还不错。

五、光驱

光驱的主要作用是读取光盘中的数据,而刻录光驱还可以将数据刻录至光盘中保存。

目前,由于主流 DVD 刻录光驱的价格普遍已不到 150 元,与普通 DVD 光驱相比在价格上已经没有太大差别,因此用户在装机时都首选 DVD 刻录光驱。

【实训目的】

了解光驱的品牌、结构,掌握光驱的选购技巧。

【实训准备】

(一)主流品牌介绍

一个信誉良好的品牌是选购一款好光驱的关键。选择好的品牌的光驱不仅能在产品质量上得到保证,还能享受到更好的售后服务。目前市场上的一些主流光驱品牌包括先锋(Pioneer)、LG、三星、索尼、建兴、明基、台电、华硕等。

(二)选购技巧

1. 缓存容量

刻录光驱的缓存具有重要意义,在刻录的过程中,所有数据都要首先从硬盘读取到缓存中,然后再刻录到光盘上。而这一过程必须是连续的,否则就会导致刻录失败。目前主流刻录光驱都采用了 2MB 以上的大容量缓存,使用时更加安全。

2. 防刻坏技术

根据刻录标准,光盘扇区之间的空隙不能大于 100 微米,一旦出现数据传输中断情况,就必须在 100 微米内将数据连续并继续刻录,否则就会出现 Buffer Under Run 错误。显然,只增大缓存容量并不是最好的解决方法,而采用先进的防刻坏技术才是解决之道。

3. 盘片兼容性

要进行高速刻录,仅仅有刻录光驱的支持还是不够的,使用的光盘也必须支持高速刻录,以 20× 刻录为例,所使用光盘必须标明支持 20×,否则就只能使用较低的速度进行刻录。另外,目前流行的光盘格式和光盘品牌非常多,要保证刻录成功,就必须要求刻录光驱能够使用不同的刻录盘成功刻录不同格式的光盘。而检测盘片兼容性并没有什么最佳方法,一般来说,名牌大厂生产的刻录光驱由于经过了严格的质量检测,兼容性会好一些。

4. 刻录稳定性

高速刻录必然会导致稳定性下降,而具有良好稳定性的刻录光驱能够在长时间使用过程中保持稳定、良好的刻录能力。

六、显卡

显卡是主机与显示器之间连接的"桥梁",作用是控制电脑的图形输出,负责将 CPU 送来的影像数据处理成显示器可以识别的格式,再送到显示器形成图像。

【实训目的】

了解主流显卡的品牌、结构,掌握显卡的选购方法。

【实训准备】

（一）显卡的品牌

由于显卡市场竞争激烈，一些小品牌显卡厂商往往坚持不了多久就会倒闭，因此用户在选购显卡时应尽量选择市场上主流品牌的显卡，这样显卡在质量和质保方面都能有保证。2012 年显卡品牌排行如表 1-4 所示。

表 1-4 2012 年显卡品牌排行

排名	品牌	品牌名称	品牌介绍
1	七彩虹	七彩虹（Colorful）	七彩虹显卡拥有非常高的性价比，是目前最受用户关注的品牌之一
2	影驰	影驰（GALAXY）	影驰科技 1994 年成立于中国香港，有长远发展规划。影驰显卡超频性能好
3	翔升	翔升（ASL）	NVIDIA 中国区首家 AIC 显卡品牌，一线老牌板卡厂商，多年致力于主板和显卡业务，是一家集一流研发与生产能力于一体的高科技企业
4	铭鑫 Macy Macy（铭鑫）	铭鑫（MACY）	深圳市科正达电子有限公司成立于 1999 年，是一家从事计算机图形卡类产品的研发、代工生产和渠道销售的专业计算机板卡厂商
5	铭瑄	铭瑄（MAXSUN）	铭瑄是知名显卡品牌，显卡品质有保障
6	ASUS	华硕（ASUS）	全球优秀的板卡制造厂商，显卡有过硬品质
7	unika 双敏	双敏（Unika）	成立于 1993 年，于 1996 年正式更名为双敏电子科技有限公司（UNIKA ELECTRONICS）
8	COLOR 镭风	镭风	属于 ATi 图形显示卡官方认证最高级别合作伙伴，目前已经成为市场上著名显卡品牌之一

（二）显卡的结构

显卡主要由显示芯片、显存、金手指和显示输出接口等几个部分组成。下面将详细介绍显卡的各组成部分及功能。

1. 显示芯片

显卡芯片是显卡的核心芯片，它的性能好坏决定了显卡性能的高低。显卡芯片的主要任务是处理系统输入的视频信息并进行构建、渲染等工作。

目前市场上生产显示芯片的厂商主要有 NVIDA 和 AMD-ATI（图 1-28）。

2. 显存

显卡的显存，又称为显示缓存。显存主要用于临时存储显示数据，其容量与存取速度对

图 1-28　显卡芯片

显卡的整体性能有很大的影响。显存越大,所能显示的分辨率及色彩位数也就越高。目前主流显卡的显存为 512MB。

3. 金手指

显卡金手指是显卡连接到主板的通道,安装显卡时,将金山指插入到主板上对应的插槽中。

4. 显示输出接口

显卡通过显示输出接口与显示器、电视机等显示终端设备连接。如图 1-29 所示为显卡的显示输出接口,从左到右依次为 TV-OUT 接口、HDMI 接口、DVI 接口。

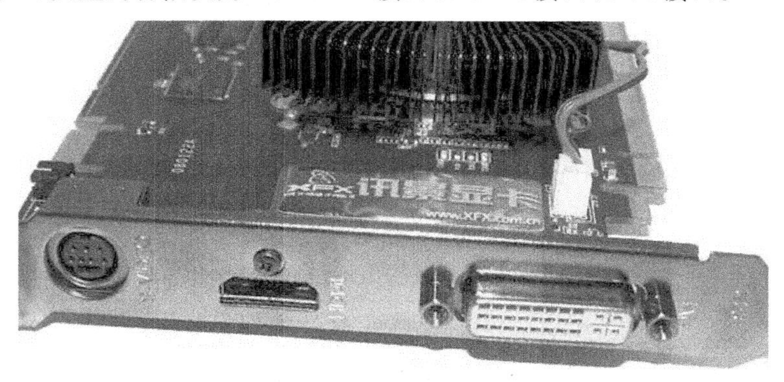

图 1-29　显卡输出接口

(三)显卡选购技巧

在选购显卡时应综合考虑显卡各方面的综合信息。本节将给出选购显卡的几条建议与技巧,供用户参考。

1. 按需选购

对用户而言,最重要的是针对自己的实际预算和具体应用来决定购买何种显卡。一旦确定了自己的具体需求,购买的时候就能比较轻松选择。

2. 不要盲目追求显存大小

大容量的显存对于高分辨率、高画质的游戏来说是十分重要的,但这并不意味着显存容量越大越好。

3. 关注显卡所属系列

显卡所属系列直接关系到显卡的性能，如 NVIDIA GeForce 9 系列，ATI 的 X 系列与 HD 系列等。越新推出的系列功能越强。

4. 关注管线、着色单元和核心频率

显卡的核心频率、管线数量、着色单元数量基本可以代表一款显卡的性能，像素管线尤为重要，低端显卡通常只有 4 条像素管线，中端 8～12 条，高端 16 条或更多。

5. 板卡的做工

如今显卡的 PCB 板绝大多数都是 4 层板或 6 层板，层数越多越结实。在金手指处，做工精细的显卡应该打磨出斜边，这样在拔插显卡时就不容易弄坏扩展槽，而其他三边应该打磨得比较光滑。

6. 优质显卡风扇与热管

由于显卡性能的提高，其发热量也越来越大，所以选购一块带有优质风扇与热管的显卡十分重要。

七、显示器

显示器是用户与电脑交流的窗口，选购一台满意的显示器可以 大大降低用户使用电脑时的疲劳感。液晶显示器凭借其高清晰、高亮度、低功耗、占用空间少以及影像显示稳定不闪烁等优势，成为显示器市场上的主流产品。

【实训目的】

了解主流显示器的品牌、结构，掌握显示器的选购技巧。

【实训准备】

(一)主流显示器的品牌

2012 年主流液晶显示器品牌排行如表 1-5 所示。

表 1-5　2012 年主流液晶显示器品牌排行

排名	品牌	品牌名称	品牌介绍
1	SAMSUNG	三星(SAMSUNG)	是目前显示器市场上所占份额较大的品牌，很多年轻用户都非常喜欢
2	AOC	AOC	除了生产自己品牌的显示器外，还为其他液晶厂商代工，可以称得上是全球最大的液晶显示器生产厂商
3	LG	LG	在目前的液晶显示器市场上拥有很高的份额，其漂亮的外观赢得了许多年轻用户的青睐
4	PHILIPS	飞利浦(Philips)	作为国际一线品牌，飞利浦液晶显示器在国内市场上占据了非常重要的地位
5	Great Wall 长城	长城(GreatWall)	作为国产品牌，长城液晶显示器以极高的性价比取得了不少消费者的认同

续表

排名	品牌	品牌名称	品牌介绍
6	BenQ	明基(BenQ)	主要面向年轻用户,外观大多十分漂亮并且价格适中,是不少年轻用户喜爱的品牌
7	DELL	戴尔(DELL)	也是国际一线品牌,外观、质量都很不错,性价比也很高
8	ASUS	华硕(ASUS)	华硕是全球第一大主板制造商,公认第一品牌,它的显示器产品也很好

(二)显示器的选购技巧

用户在选购显示器时,应首先询问该款显示器的质保时间,质保时间越长,用户得到的保障也就越多。此外,在选购液晶显示器时,还需要注意以下几点:

1. 注意色彩与可视角度陷阱

在选购液晶显示器时,用户常常忽略显示器所使用的液晶面板。目前液晶面板有6BIT(16.2M)与8BIT(16.7M)两种类型。某些品牌的显示器厂商经常宣传其使用了16.7M的真彩面板来吸引用户的眼球,抬高产品的卖点。

所谓6BIT(16.2M)色彩范围的TN面板,其最大发色数最多为262144(R/G/B各64色),也就是说,每个通道上只能显示62级灰阶,因而称其为6BIT面板,也就是伪真彩面板。而8BIT(16.7M)色彩范围能实现24BIT色,也就是说,每个色彩通道上能显示256级灰阶,那就是真彩面板。

对于16.2M的TN面板,通过技术抖动手段,也能够实现16.7M的色彩,称为假彩,但在物理上6BIT面板能显示的262144色彩还不到8BIT面板1677万色的2%,即使使用再高的技术也不可能与16.7M面板想比拟,因此用户在选购时一定要注意。

在可视角度方面,采用VA面板的16.7M显示器基本能够轻松地实现水平/垂直均为178°的可视角度,而采用TN面板的16.2M液晶产品,无论技术优势有多强,真正的可视角度也就在140°左右,绝不可能与16.7M色面板相比拟。

2. 认清真正的响应速度

很多用户在选购液晶显示器时的第一考虑要素就是响应时间,但是由于ISO的规范并没有强行要求厂商在提供用户响应时间参数的时候考虑灰阶的响应时间,所以厂商在自己标注时可操作空间就大得多了。因此,用户在选购显示器时一定要认清楚:到底这个响应时间是泛泛而谈,还是真正的"灰阶响应时间"(Gary To Gray, GTG)。

3. 选择数字接口的显示器

用户在选购中还应该看看液晶显示器是否具备了DVI或HDMI数字接口(图1-30),在实际使用中,数字接口比D-SUB模拟接口的显示效果会更加出色。

4. 当场检查是否有坏点与亮点

用户在购买显示器时,应当场检查坏点与亮点情况,看是否符合商家承诺,若不符合,就及时更换显示器,避免回家测试后发现坏点与亮点过多。

八、机箱和电源

机箱是主机中硬件的载体,更是硬件的保护伞,而电源负责为机箱内部的各个部件提供

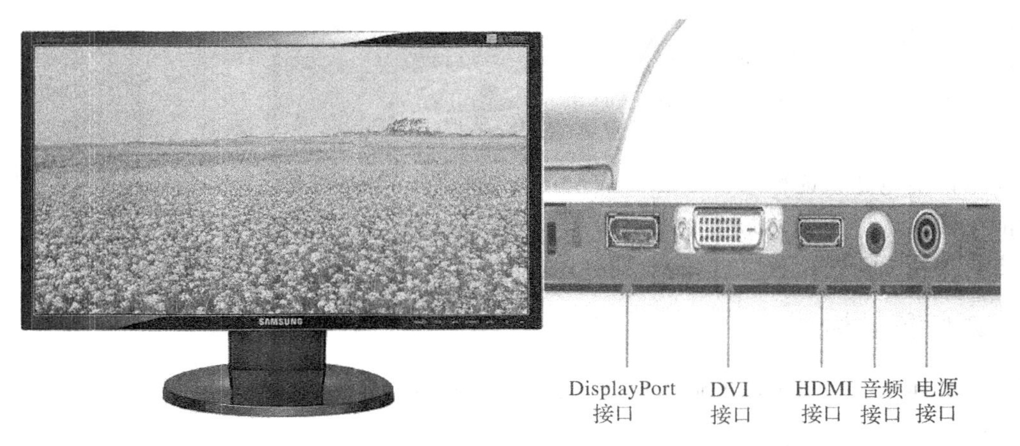

图 1-30 显示器及其接口

电力资源,因此选择一款好的机箱和电源很重要。

【实训目的】

了解机箱和电源的特点、分类,掌握选购机箱和电源的方法。

【实训准备】

(一)机箱的选购技巧

1. 机箱的外形标准

机箱外观的造型、颜色能否与居室协调一致,能否体现自己的个性喜好,是否足够时尚等。

2. 机箱的质量标准

机箱牢固是必需的,不然就不能很好地固定主板、硬盘等配件,进而造成它们寿命缩短甚至损坏。可以用这种方法检测,拆掉机箱两侧面板后前后摇晃看看钢架结构是否稳固。

3. 机箱的功能标准

目前的机箱一般都具备前置 USB 接口和前置音频、麦克风插口。

4. 机箱的内部设计和扩展能力

内部设计要合理,方便拆装,提高装机速度,扩展能力要强。

5. 机箱的散热系统

机箱的散热性能在很大程度上决定了整机系统的稳定性。一款优秀的机箱它的散热性能一定比较好。

(二)机箱电源的选购技巧

1. 机箱电源的功率选择

机箱电源功率指标一共有 3 种,即额定功率、最大功率(也叫输出功率)和峰值功率。由于这 3 种功率的计算方式不同,所以即使是同一款电源,其额定功率、最大功率和峰值功率的数值也有很大差距。在选购电源(图 1-31)时不能以电源的型号或者最大功率来衡量这款电源的输出能力,一定要以额定功率的大小来做标准。

2. 风扇噪音不宜过大

电源的风扇在降温的同时带来了噪音，如果噪音过大而影响到电脑正常使用就要更换电源。

3. 注意识别电源认证标志

目前电源的认证中公认最严格的电源节能规范之一是80Plus。

图1-31 机箱电源

九、键盘和鼠标

键盘和鼠标是电脑最常用的输入设备，选购一款质量好的键盘和鼠标，可使用户使用电脑更加得心应手。

【实训目的】

了解键盘和鼠标的特点、分类，掌握选购键盘和鼠标的方法。

【实训准备】

(一)键盘的选购技巧

1. 不要购买过于便宜的硬盘

2. 试用键盘

如果在试用普通键盘时就已经感觉到不适合或打字不舒适，那么就可以选择更好的人体工程学键盘，如Microsoft的自然键盘。

3. 无线键盘选购

若用户打算选购无线键盘，则请注意下面几点：

(1)按键灵敏度：无线数据发送时，通常都有延迟。在轻按一个键和一排键时，查看键盘的反应速度。

(2)键盘数据是否有丢包：对于无线产品来说，需要在空中发送数据，因此存在掉包的现象。通常有1%的丢包率。可使用键盘测试软件测试。

(3)电池使用寿命：无线键盘需要使用电池，应选择电池使用寿命至少为3个月的无线键盘。

(4)正常使用距离：选购无线键盘时，正常使用距离越远越好。

4. 产品的售后服务

通常的售后服务为：一年内有问题包换，三年内保修。

(二)鼠标的选购技巧

1. 功能选择

如果你是一般的用户，那么标准的二键、三键鼠标就足够了。但如果你是有特殊要求的用户(如CAD设计、三维图像处理、超级游戏玩家等)，那么最好选择第二轨迹球或专业鼠标。如果能有四键、带滚轮可定义多个宏命令的鼠标，那么就更理想。

2. 品牌选择

建议选择知名品牌的鼠标，不同的鼠标价格差别很大，使用寿命有长有短，有的用两三个月就坏掉了，有的却可以用几年。

3. 手感、造型、价格

手感好，外观漂亮美观，与电脑搭配合理，价格合适。

【思考与练习】

1. 简述微型计算机系统的组成。
2. 了解微型计算机的结构和分类。
3. 熟悉计算机机箱内的整体结构，掌握各种主要配件的名称、接口和作用。
4. 掌握台式机主机与显示器、键盘、鼠标及电源的连接方法。
5. 上网浏览相关资料，了解计算机主要零配件的规格、发展趋势。
6. 到本地的电脑城实地了解主流计算机零配件的规格和价格。

项目二　组装计算机

了解了计算机的各个主要配件后，就可以选择合适的配件自行组装计算机。本项目主要介绍如何利用计算机配件组装成一台完整的计算机，从中学习相关原理与知识。

任务一　组装前的准备

【实训目的】

熟悉组装计算机前的准备工作，掌握装机过程中的注意事项。

【实训准备】

1. 工作台

电脑桌就是最好的工作台，也可以用其他宽大且高度合适、结实的桌子代替。要放置在比较干净的环境中，最好周围有比较宽敞的空间，用户可以从不同的位置进行操作。

2. 电源插座

安装过程及安装完成后需要向主机、显示器、音箱等设备供电，进行测试，一个多功能的电源插座不可或缺。

3. 装机工具

最主要的工具就是一把带磁性的十字螺丝刀，还可以准备一些尖嘴钳、小毛刷等工具。

4. 各组成计算机的配件

在组装计算机前要先对各配件进行仔细辨认与核对，看其品牌、型号、规格是否与计划购买的一致，能否相互搭配。将说明书、驱动光盘、数据连接线等分类摆放整齐。

【实训步骤】

1. 准备工作台、电源插座、装机工具等。

2. 准备组装计算机所需要的各种配件，包括CPU、主板、内存、硬盘、光驱、显卡、显示器、机箱、电源、键盘、鼠标等。

3. 注意事项

(1)在组装计算机前，为避免人体所携带的静电对计算机各配件造成损坏，可以用触摸金属物体如水龙头、金属栏杆或洗手的方法释放身上的静电。

(2)要防止各计算机配件接触液体，如采用洗手的方式释放静电后一定要擦干手上的水分，防止液体接触板卡而引起短路，造成硬件的损坏。

(3)在组装过程中要对各配件轻拿轻放,未安装使用的零件要放在防静电包装袋内。

(4)在安装前要仔细查看说明书,在安装 CPU 等带针脚的配件时一定要注意是否安装到位,避免安装过程中针脚断裂或变形。

(5)在连接各配件间的线缆时要注意插头插座的方向,一般都带有防误插装置即“防呆装置”,只要稍加留意就可避免出错。

(6)测试时可以先安装关键设备,如 CPU、CPU 风扇、主板、内存、显卡等进行测试,确认关键设备没问题后再加装其他配件。

(7)插拔线缆时要注意避免损伤线缆。

(8)装机时不要先通电,通电后不要触摸机箱内的配件。

任务二 完成计算机的组装

在组装计算机前要先明确装机流程,这样可以了解自己的组装进度,提高组装的效率,避免出现“顾此失彼”的现象。当然,组装计算机的流程不是唯一的,我们推荐的装机流程如下:

第一步:在主板上安装 CPU 及其散热器。

第二步:在主板上安装内存条。

第三步:连接机箱前面板连线。

第四步:在机箱内安装主板。

第五步:在主板上安装显卡(集成主板可跳过此步骤)及其他接口卡。

第六步:准备机箱,安装电源。

第七步:连接电源、显示器、键盘,加电测试。

第八步:安装光驱、硬盘,连接各配件的数据线与电源线。

第九步:连接显示器、键盘、鼠标等其他外设。

第十步:通电测试。

一、安装 CPU 及其散热器

【实训目的】

掌握在主板上安装 CPU 及其散热器的方法。

【实训准备】

计算机主板、CPU、CPU 散热器。

【实训步骤】

1. 在主板上安装 CPU

(1)将主板取出(图 2-1),将其放在主板保护垫上(主板包装盒内附赠),主板包装盒垫在保护垫下,这样可以保护主板,同时也给操作带来更多的空间。

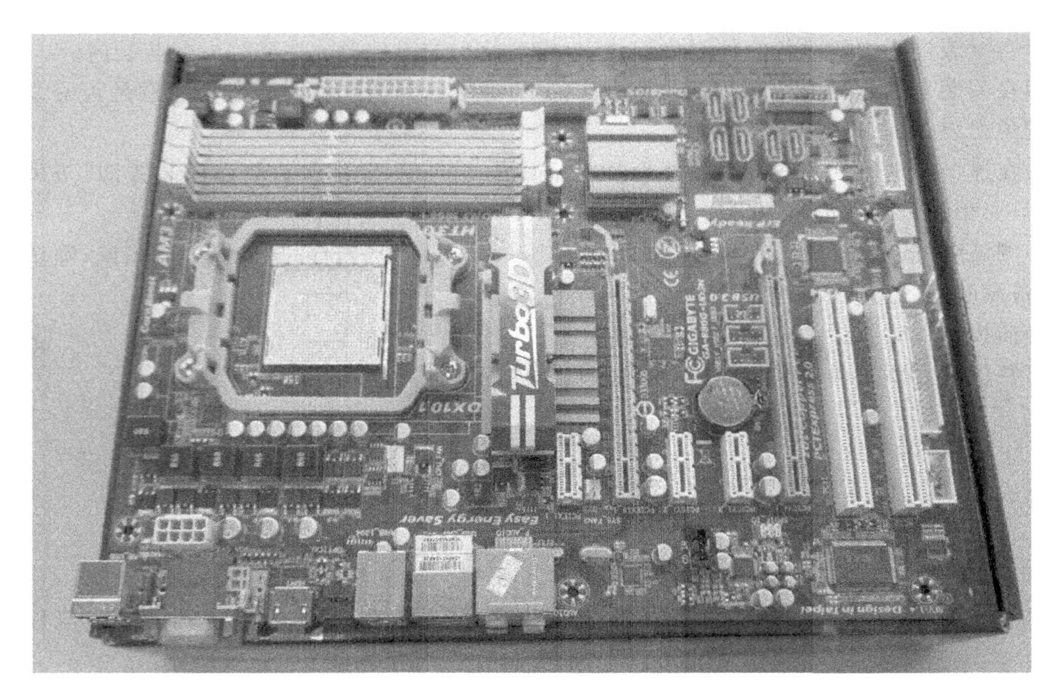

图 2-1　取出主板

(2)打开主板上 CPU 插座旁的拉杆,将其抬起至与主板呈 90°角的位置(图 2-2)。

图 2-2　打开拉杆

图 2-3　安装并固定 CPU

(3)将 CPU 针脚向下,按照三角形的标志将 CPU 装入 CPU 插座。

(4)用手指轻压 CPU 表面,确认 CPU 安装到位,将拉杆放下,直到其卡紧(图 2-3)。

2. 安装 CPU 散热器

(1)在 CPU 背面均匀地涂抹上薄薄一层导热硅脂,其主要作用是填充 CPU 与散热器之间的缝隙,加快热量的传递。

(2)将扣具的一端扣在 CPU 插槽支架上,然后轻压风扇,将另一边的扣具固定(图 2-4)。

(3)将 CPU 风扇的电源线插到主板的 CPU 风扇电源插座上(图 2-5),安装完成。

图 2-4 安装 CPU 风扇

图 2-5 固定 CPU 风扇、连接风扇电源线

二、安装内存

【实训目的】

掌握在主板上安装双通道内存的方法。

【实训准备】

计算机主板、同型号内存 2 根。

【实训步骤】

1. 将内存插槽两端的白色卡子向两侧扳动，如图 2-6 所示。

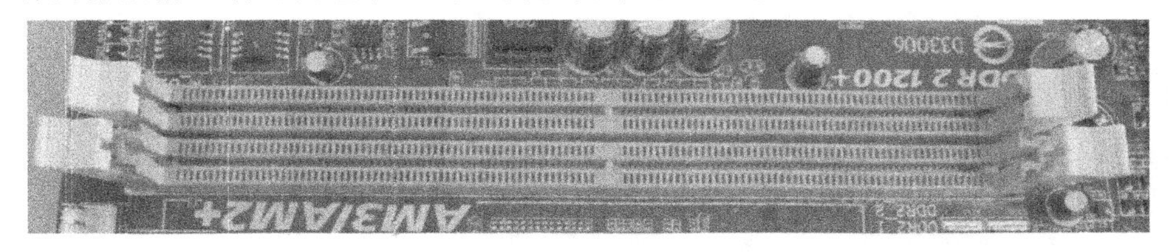

图 2-6 打开内存插槽两端的卡子

2. 将内存条金手指上的缺口对准插槽中的卡口，两侧均匀用力按下，如图 2-7 所示。

图 2-7 插入内存条

3. 检查内存条两侧的卡子是否卡紧。

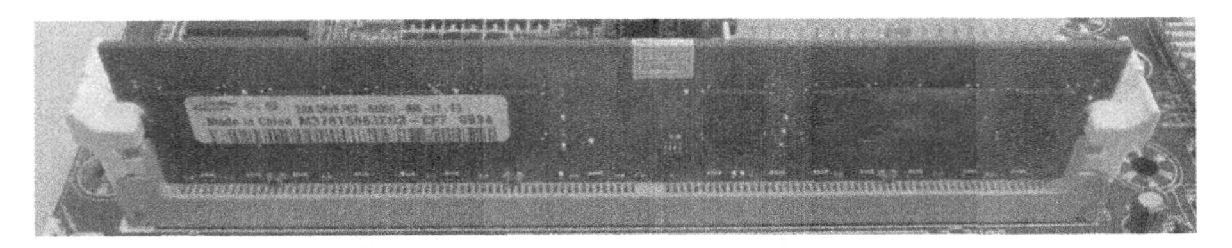

图 2-8　固定内存条

三、连接前置面板连线

【实训目的】

掌握连接前置面板连线的方法。

【实训准备】

计算机主板、机箱。

【实训步骤】

1. 熟悉前置面板连线。

前置面板连线通常包括 POWER SW(开机按钮)、RESET SW(重启按钮)、HDD LED(硬盘指示灯)、POWER LED(电源指示灯)、SPEAKER(机箱喇叭)、USB(前置 USB 接口连接线)等,如图 2-9 所示。

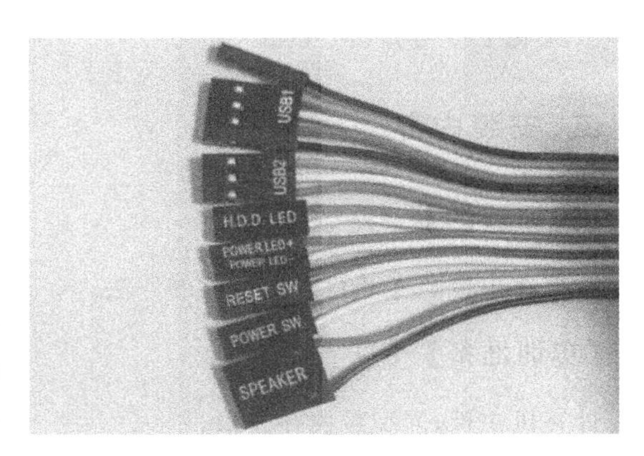

图 2-9　机箱前置面板连线

2. 正确连接机箱前置面板连线,如图 2-10 所示。

图 2-10　正确连接机箱前面板连线

四、安装主板

【实训目的】

掌握安装计算机主板的方法。

【实训准备】

计算机主板、计算机机箱。

【实训步骤】

1. 先将主板安装孔对应位置的铜柱螺丝安装到机箱主板托架上，如图 2-11 所示。

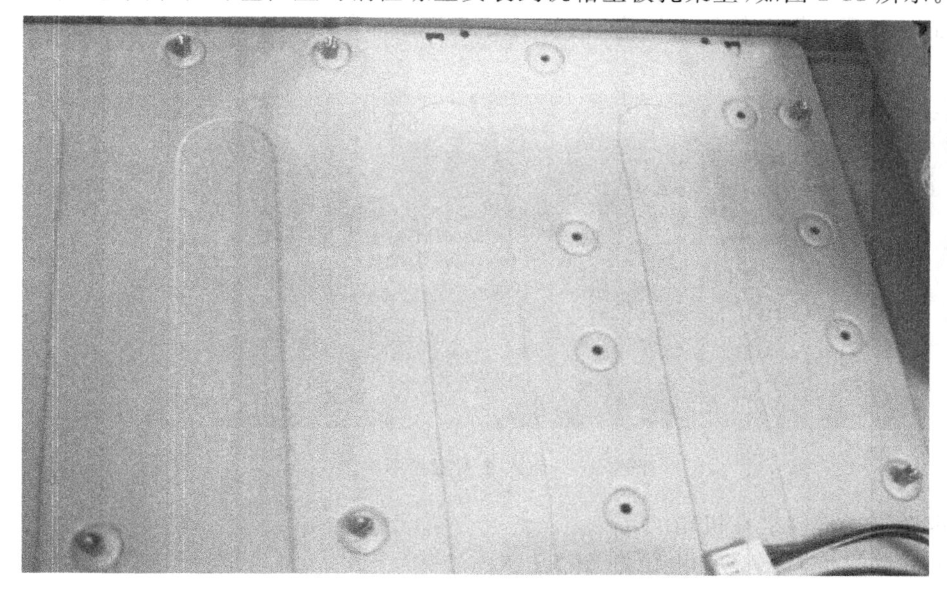

图 2-11 安装铜柱螺丝

2. 将机箱自带的后侧主板挡板拆除，换上主板包装中附带的挡板，如图 2-12 所示。

图 2-12 安装挡板

3. 将主板放入机箱，采用对角固定的方式安装螺丝，不要一次将螺丝拧紧，先松松地拧上对角的螺丝，然后再逐个拧紧固定。

五、安装显卡

【实训目的】

掌握在主板上安装独立显卡的方法。

【实训准备】

计算机主板、独立显卡、机箱电源。

【实训步骤】

1. 拆除机箱后部显卡接口对应位置的挡板。

2. 将显卡对准主板上的显卡插槽(目前主流显卡的插槽为PCI-Express),垂直插入(图2-13)。

图2-13 插入并固定显卡

3. 用螺丝将显卡固定在机箱上。

4. 部分独立显卡需要接上电源线(图2-14)。

图2-14 连接显卡电源线

六、安装电源

【实训目的】

掌握安装机箱电源的方法。

【实训准备】

计算机机箱、机箱电源(图 2-15)。

【实训步骤】

1. 将电源放入机箱后上方预留的安装电源空位处。

2. 分别将 4 个螺丝钉对准机箱后面电源位置的螺丝孔,不要一次将螺丝拧紧,先把对角的两个螺丝轻轻拧上,再拧另外的两个螺丝(图 2-16)。

3. 把 4 个螺丝钉依次拧紧。

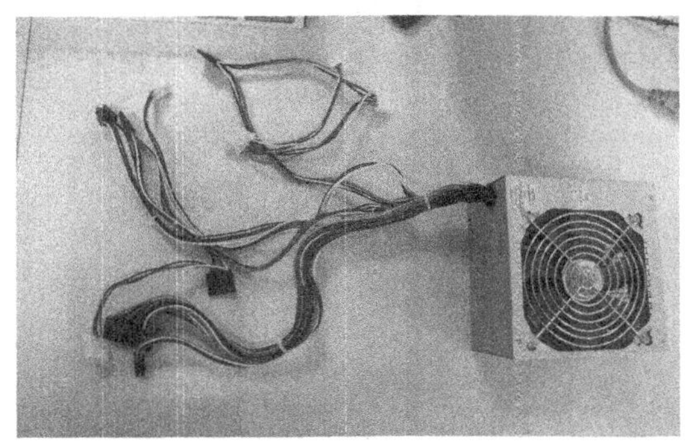

图 2-15 机箱电源

图 2-16 机箱电源的安装

七、安装光驱与硬盘

【实训目的】

掌握安装光驱与硬盘的方法。

【实训准备】

计算机机箱、光驱、硬盘、主板、电源。

【实训步骤】

1. 安装光驱

(1)拆除机箱正面的光驱位置的挡板(部分带有光驱舱门的机箱可不拆)。

(2)将光驱安放至机箱内相应位置。

(3)分别在光驱两侧用螺丝进行固定(图 2-17)。

(4)连接光驱的电源线与数据线(图 2-18)。

2. 安装硬盘

(1)将硬盘放入机箱内的硬盘托架中并分别在硬盘两侧用螺丝进行固定(图 2-19)。

(2)连接硬盘的电源线与数据线(图 2-20)。

图 2-17 拆除挡板、安装光驱

图 2-18 固定光驱，连接电源线与数据线

图 2-19 固定硬盘

图 2-20 连接硬盘电源线、数据线

八、连接内部电源线与数据线

【实训目的】

掌握连接机箱内各设备间的电源线与数据线的方法。

【实训准备】

各种电源线与数据线。

【实训步骤】

1. 连接主板的电源线

在主板上，我们可以看到一个长方形的插槽，这个插槽就是电源为主板供电的插槽。主板供电的接口主要有 24 针与 20 针两种，目前主流的电源接口为 24 针。同时，为了给 CPU 提供更强、更稳定的电压，目前主板上均提供一个给 CPU 单独供电的接口(有 4 针、6 针和 8 针三种)，如图 2-21 所示。这些接口都有防呆设计，只有按正确的方向才能插入。

2. 连接光驱和硬盘的电源线

目前光驱还有很多依然采用 IDE 接口，其供电采用普通四针供电接口。而主流的计算机硬盘均为 SATA 接口，其 SATA 供电接口也与普通四针供电接口不同，这些接口也都采用了防呆设计。光驱、硬盘电源线接口如图 2-22 所示。

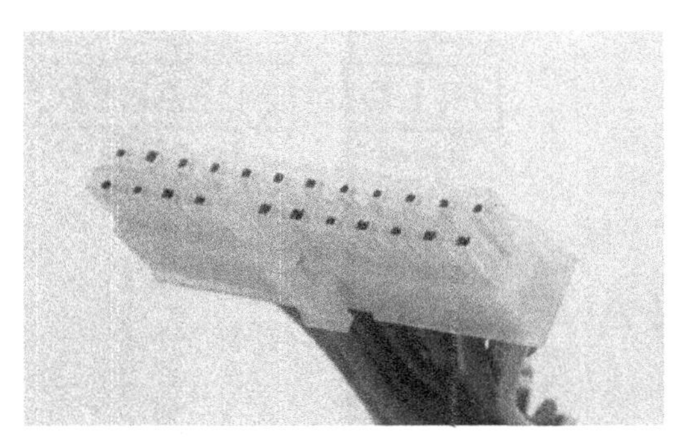
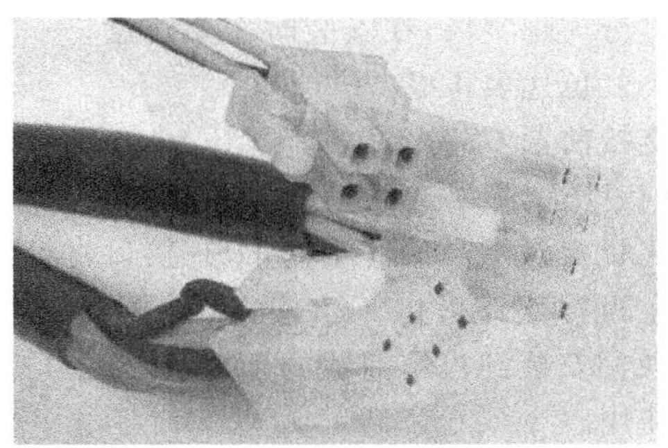

图 2-21　主板电源线接口

图 2-22　光驱、硬盘电源线接口

3. 连接光驱和硬盘的数据线

目前大多数光驱还是采用 IDE 接口，其使用的数据线为适合 Ultra DMA 66/100/133 的 80 芯数据线，安装时将硬盘线的红线对准硬盘上信号线插座的第一脚，插头对准插座引脚插入（也可根据数据线头上凸起的部分与插座边缘凹陷的部分来定位），另一端与主板相连即可。目前主流硬盘均为 SATA 接口，它仅用四个针脚就能完成所有的工作，分别用于连接电缆、连接地线、发送数据和接收数据（图 2-23）。SATA 的数据线插头也要有方向性，直接对准插上即可。

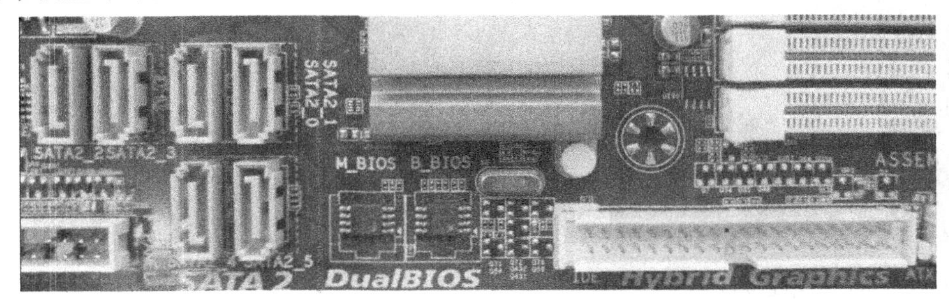

图 2-23　SATA 与 IDE 接口

4. 连接开机、重启、系统指示灯、硬盘指示灯、机箱喇叭等连线

图 2-24 为机箱前置面板接线示意图，其中，PWRSW 是开机键的接口，RESET 为重启键的接口，SPEAKER 为机箱的前置报警喇叭接口，IDE_LED 为机箱面板上硬盘工作指示灯，PLED 为电脑工作的指示灯，对应插入主板即可。需要注意的是，硬盘工作指示灯与电

源指示灯分为正负极，在安装时需要注意，一般情况下红色代表正极。

5. 连接前置 USB 接口

目前，USB 成为日常使用最频繁的接口，大部分主板提供了高达 8 个的 USB 接口，但通常在主板背部仅提供 4 个接口，剩余的接口需要我们安装到机箱前置的 USB 接口上，以方便使用。

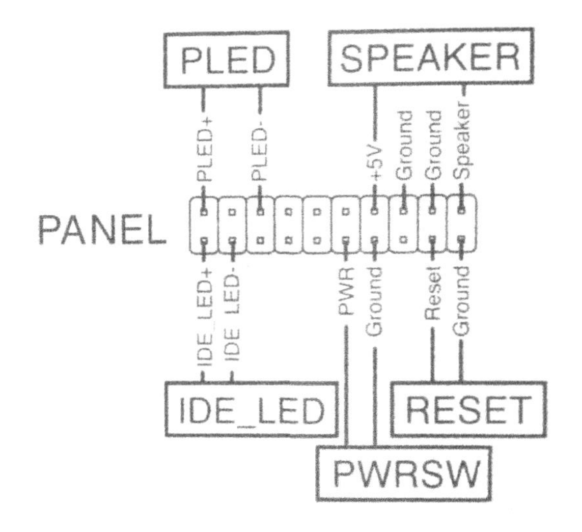

图 2-24 前置面板接线

如图 2-25 所示，其有两组 USB 接口(USB4、5 与 USB6、7 接口)，每一组可以外接两个 USB 接口，总共可以在机箱的前面板上扩展 4 个 USB 接口(当然，一般情况下机箱仅提供两个前置的 USB 接口，其他的可以通过扩展卡等设备进行扩展)。

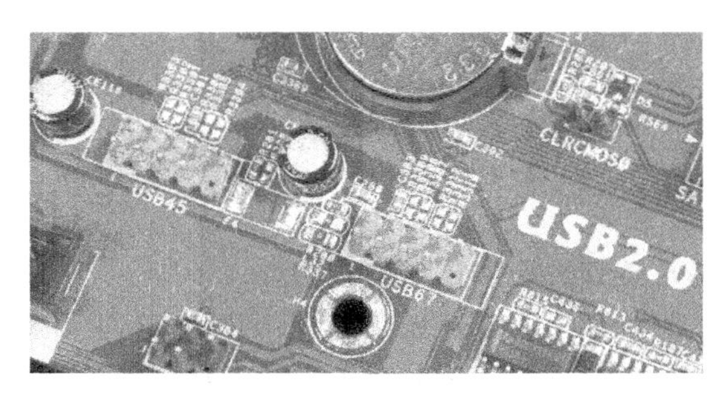

图 2-25 主板 USB 接口

图 2-26 是机箱前面板前置 USB 的连接线，其中 VCC 用来供电，USB2＋与 USB2－分别是 USB 的正负极接口，GND 为接地线。在连接 USB 接口时大家一定要仔细对照主板的说明书，如果连接不当，很容易造成主板的烧毁。图 2-27 是主板与 USB 接口的详细连接方法。

6. 连接前置音频接口

如今的主板上均提供了集成的音频芯片，并且性能基本能够满足绝大部分用户的

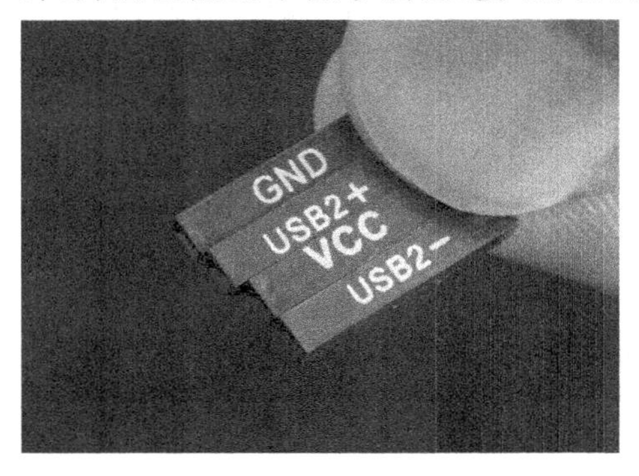

图 2-26 USB 连线接口

图 2-27 主板 USB 接口

需求，因此为了方便用户的使用，目前大部分机箱除了具备前置的 USB 接口外还包括音频接口，为使机箱前面板上的耳机和麦克风接口能够正常使用，我们还应该将前置的音频线与主板正确地进行连接。

图 2-28 就是主板上的扩展音频接口。其中 AAFP 为符合 AC97’音效的前置音频接口，ADH 为符合 ADA 音效的扩展音频接口，SPDIF_OUT 是同轴音频接口，在连接时要注意主

板说明书上的针脚定义。

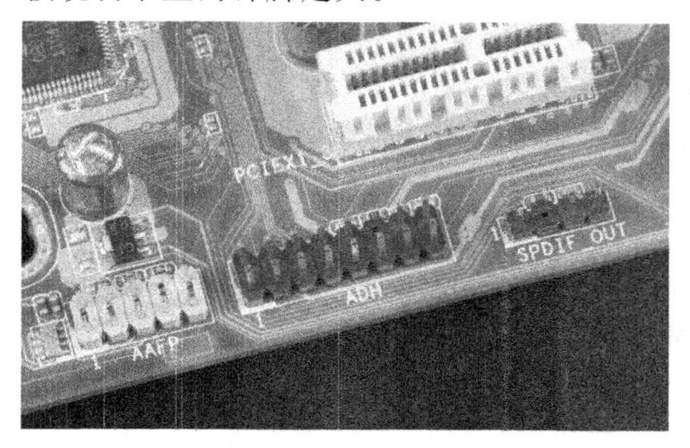

图 2-28 主板扩展音频接口

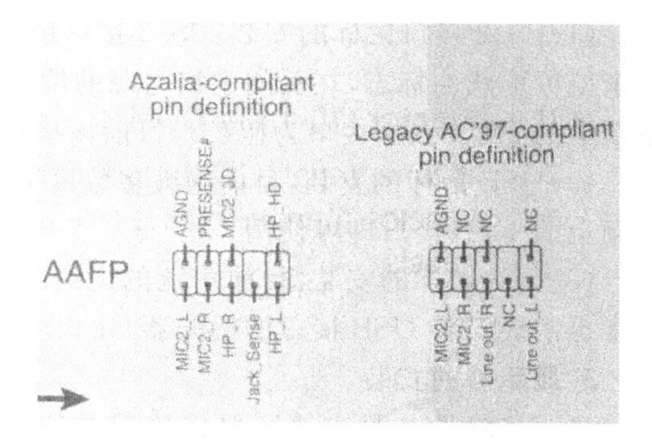

图 2-29 主板扩展音频接口定义

图 2-29 为主板扩展音频接口定义，前置的音频接口一般为双声道，L 表示左声道，R 表示右声道。其中 MIC 为前置的话筒接口，对应主板上的 MIC，HPOUT-L 为左声道输出，对应主板上的 HP-L 或 Line out-L(根据采用的音频规范不同，如采用的是 ADA 音频规范，则接 HP-L，下同)，HPOUT-R 为右声道输出，对应主板上的 HP-R 或 Line out-R，按照分别对应的接口依次接入即可。

九、连接外围设备

【实训目的】

掌握连接键盘、鼠标、显示器的方法。

【实训准备】

键盘、鼠标、显示器。

【实训步骤】

1. 键盘的安装

(1)PS/2 接口键盘的安装：PS/2 接口键盘的插头上有一个键盘形状的标志，在关闭主机电源的情况下将其插入主板后侧的 PS/2 接口即可(通常主板上的 PS/2 键盘接口为蓝色)。

(2)USB 键盘的安装：目前绝大多数键盘都为 USB 接口，这类键盘连接比较简单，直接将插头插入机箱上的 USB 接口即可。

(3)无线键盘的安装：随着 HTPC 等机型的兴起，计算机逐步走出书房进入客厅，这时再使用有线键盘就非常不方便，一款无线键盘能很好地满足此时的使用需求。无线键盘通常使用红外线、蓝牙或 2.4GHz 频率来进行连接，这些键盘通常需要在主机上安装一个 USB 接口的接收器，在安装相应驱动程序的条件下使用。其中，红外无线键盘需要在接收器与键盘之间无任何遮挡物，有很强的方向性。蓝牙与 2.4GHz 无线技术无指向性，通常传输距离在 10 米之内。

2. 鼠标的安装

(1)PS/2 接口鼠标的安装:PS/2 接口鼠标的插头外观与 PS/2 键盘接口相同,但其上有一个鼠标形状的标志,在关闭主机电源的情况下将其插入主板后侧的 PS/2 接口即可(通常主板上的 PS/2 鼠标接口为蓝色),目前该接口的鼠标已经较少使用。

(2)USB 鼠标的安装:目前绝大多数鼠标也都为 USB 接口,安装时直接将鼠标接口插入机箱上的 USB 接口即可使用。

(3)无线鼠标的安装:目前主流的无线鼠标通常使用蓝牙或 2.4GHz 频率来进行连接,通常也需要安装 USB 接口的适配器,在相应驱动程序的支持下进行工作。

3. 显示器的安装

显示器除了电源线外还要连接数据线,其接口主要包括 VGA(又称为 D-Sub)、DVI、HDMI、DisplayPort 以及比较新的 Thunderbolt 接口等。在安装时要注意相应显卡输出接口、数据线与显示器相应接口的对应。图 2-30 为独立显卡的 DisplayPort、HDMI、D-Sub、DVI 等接口。

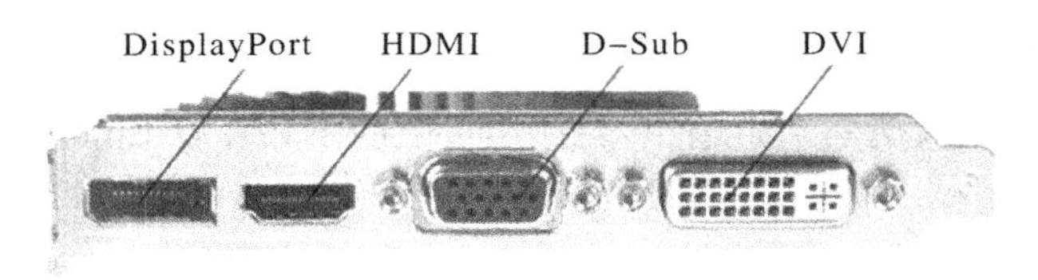

图 2-30 DisplayPort、HDMI、D-Sub、DVI 接口

十、开机测试

【实训目的】

掌握对组装好的计算机进行简单测试的方法。

【实训准备】

组装完成后要从以下几个方面来进行检查:

1. CPU、内存、显卡等主要部件是否安装牢固;
2. 所有的电源线、数据线是否接好;
3. 机箱前面板连线是否接好;
4. 是否有螺丝或其他金属杂物遗落在主板上。

【实训步骤】

1. 对计算机的各部件进行检查。

2. 按开机键开机,看机器能否点亮,如果能听到“滴”的一声,显示器上显示自检信息,表面计算机硬件工作正常;如果不能点亮,要根据声音来检查设备,重新连接后再进行测试。

3. 如果测试通过,可关机并关闭电源,盖上机箱盖板,完成计算机硬件的组装。

【思考与练习】

1. 在组装计算机前要做哪些准备工作?

2. 模拟购机,根据自己的使用需求和预算,列出清单,在其中尽可能地写明部件的名称、品牌、规格和型号等。

3. 结合实际情况,自己将一台计算机全部拆开,再动手组装起来。

项目三　安装操作系统

计算机硬件组装完成后需要安装操作系统才能使用，在安装操作系统之前需要进行BIOS参数设置。BIOS(Basic Input Output System，基本输入输出系统)是固化到计算机内主板上一个ROM芯片上的一组程序，其主要功能是为计算机提供底层的、最直接的硬件设置和控制。形象地说，BIOS是连接软件程序与硬件设备的一座“桥梁”，负责解决硬件的即时要求。

目前，个人PC使用最广泛的还是微软公司的Windows操作系统，本项目对Windows 7以及最新发布的Windows 8操作系统的安装及配置方法进行介绍，同时也介绍了著名的以桌面应用为主的Linux操作系统(Ubuntu Desktop 12.10操作系统)的安装方法，以拓展PC使用者的眼界。

任务一　掌握BIOS的常用设置方法

一、进入BIOS的方法

【实训目的】

了解BIOS的基础知识，掌握进入BIOS的方法。

【实训准备】

1. BIOS简介

BIOS(Basic Input Output System，基本输入输出系统)是固化到计算机内主板上一个ROM芯片上的一组程序，其主要功能是为计算机提供底层的、最直接的硬件设置和控制。BIOS芯片是主板上一块长方形或正方形芯片，只有在开机时才可以进行设置。

2. BIOS分类

目前全球只有四家独立BIOS供应商，曾经的Award Software与General Software均被Phoenix Technologies收购，Microid Research被Unicore Software收购，SystemSoft被Insyde Software收购。目前主流的BIOS主要有两种：Phoenix-Award BIOS与AMI BIOS。

Phoenix公司目前是世界最大的BIOS生产厂商之一，其产品Phoenix-Award BIOS被广泛使用，支持众多新硬件。

AMI BIOS是由American Megatrends Incorporated(安迈科技)出品，该公司于20世纪80年代开始开发BIOS产品，曾占据早期计算机市场较大份额，目前其市场占有率减少，但仍有一定的市场地位。

3. BIOS主要功能

(1)自检及初始化:这部分负责启动电脑,具体有三个部分:

第一个部分就是加电自检(Power On Self Test,POST),功能是检查电脑是否良好,一旦在自检中发现问题,系统将给出提示信息或鸣笛警告。如果自检中发现严重故障(致命性故障)则停机,此时由于各种初始化操作还没完成,不能给出任何提示或信号;对于非严重故障则给出提示或声音报警信号,等待用户处理。

第二个部分是初始化,其中很重要的一部分是BIOS设置,当电脑启动时会读取这些参数,并和实际硬件设置进行比较,如果不符合,会影响系统的启动。

第三个部分是引导程序,功能是引导DOS或其他操作系统。BIOS先从软盘或硬盘的开始扇区读取引导记录,如果没有找到,则会在显示器上显示没有引导设备,如果找到引导记录会把电脑的控制权转给引导记录,由引导记录把操作系统装入电脑,在电脑启动成功后,BIOS的这部分任务就完成了。

(2)程序服务处理:程序服务处理程序主要是为应用程序和操作系统服务,这些服务主要与输入输出设备有关。BIOS可以直接与计算机的I/O设备打交道,通过端口发出命令,通过各种外部设备传送或接收数据,使程序能够脱离具体的硬件操作。

(3)硬件中断处理:BIOS的服务功能是通过调用中断服务程序来实现的,这些服务分为很多组,每组有一个专门的中断号,其又根据具体功能细分为不同的服务号。应用程序需要使用哪些外设、进行什么操作只需要在程序中用相应的指令说明即可,无需直接控制。

注意:BIOS设置不当会直接损坏计算机的硬件,甚至烧毁主板,建议不熟悉者慎重修改设置。

4. BIOS与CMOS的区别与联系

由于CMOS与BIOS都跟电脑系统设置密切相关,所以才有CMOS设置和BIOS设置的说法。也正因此,初学者常将两者混淆。CMOS是Complementary Metal Oxide Semiconductor(互补金属氧化物半导体)的缩写,是主板上的一块可读写的RAM芯片,是用来保存BIOS的硬件配置和用户对某些参数的设定。

CMOS可由主板的电池供电,即使系统掉电,信息也不会丢失。CMOS RAM本身只是一块存储器,只有数据保存功能。而对BIOS中各项参数的设定要通过专门的程序来实现。因此,完整的说法应该是"通过BIOS设置程序对CMOS参数进行设置"。

5. BIOS主界面中各选项功能

BIOS主界面中各选项功能见表3-1。

表3-1 BIOS主界面中各选项功能

选　项	含　义
Standard CMOS Feature	标准CMOS设置,设置日期、时间、驱动器等
Advanced BIOS Feature	高级BIOS功能,设定BIOS的特殊功能
Advanced Chipset Feature	高级芯片组设置
Integrated Peripherals	综合周边设置,集成外设、接口设备的设定
Power Management Setup	电源管理设置,设定外部设备的节点模式
PnP/PCI Configurations	设置即插即用和PCI的高级设定

续表

选　项	含　义
PC Health Status	PC 健康状态，侦测电压、温度、风扇转速等
Frequency/Voltage Control	频率、电压控制
Load Fail-Safe Default	载入故障恢复默认值
Load Optimized Default	载入优化默认值
Set Supervisor Password	设置管理员口令
Set User Password	设置用户口令
Save & Exit Setup	保存并退出设置
Exit Without Saving	不保存退出

【实训步骤】

只有在开机或重启的时候才可以进入 BIOS 设置界面，根据 BIOS 的不同，其进入的方法也不同，具体如下：

普通台式机进入 BIOS 方法：

Phoenix-Award BIOS：开机或重启时按“DEL”键；

AMI BIOS：开机或重启时按“DEL”键。

其他品牌机进入 BIOS 的方法：

ThinkPad：冷开机或重新启动时按“F1”键；

HP：开机或重新启动时按“F2”键；

Dell：开机或重新启动时按“F2”键；

Acer：开机或重新启动时按“F2”键；

SONY：开机或重新启动时按“F2”键；

TOSHIBA：冷开机时按“ESC”键，然后按“F1”键；

HP-COMPAQ：开机到右上角出现闪动光标时按“F10”键。

其他绝大多数国产品牌计算机：开机或重新启动时按“F2”键。

二、设置系统日期和时间

【实训目的】

掌握设置 BIOS 系统日期和时间的方法。

【实训准备】

一台具有 Phoenix-Award BIOS 的计算机。

【实训步骤】

1. 开机或重启时按“Del”键进入 BIOS 设置菜单，用方向键移动到“Standard CMOS

Features”选项，如图 3-1 所示。

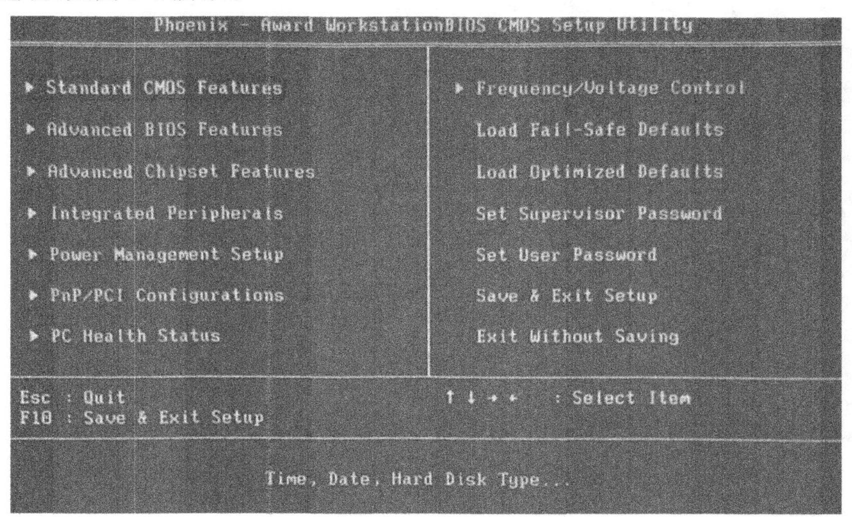

图 3-1 标准 CMOS 设置界面

2. 按“Enter”键进入标准 BIOS 设置界面，用方向键移动光标到“Date”选项。

3. 按“Enter”键进入系统日期设置状态，用“Page Up”和“Page Down”键选择合适的系统日期。

4. 按“Enter”键确认，用方向键向下移动光标到“Time”选项。

5. 按“Enter”键进入系统时间设置状态，用“Page Up”和“Page Down”选择合适的系统时间。

6. 按“Enter”键确认。

7. 按“Esc”键返回 BIOS 设置主界面，用方向键移动光标到“Save & Exit Setup”选项，按“Enter”键(此步骤也可用按“F10”键代替)，如图 3-2 所示。

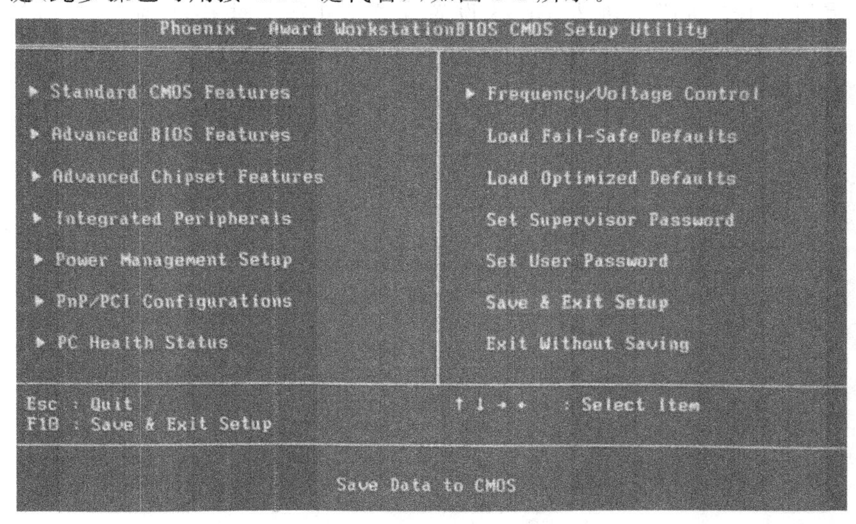

图 3-2 保存并退出界面

8. 在弹出的窗口中输入“Y”，按“Enter”键确认，如图 3-3 所示。

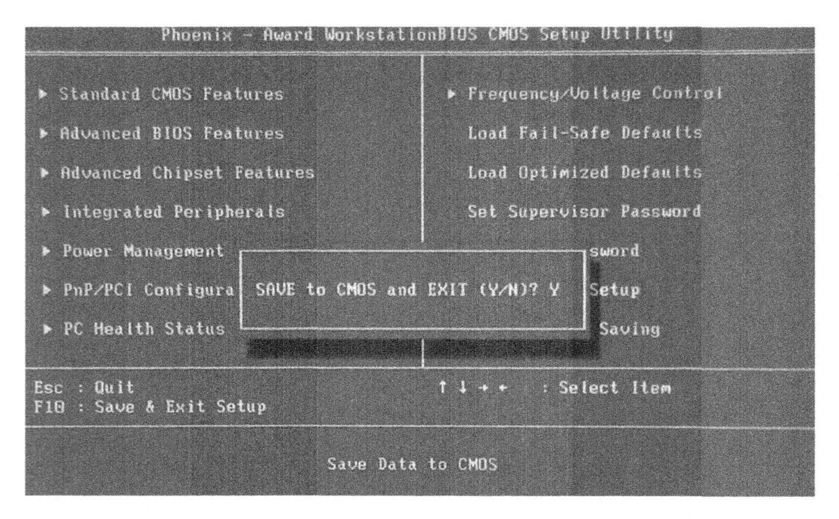

图 3-3　确认保存并退出 BIOS 设置

三、设置光驱启动

【实训目的】

掌握设置 BIOS 是系统从光盘启动的方法。

【实训准备】

一台具有 Phoenix-Award BIOS 的计算机。

【实训步骤】

1. 开机或重启时按“Del”键进入 BIOS 设置菜单，用方向键移动到“Advanced BIOS Features”选项，如图 3-4 所示。

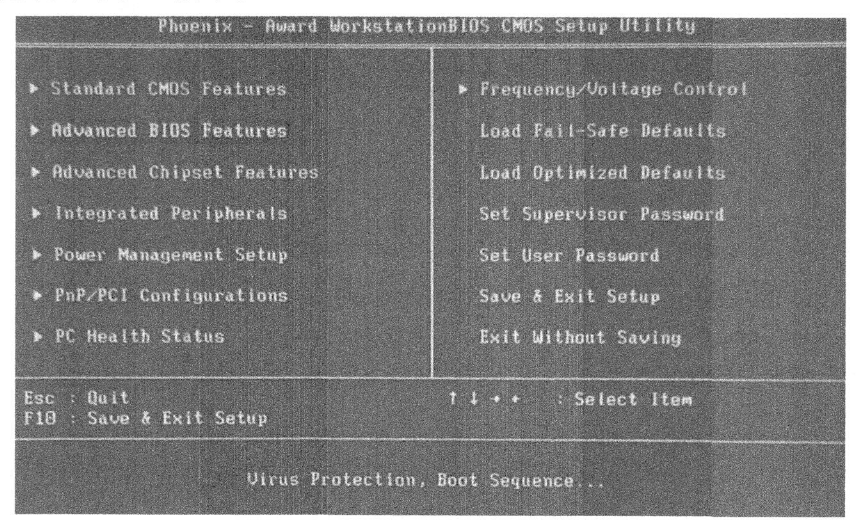

图 3-4　选择高级 BIOS 设置选项

2. 按“Enter”键进入高级 BIOS 设置界面，如图 3-5 所示。

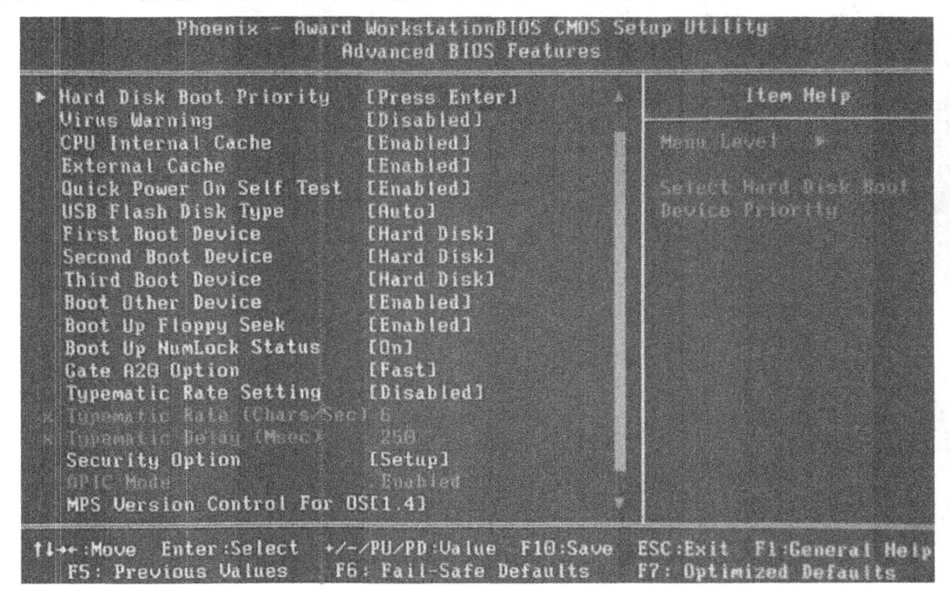

图 3-5 高级 BIOS 设置界面

3. 用方向键移动到“First Boot Device”选项，如图 3-6 所示。

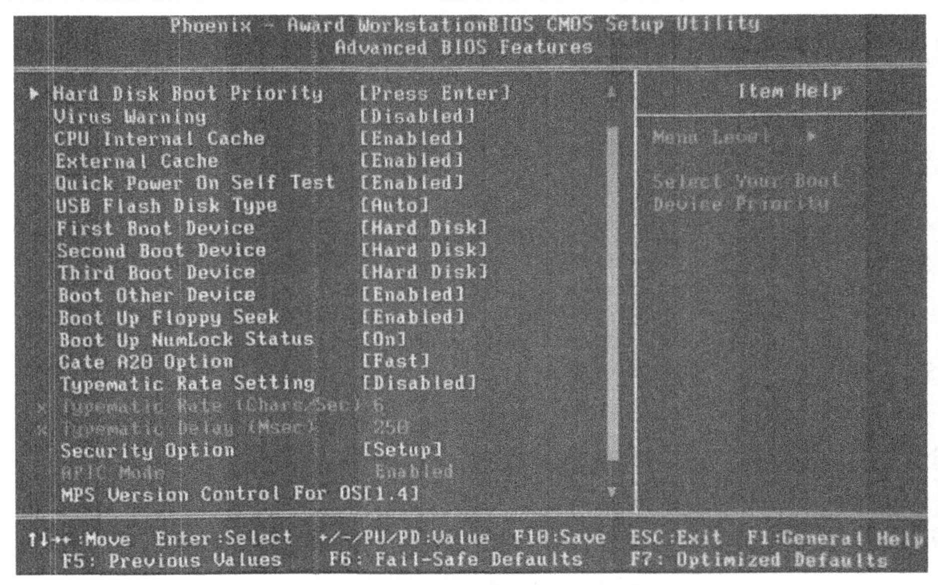

图 3-6 选择第一启动设备

4. 按“Enter”键进入“First Boot Device”设置状态，用方向键选择“CDROM”，如图 3-7 所示。

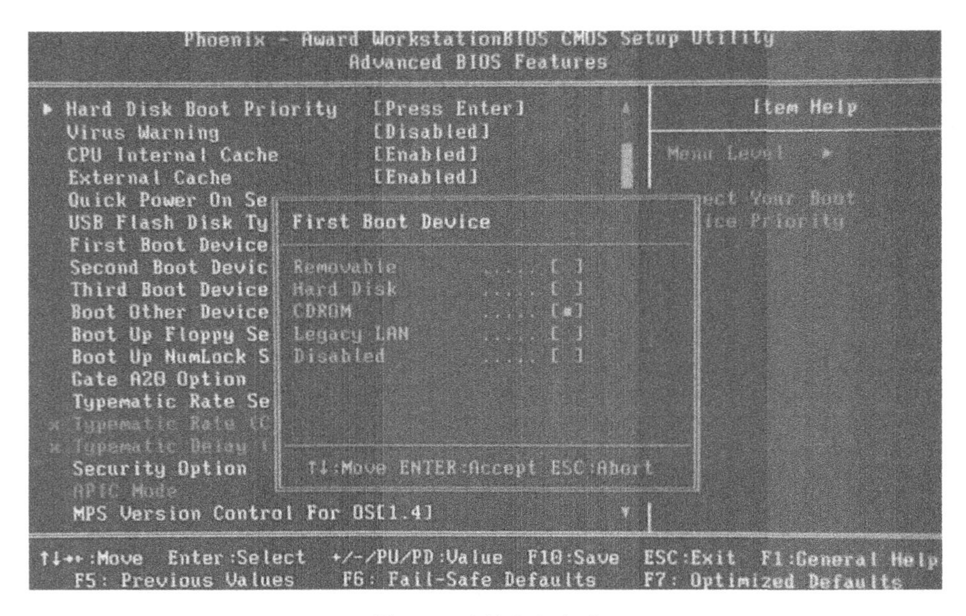

图 3-7　选择光盘启动

5. 按“Enter”键确认，按“Esc”键返回 BIOS 设置主界面，用方向键移动光标到“Save & Exit Setup”选项，按“Enter”键(此步骤也可用按“F10”键代替)，如图 3-8 所示。

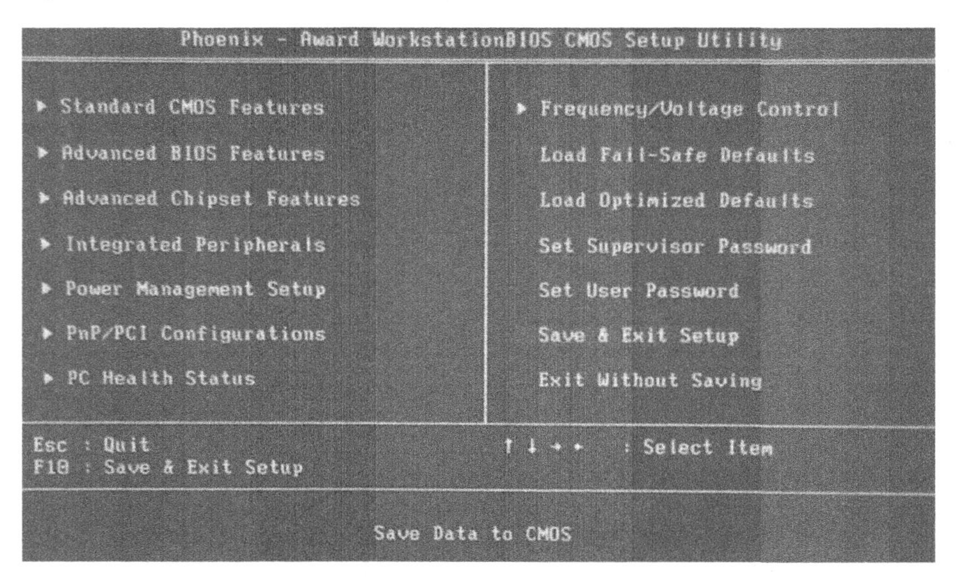

图 3-8　保存并退出选项

6. 在弹出的窗口中输入“Y”，按“Enter”键确认，如图 3-9 所示。

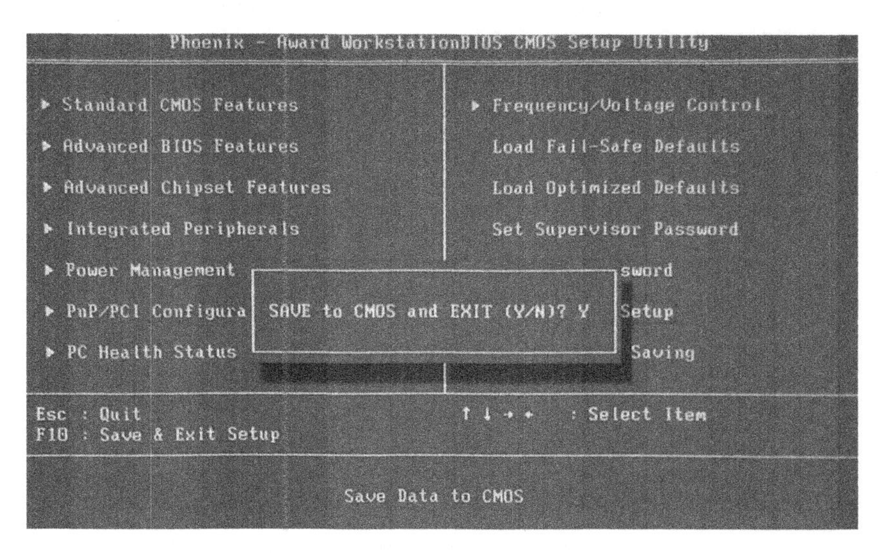

图 3-9 确认保存并退出 BIOS 设置

四、设置 BIOS 密码

【实训目的】

了解两种 BIOS 设置密码的区别，掌握 BIOS 密码的设置方法。

【实训准备】

BIOS 密码有两种。

普通用户密码：开机后要输入密码后才能进入系统以及查看 BIOS 设置，但不能对 BIOS 设置进行修改。

超级用户密码：输入超级用户密码后能进入系统，也能修改 BIOS 设置。要使用此项功能要将“Password Check”选项设为“System”。

【实训步骤】

1. 设置普通用户密码

(1)开机或重启时按“Del”键进入 BIOS 设置菜单，用方向键移动到“Set User Password”选项，如图 3-10 所示。

(2)按“Enter”键，在弹出的提示框中输入密码后按“Enter”键，如图 3-11 所示。

(3)重复输入一次密码并按“F10”键保存，如图 3-12 所示。

(4)若想删除密码，只要在输入新密码时直接按“Enter”键，此时 BIOS 会显示“PASSWORD DISABLED”，下次开机时就可直接进入系统了。

2. 设置超级用户密码

(1)开机或重启时按“Del”键进入 BIOS 设置菜单，用方向键移动到“Advanced BIOS Features”选项。

(2)按“Enter”键进入高级 BIOS 设置界面，移动光标至“Password Check”，将其设置为“System”，如图 3-13 所示。

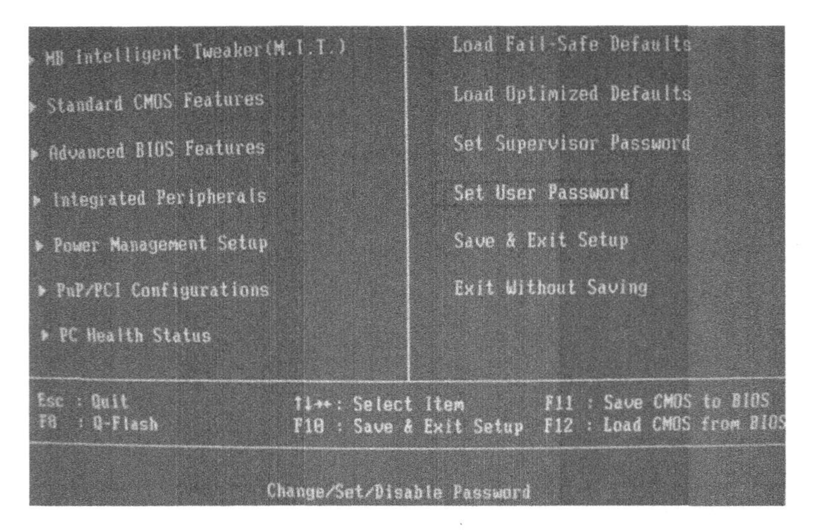

图 3-10 设置用户密码

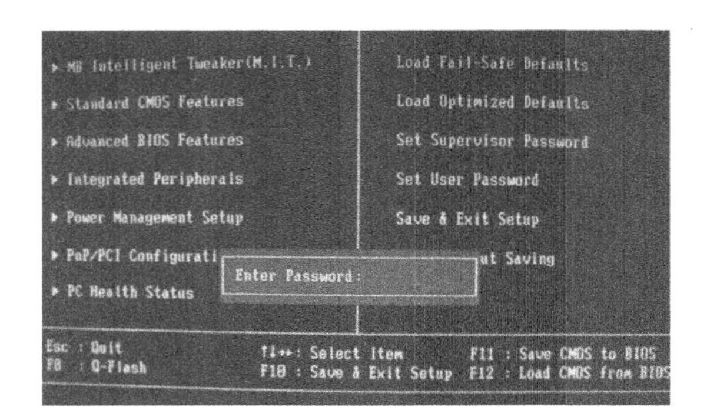

图 3-11 设置用户密码

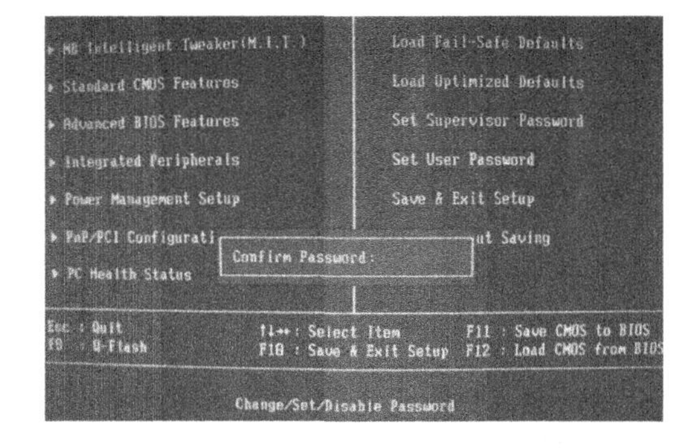

图 3-12 重复用户密码

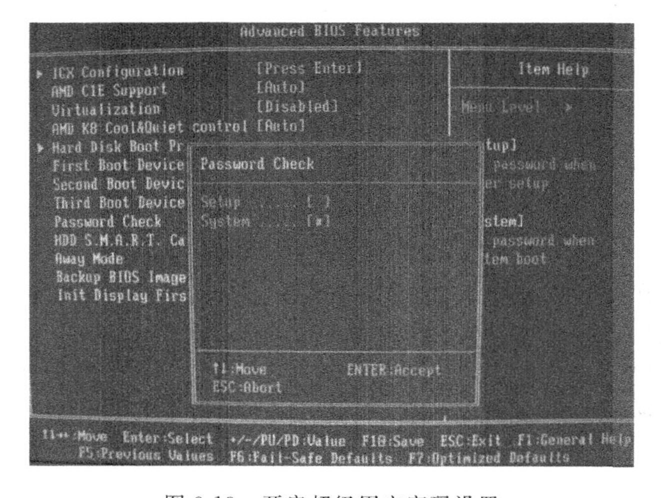

图 3-13 开启超级用户密码设置

(3)按“Esc”键返回,移动光标至“Set Supervisor Password”选项。

(4)按“Enter”键,在弹出的提示框中输入密码后按“Enter”键,如图 3-14 所示。

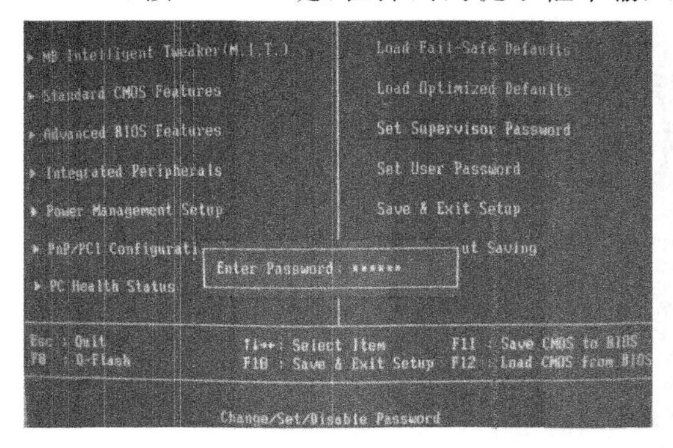

图 3-14 设置超级用户密码

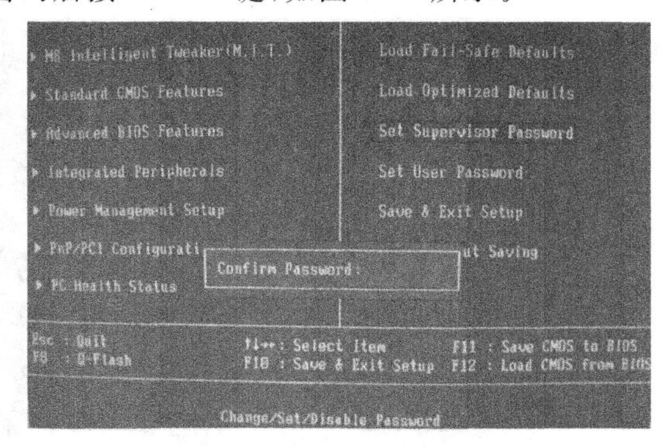

图 3-15 重复超级用户密码

(5)重复输入一次密码并按“F10”键保存,如图 3-15 所示。

五、恢复最优默认设置

【实训目的】

掌握将 BIOS 设置恢复为最优默认设置的方法。

【实训准备】

一台具有 Phoenix-Award BIOS 的计算机。

【实训步骤】

1. 开机或重启时按“Del”键进入 BIOS 设置菜单,用方向键移动到“Load Optimized Default”选项,如图 3-16 所示。

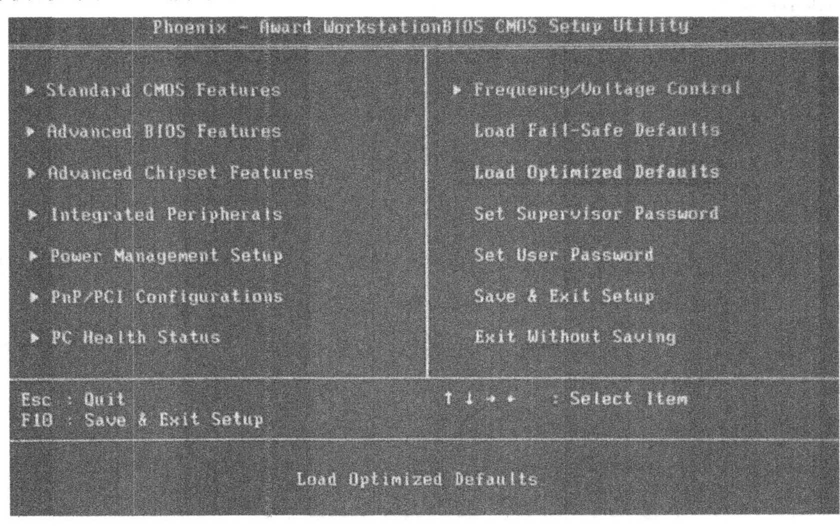

图 3-16 选择恢复最优默认设置

2. 按“Enter”键，弹出“Load Optimized Default(Y/N)”窗口，如图 3-17 所示。

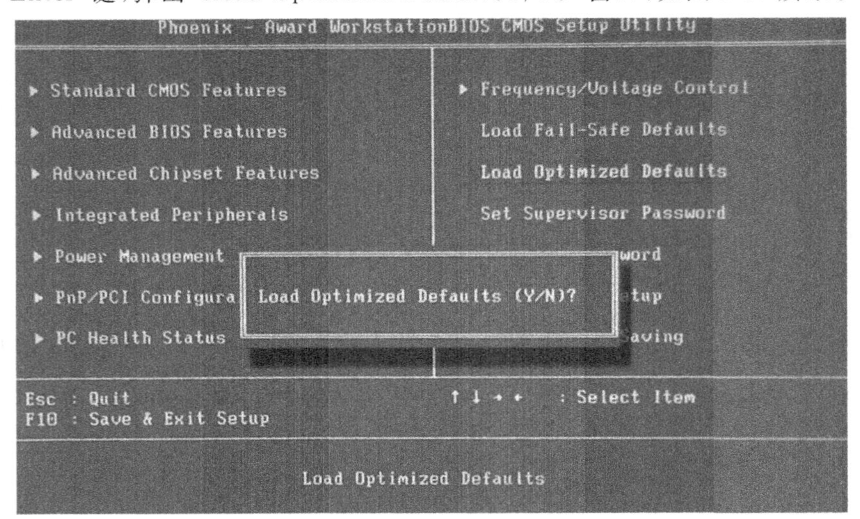

图 3-17　确认恢复最优默认设置

3. 按“Y”键，再按“Enter”键确定。

4. 按“Esc”键返回 BIOS 设置主界面，用方向键移动光标到“Save & Exit Setup”选项，按“Enter”键(此步骤也可用按“F10”键代替)。

5. 在弹出的窗口中输入“Y”，按“Enter”键确认。

任务二　安装 Windows 7 操作系统

一、安装准备工作

【实训目的】

熟悉 Windows 7 的各个版本的最低硬件配置要求，选择适合自己的版本。

【实训准备】

Windows 7 操作系统由微软公司在 2009 年 10 月发布，其一共分为 6 个不同的版本，即 Windows 7 Starter(初级版)、Windows 7 Home Basic(家庭普通版)、Windows 7 Premium(家庭高级版)、Windows 7 Professional(专业版)、Windows 7 Enterprise(企业版)和 Windows 7 Ultimate(旗舰版)。

上述 6 个版本中 Windows 7 Starter(初级版)仅提供给 OEM 厂家，主要用于上网本等低配置的机器，Windows 7 Enterprise(企业版)适用于大中型企业的商用机器，着重加强安全性与控制性，其余 4 个版本常见于个人 PC，其具体功能区别如表 3-2 所示。

表 3-2 Windows 7 常见版本功能区别

	家庭普通版	家庭高级版	专业版	旗舰版
桌面体验				
全新的 Windows 任务栏	●	●	●	●
实时任务栏缩略图预览	●	●	●	●
快速显示桌面	●	●	●	●
自定义通知区域图标	●	●	●	●
桌面小工具	●	●	●	●
半透明玻璃窗口		●	●	●
Aero 桌面透视		●	●	●
Aero 桌面主题		●	●	●
Aero 桌面背景幻灯片切换		●	●	●
日常操作				
跳转列表	●	●	●	●
鼠标拖拽	●	●	●	●
资源管理器预览窗格	●	●	●	●
快速切换投影(Win+P)	●	●	●	●
计算器	●	●	●	●
画图	●	●	●	●
Windows 搜索	●	●	●	●
联合搜索	●	●	●	●
设备和打印机	●	●	●	●
设备平台	●	●	●	●
截图工具		●	●	●
便笺		●	●	●
Aero 晃动		●	●	●
Tablet PC 支持		●	●	●
上网冲浪				
查看可用网络	●	●	●	●
智能无线网络识别	●	●	●	●

续表

	家庭普通版	家庭高级版	专业版	旗舰版
Windows 移动中心	●	●	●	●
IE8 加速器	●	●	●	●
IE8 网页快讯	●	●	●	●
IE8 可视化搜索	●	●	●	●
IE8 兼容性视图	●	●	●	●
Windows Live 软件包	需下载	需下载	需下载	需下载
安全可靠				
用户账户控制(UAC)	●	●	●	●
IE8 隐私浏览模式	●	●	●	●
IE8 SmartScreen 筛选	●	●	●	●
IE8 选项卡隔离 & 崩溃恢复	●	●	●	●
IE8 域名高亮显示	●	●	●	●
Windows Defender	●	●	●	●
备份和还原	●	●	●	●
操作中心	●	●	●	●
问题步骤记录器(PSR)	●	●	●	●
家长控制	●	●	●	●
高级备份(备份到网络和组策略)			●	●
加密文件系统(EFS)			●	●
Bitlocker				●
Bitlocker To Go				●
数字娱乐				
Windows Media Player	●	●	●	●
播放到(Play-To)	●	●	●	●
游戏资源管理器	●	●	●	●
DirectX 11	●	●	●	●
家庭组	(仅加入)	●	●	●
远程媒体流(RMS)		●	●	●

续表

	家庭普通版	家庭高级版	专业版	旗舰版
Windows Media Center		●	●	●
Windows DVD Maker		●	●	●
办公支持				
加入域和组策略			●	●
Windows XP 模式			●	●
位置感知打印			●	●
多语言界面				●
最新技术				
Windows 多点触控		●	●	●
支持最新的 3G 移动宽带技术	●	●	●	●

二、安装 Windows 7 旗舰版

【实训目的】

掌握安装 Windows 7 旗舰版的方法。

【实训准备】

Windows 7 操作系统可以通过 3 种不同的方法来安装，即传统的光盘安装、U 盘安装和硬盘安装，其中光盘安装和 U 盘安装适用于全新安装或安装第二操作系统，硬盘安装需在本机具有操作系统的情况下才能实现。

(一)光盘安装

光盘安装可以算是最经典、兼容性最好的安装方法了，可升级安装，也可全新安装(安装时可选择格式化旧系统分区)，安装方式灵活，不受旧系统限制，可灵活安装 Windows7 的 32/64 位系统。本实训主要介绍通过光驱在计算机上全新安装 Windows 7 旗舰版的方法，附带介绍通过 U 盘安装操作系统的方法。

光盘安装系统所需材料：

(1)一台安装了 DVD 光驱的计算机。

(2)Windows 7 旗舰中文版的 DVD 安装光盘。

【实训步骤】

1. 开机进入 BIOS 设置界面，将第一启动设备设为光驱(具体步骤参见任务一第(三)

点，设置光驱启动)。

2. 将 Windows 7 旗舰中文版的 DVD 安装光盘放入光驱，重启计算机。

3. 计算机被光盘引导后屏幕显示"Windows is loading files…"，随后出现滚动条界面，如图 3-18 所示。

图 3-18　光盘启动界面

4. 在弹出的"安装 Windows"窗口中选择要安装的语言、时间和货币格式、键盘和输入方法等后单击"下一步"按钮，如图 3-19 所示。

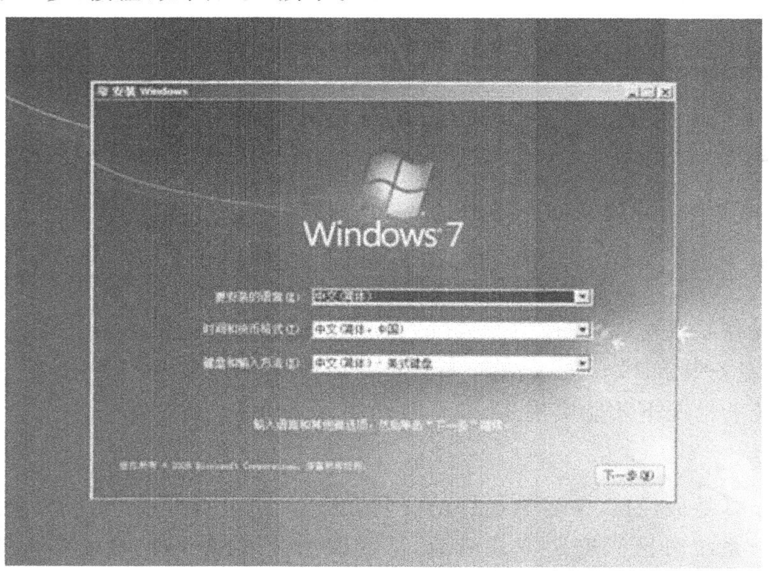

图 3-19　设置语言、时间和货币格式等

5. 在此窗口中单击"现在安装"按钮(此窗口左下角还有"安装 Windows 须知"和"修复计算机"两个链接，分别用于查看相关说明和对出现问题的操作系统进行修复，用户可根据需要进行选择)，如图 3-20 所示。

6. 随后屏幕出现"安装程序正在启动…"，并在下一个界面中显示相应窗口，在此窗口中勾选"我接受许可条款"，单击"下一步"按钮继续安装，如图 3-21 所示。

7. 在"您想进行何种类型的安装?"窗口中出现"升级"和"自定义(高级)"两个选项，本实

图 3-20　开始安装界面

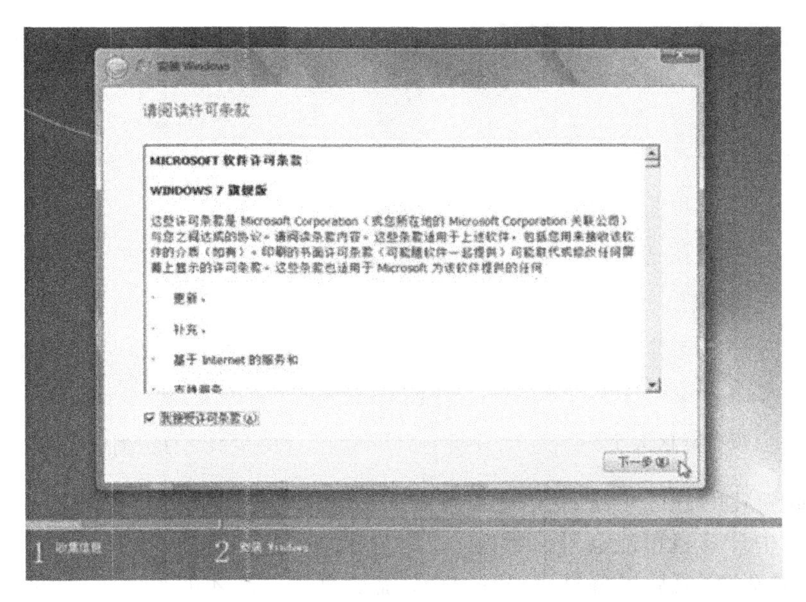

图 3-21　许可协议条款

训属于全新安装，因此选择第二项“自定义(高级)”，如图 3-22 所示。

8. 在弹出的窗口中选择欲安装 Windows 7 的硬盘分区。若硬盘为全新未分区状态可单击右下角处的“驱动器选项(高级)”链接，单击“新建”，在“大小”后的输入框里选择合适的容量后单击“应用”，此时弹出“若要确保 Windows 的所有功能都能正常使用，Windows 可能要为系统文件创建额外的分区”警告框，单击“确定”按钮，一段时间后，新分区就创建完成(图 3-23)。

9. 剩余未分配的磁盘空间可用同样方法创建分区，或者等系统安装完成后用 Windows 自带的管理工具进行分区、格式化等操作(图 3-24)。

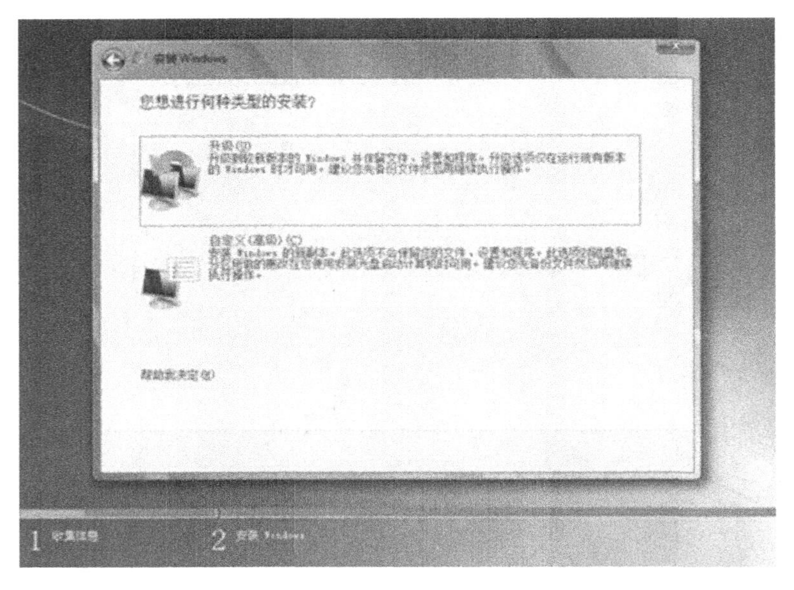

图 3-22　安装类型选择界面

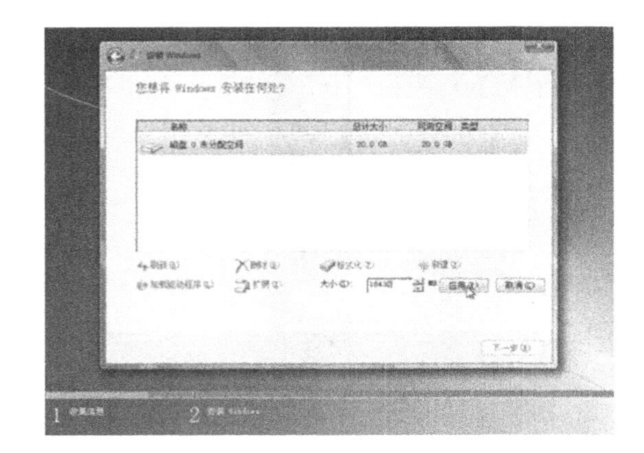

图 3-23　设置分区大小

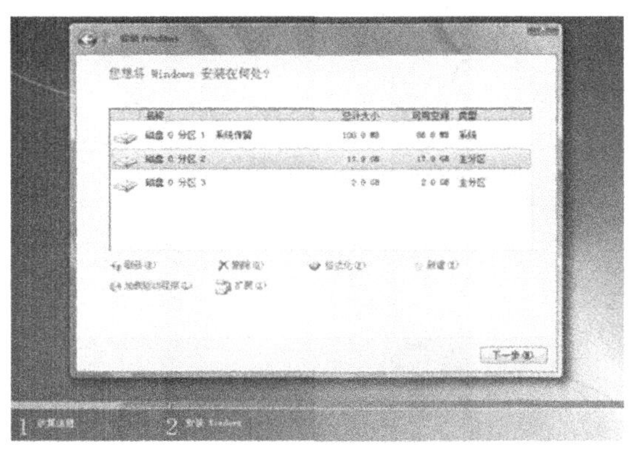

图 3-24　分区创建完成

10. 在已有或新建的分区中选择要安装系统的分区，单击“下一步”按钮开始自动安装(图 3-25)，此过程中计算机可能会重启数次。

11. 在“安装更新”完成后屏幕显示“Windows 需要重新启动才能继续”，如图 3-26 所示，可单击“立即重新启动”按钮，否则系统在 10 秒倒计时完成后自动重启。

12. 重启后安装程序会继续进行安装，待“完成安装”前显示对勾时系统会再次重启(图 3-27)，并为首次使用做相关准备，检查视频性能等，如图 3-28 所示。

13. 检查视频性能后首先进入 Windows 7 的用户设置界面，在相应的文本框中输入用户名和计算机名称，单击“下一步”按钮，如图 3-29 所示。

14. 在“为账户设置密码”窗口中输入密码及密码提示信息，单击“下一步”按钮，如图 3-30所示。

15. 在“输入您的 Windows 产品密钥”窗口中输入 Windows 7 旗舰中文版的密钥(也称序列号)，如图 3-31 所示，若此步骤不输入也可继续安装，但只能试用 30 天。

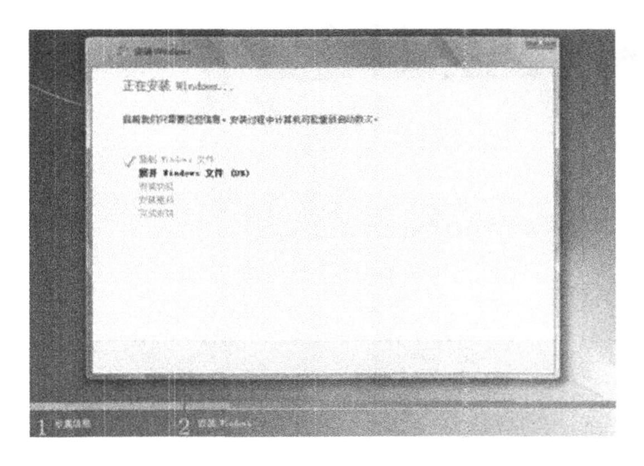

图 3-25　正在安装

图 3-26　准备重启

图 3-27　正在启动 Windows

图 3-28　检查视频性能

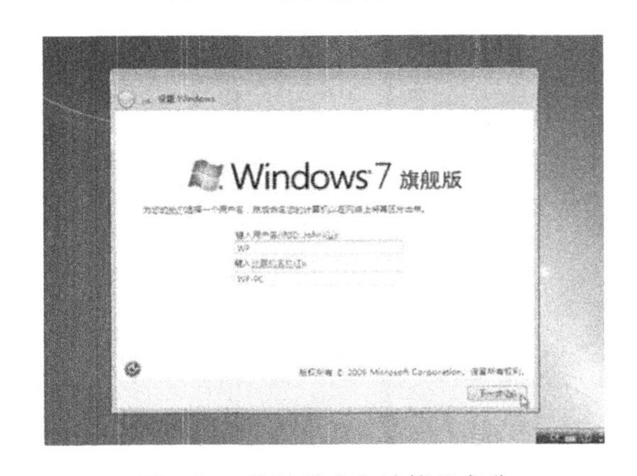

图 3-29　设置用户和计算机名称

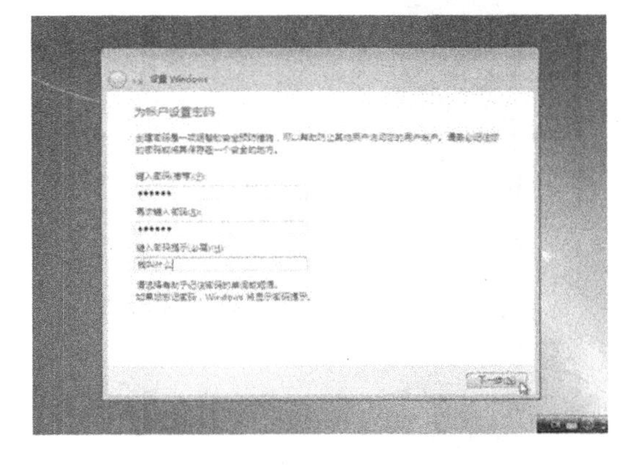

图 3-30　设置账户密码

16. 输入产品序列号后单击“下一步”按钮，出现“帮助您自动保护计算机以及提高Windows的性能”窗口，其中有“使用推荐设置”、“仅安装重要的更新”和“以后询问我”三个选项，如图3-32所示，建议用户选择“使用推荐设置”，如果选择后希望更改相关设置，可在“控制面板”中修改。

17. 设置正确的时区、日期和时间后单击“下一步”按钮，如图3-33所示。

18. 进入“请选择计算机当前的位置”窗口，根据实际情况在“家庭网络”、“工作网络”和

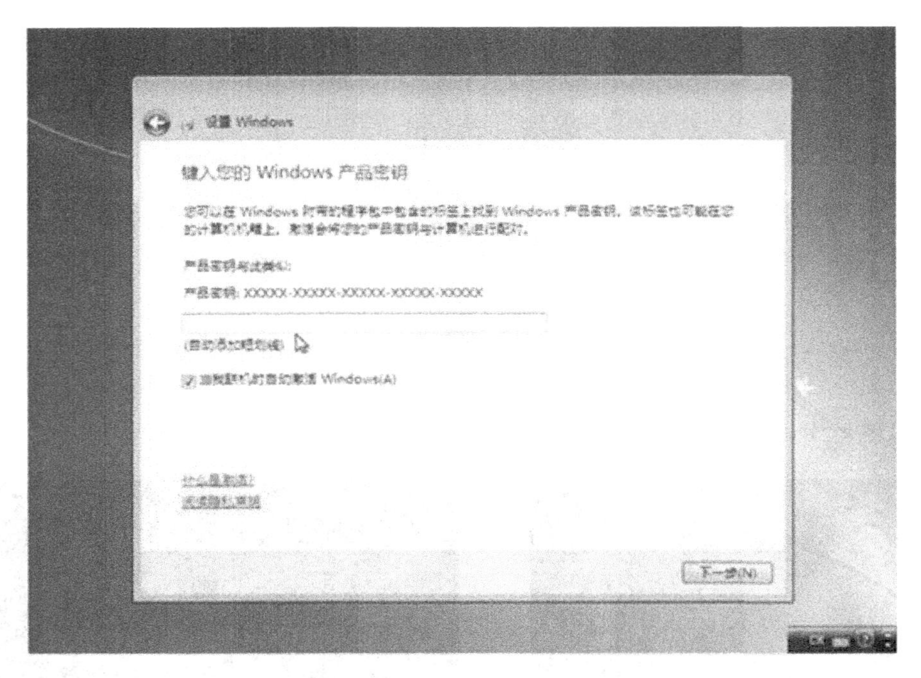

图 3-31　输入 Windows 7 密钥

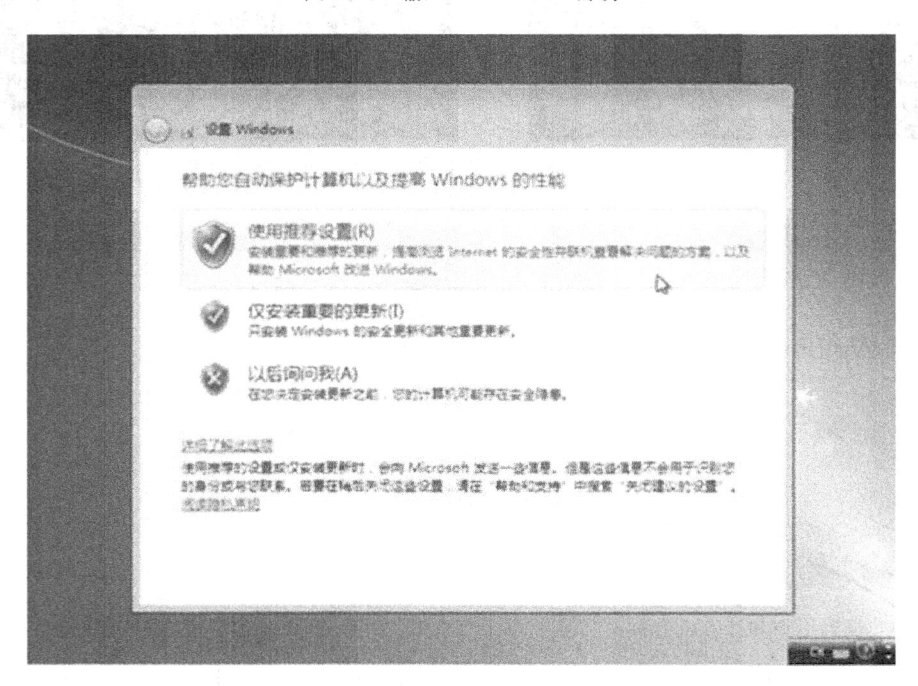

图 3-32　使用推荐设置更新系统

“公用网络”中选择，如图 3-34 所示。

19. 安装程序继续运行，完成设置后显示 Windows 7 欢迎界面，最后进入 Windows 7 桌面。

图 3-33　设置时区、日期和时间

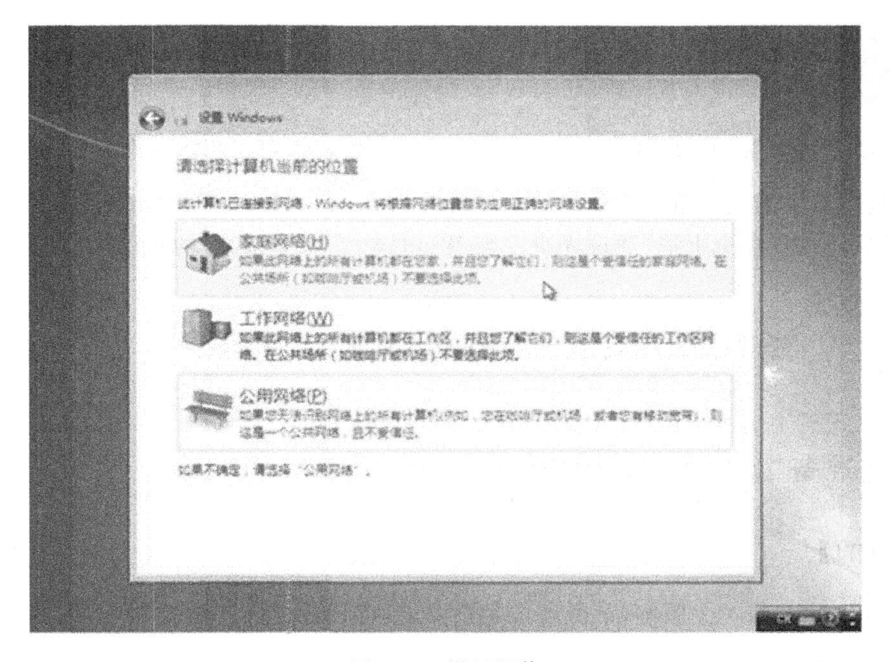

图 3-34　设置网络

(二)U 盘安装

U 盘安装系统所需材料：

(1)一个容量大于 4GB 的 U 盘。

(2)Windows 7 旗舰中文版的安装镜像(后缀通常为 ISO)。

(3)另一台安装了 UltraISO 的计算机。

(4)待安装 Windows 7 的计算机。

【实训步骤】

1.将 U 盘中的数据备份后格式化。

2.将 U 盘插在安装了 UltraISO 的计算机上,启动 UltraISO,将 Windows 7 旗舰中文版的安装镜像写入 U 盘(在 UltraISO 界面中"硬盘驱动器"选择 U 盘盘符,"映像文件"选择后缀名为 ISO 的 Windows 7 旗舰中文版镜像文件,"写入方式"选择 USB－HDD＋。

3.在待安装 Windows 7 的计算机上把 BIOS 设置成 USB-HDD 启动。

4.将制作好的 U 盘插入待安装 Windows 7 的计算机上,启动该计算机即可自动安装。Windows 7 欢迎界面如图 3-35 所示,操作系统界面如图 3-36 所示。

图 3-35 Windows 7 欢迎界面

图 3-36 操作系统界面

5.在安装过程中第一次重启需要将启动设备改为硬盘,避免陷入不断 U 盘引导的死循环,其余安装具体过程参见上述"通过光盘安装 Windows 7 操作系统"的实训内容。

任务三 安装 Windows 8 操作系统

一、安装准备工作

【实训目的】

熟悉 Windows 8 的各个版本、最低硬件配置要求,选择适合自己的版本。

【实训准备】

Windows 8 各版本功能对比见表 3-3 所示。

表 3-3 Windows 8 各版本功能对比

功能特性	Windows RT	Windows 8（标准版）	Windows 8 Pro（专业版）	Windows 8 Enterprise（企业版）
安装 Windows 软件	不能	能	能	能
购买渠道	在设备上预装	大多数渠道	大多数渠道	经过认证的客户
架构	ARM(32-bit)	IA-32（32-bit)或 x86-64（64-bit）	IA-32（32-bit)或 x86-64（64-bit）	IA-32（32-bit)或 x86-64（64-bit）
Internet Explorer 10	有	有	有	有
Windows 应用商店	有	有	有	有
开始界面、动态磁帖以及相关效果	有	有	有	有
触摸键盘、拇指键盘	有	有	有	有
语言包	有	有	有	有
图片密码	有	有	有	有
快速睡眠(snap)	有	有	有	有
远程桌面	只作客户端	只作客户端	客户端和服务器端	客户端和服务器端
系统重置功能(系统还原)	有	有	有	有
Windows Media Player	无	有	有	有
随系统预装的 Microsoft Office	有	无	无	无
文件系统加密	无	无	有	有
Bitlocker	无	无	有	有
Hyper-V	无	无	仅 64Bit 支持	仅 64Bit 支持
Windows To Go	无	无	无	有
ISO 镜像和 VHD 挂载	有	有	有	有
从 VHD 启动	无	无	有	有
Microsoft 账户	有	有	有	有

硬件要求：

1. 处理器：1GHz 或更快。
2. 内存：1GB RAM(32 位)或 2GB RAM(64 位)。
3. 硬盘空间：16GB(32 位)或 20GB(64 位)。
4. 显卡：Microsoft DirectX 9 图形设备或更高版本。
5. 若要使用触控，需要支持多点触控的平板电脑或显示器。
6. 若要使用 Windows 商店，需要有效的 Internet 连接及至少 1024×768 的屏幕分辨率。
7. 若要使用拖拽程序功能，需要至少 1366×768 的屏幕分辨率。

二、安装 Windows 8 操作系统

【实训目的】

掌握升级安装 Windows 8 操作系统的方法。

【实训准备】

微软公司在 2012 年 10 月 25 日发布了 Windows 8 的零售版。目前在线下载 Windows 8 仅能通过微软提供的 Windows 8 升级助手来完成整个升级过程，普通用户可以通过在线支付人民币 248 元购买的方式来完成升级。2012 年 6 月 2 日至 2013 年 1 月 31 日期间购买符合条件的电脑的个人消费者(例如家庭用户、学生和爱好者，工商企业不符合参与条件)可利用序列号获得优惠代码，以抵扣的方式仅需 98 元即可升级最新的 Windows 8 Pro。符合条件的电脑是指促销期间购买、带有有效 Windows 7 OEM 正版标签和产品密钥，并且预装 Windows 7 家庭普通版、Windows 7 家庭高级版、Windows 7 专业版、Windows 7 旗舰版等版本的新电脑。购买的每台符合条件的电脑只能享受一次升级优惠促销价格，每位客户最多享受五次升级优惠。

【实训步骤】

1. 打开计算机，接入互联网，进入微软中国 Windows 升级优惠活动官网(http://windowsupgradeoffer.com/zh-CN/SelectCulture?previousController=Home & previous Action=Index)，如图 3-37 所示。

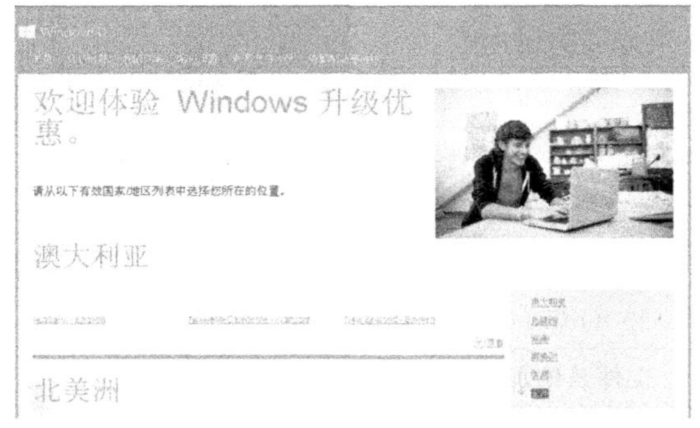

图 3-37　微软中国官方升级网站

2. 选择所在国家，在此页面中单击“继续”，如图 3-38 所示。

图 3-38　Windows 8 升级页面

3. 在注册页面(图 3-39)中输入姓名、电子邮件、电话、购买日期、零售商名称、电脑品牌、电脑型号等信息，输入验证码后单击“继续”。

注册 Windows 升级优惠。

请输入以下信息，然后单击"继续"以提交你的请求。注意：出于计划参与验证目的，此计划会在浏览器级别收集有关用户机器的一些信息，但不会识别用户的个人身份。有关详细信息，请访问我们的 隐私权声明。

个人信息

姓氏 *

名字 *

电子邮件地址 *

确认电子邮件地址 *

电话号码（数字字符）*

+86 区号 电话号码

* 必填字段

Windows 7 电脑购买信息 （请注意：最多可注册 5 台符合条件的电脑。但是，你需要单独注册每一台电脑。）

购买日期 *

月份 日 年

零售商名称 *

电脑品牌 *

电脑品牌

（请注意：如果找不到你的电脑品牌，请选择"其他"。）

电脑型号 *

* 必填字段

安全检查

KTEDM

以确保是人工，而非自动化程序发送此表单。

图 3-39 Windows 8 注册页面

4. 出现验证页面(图 3-40)，在此输入 Windows 7 的正版序列号，单击"继续"按钮。

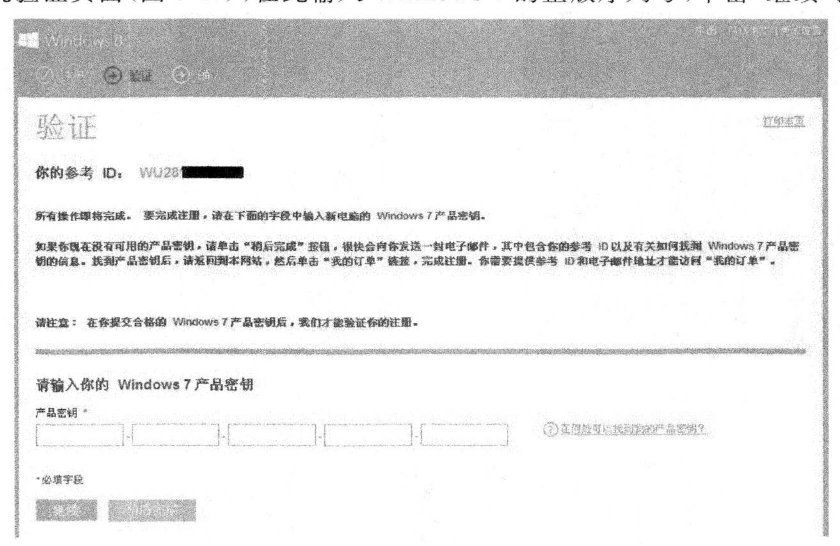

验证

打印本页

你的参考 ID：WU28

所有操作即将完成。要完成注册，请在下面的字段中输入新电脑的 Windows 7 产品密钥。

如果你现在没有可用的产品密钥，请单击"稍后完成"按钮，很快会向你发送一封电子邮件，其中包含你的参考 ID 以及有关如何找到 Windows 7 产品密钥的信息。找到产品密钥后，请返回到本网站，然后单击"我的订单"链接，完成注册。你需要提供参考 ID 和电子邮件地址才能访问"我的订单"。

请注意：在你提交合格的 Windows 7 产品密钥后，我们才能验证你的注册。

请输入你的 Windows 7 产品密钥

产品密钥 *

* 必填字段

图 3-40 Windows8 升级验证页面

5. 提交正版 Win7 序列号后可显示验证成功页面(图 3-41)，同时也会收到邮件，邮件中包含促销代码和 Windows 8 升级助手的链接（http:// windows. microsoft. com/zh-CN/windows-8/upgrade-to-windows-8）

6. 记下促销代码，下载 Windows 8 升级助手并运行升级，升级助手首先进行兼容性检查(图 3-42)，单击"下一步"，在此页面中选择要保留的内容(图 3-43)，通常选择第一项"Windows 设置、个人文件和应用"，继续单击"下一步"按钮。

7. 出现"适合你的 Windows 8"页面(图 3-44)，在此页面中可以订购 Windows 8 专业版，单击"订购"按钮(此处显示正常的升级价格，人民币 248 元)。

图 3-41　验证成功页面

图 3-42　兼容性检查

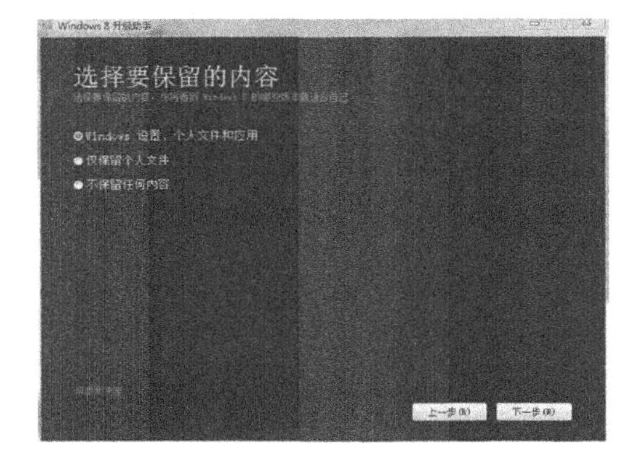

图 3-43　选择要保留的内容

图 3-44　订购页面

8. 在“查看你的订单”页面单击“结账”按钮（图 3-45），接着填写“账单邮寄地址”页面中的相关信息（图 3-46），完成后单击“下一步”按钮。

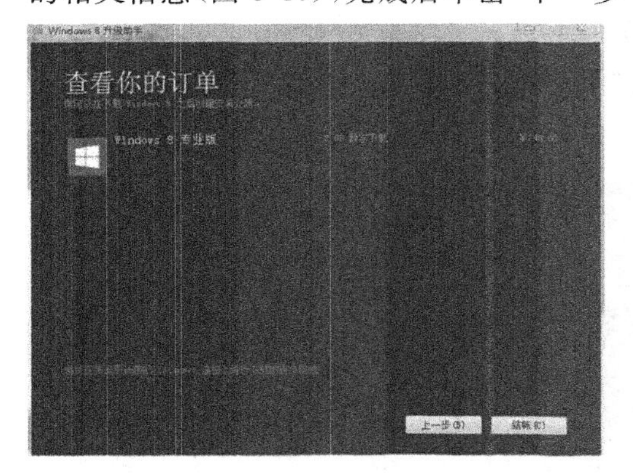

图 3-45　确认订单

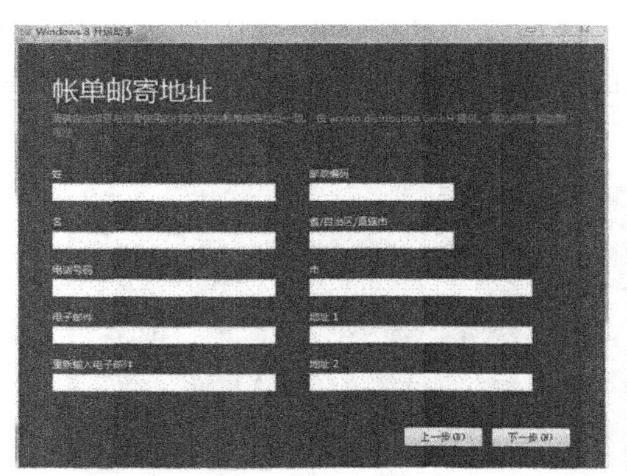

图 3-46　账单邮寄地址

9. 选择付款方式（图 3-47），目前中国国内的用户只能选择信用卡，在下一个页面中输入信息卡的安全码、姓名、卡号、到期日期等信息（图 3-48）。

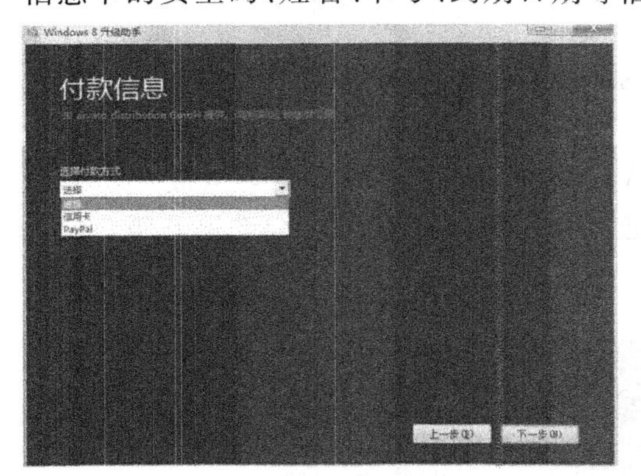

图 3-47　选择付款方式

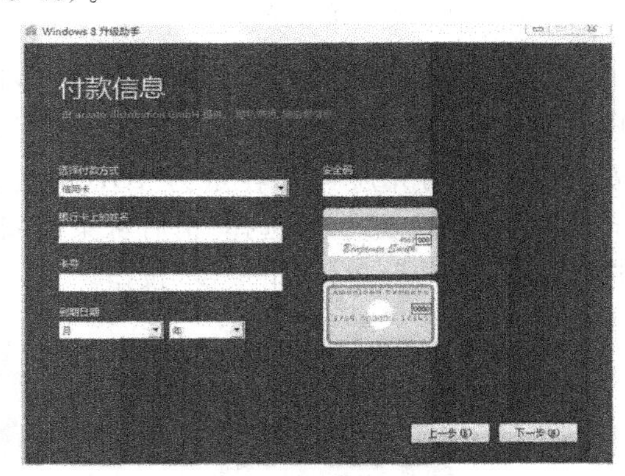

图 3-48　输入付款信息

10. 在“确认你的订单”页面（图 3-49）输入前面获得的促销代码，先单击“应用”按钮，价

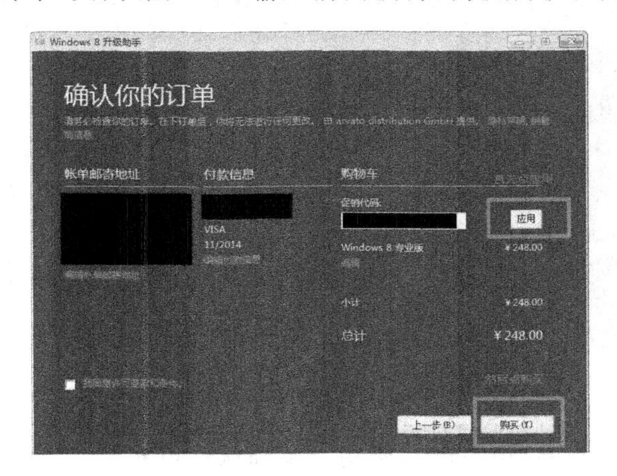

图 3-49　确认订单

格会变为人民币 98 元，再单击“购买”按钮（注意：输入促销码之后，一定要先点击应用，再点击购买；否则，促销优惠不会生效，直接以人民币 248 元的价格购买）。

11. 购买成功后出现“感谢你的订购”页面，在此页面上会显示你购买的 Windows 8 专业版的产品密钥（请记录在安全的地方）（图 3-50），单击“下一步”按钮，开始下载 Windows 8 安装文件（图 3-51）。

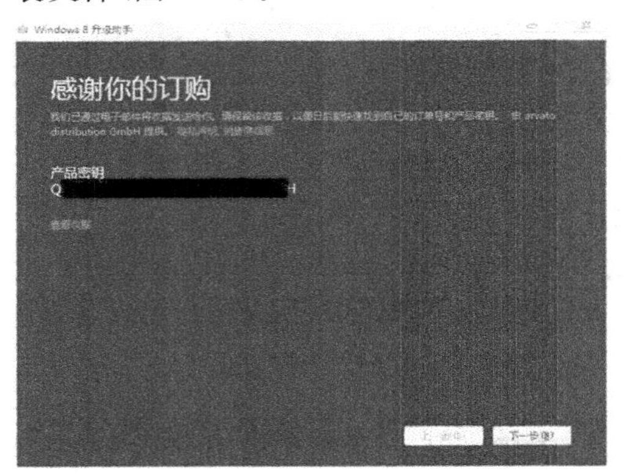

图 3-50　新系统产品密钥

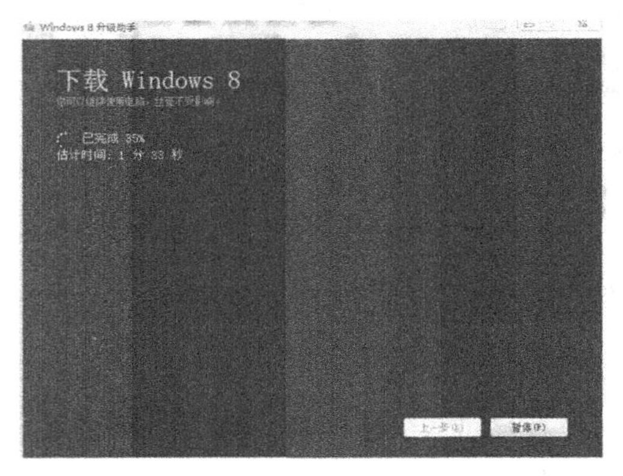

图 3-51　下载 Windows 8 安装文件

12. Windows 8 下载完成后出现“安装 Windows 8”页面，此处有“立即安装”、“通过创建介质进行安装”和“稍后从桌面安装”3 个选项，如图 3-52 所示。如果选择“通过创建介质进行安装”，此处的介质可选容量为 4GB 的优盘或 DVD 刻录盘，同时桌面上会生成“安装 Windows”的快捷方式；若选择“稍后从桌面安装”可通过双击该快捷方式进行系统升级，此处选择“立即安装”，单击“下一步”按钮。

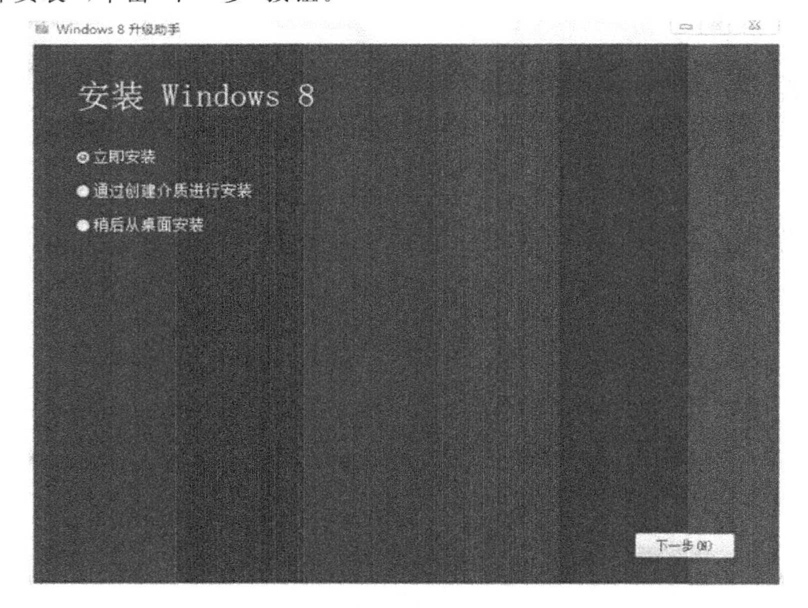

图 3-52　选择安装 Windows 8 方式界面

13. 接着就是获取最新更新、填写产品密钥以及确认许可条款，基本上根据屏幕提示一路单击“下一步”即可，和 Windows 8 的安装过程类似，如图 3-53 所示。Windows 8 桌面如

图 3-54 所示。

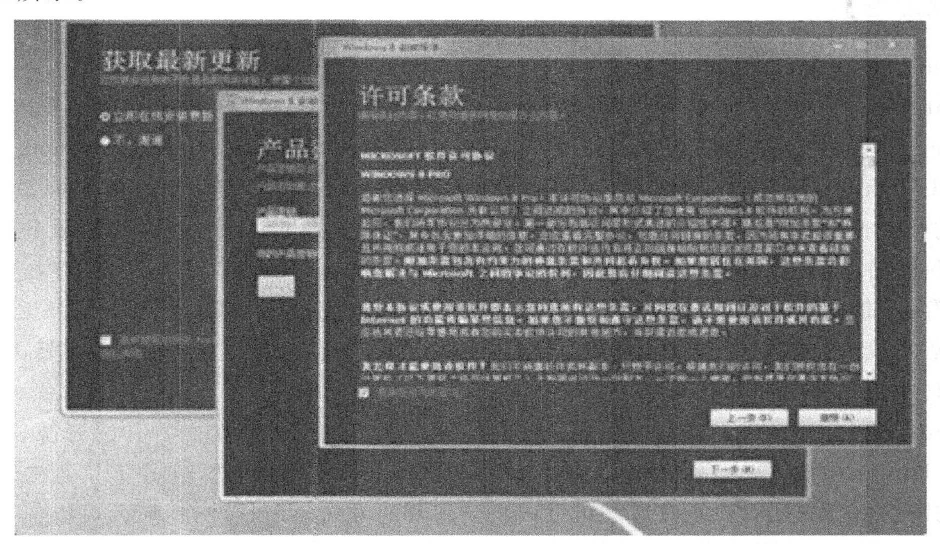

图 3-53 Windows 8 后续主要安装过程

图 3-54 Windows 8 桌面

任务四 安装 Ubuntu 操作系统

一、安装准备工作

【实训目的】

了解 Ubuntu 操作系统的历史、发展过程及相关知识。

【实训准备】

1. Ubuntu 的历史与发展过程

Ubuntu 是一个以桌面应用为主的 Linux 操作系统，由马克·舍特尔沃斯(Mark Shuttleworth)创立，其首个版本 Ubuntu 4.10 发布于 2004 年 10 月 20 日，它以 Debian 为开发蓝本。Ubuntu 每 6 个月便会发布一个新版，以便人们及时地获取和使用新软件。Ubuntu 的开发目的是为了使个人电脑变得简单易用，同时也提供针对企业应用的服务器版本。其名称来自非洲南部祖鲁语或豪萨语的“ubuntu”一词，意思是“人性”，“我的存在是因为大家的存在”是非洲一种传统的价值观，类似华人社会的“仁爱”思想。长期以来 Ubuntu 及其衍生版本没有正式的中文译名，2012 年 4 月 26 日，Ubuntu 12.04 LTS 发布，次日，官方网站中出现中文译名：友帮拓。

Ubuntu 项目完全遵从开源软件开发的原则，并且鼓励人们使用、完善并传播开源软件，也就是说，Ubuntu 目前是、并将永远是免费的，属于“自由软件”。当然，这并不只意味着您不需要为其支付费用，同时也意味着您可以以自己想要的方式使用软件：任何人可以任意方式下载、修改、修正和使用组成自由软件的代码。其理念是人们应该以所有“对社会有用”的方式自由地使用软件。因此，除去自由软件常免费提供外，这种自由也有着技术上的优势：进行程序开发时，就可以使用其他人的成果或以此为基础进行开发。

2. 特色

(1)系统管理

Ubuntu 所有与系统相关的任务均需使用 Sudo 指令是它的一大特色，这种方式比传统的以系统管理员账号进行管理工作的方式更为安全，同时系统的可用性也很高，其设计为在标准安装完成后即可以让使用者投入使用的操作系统，也就是说，用户无需再费神安装浏览器、Office 套装程序、多媒体播放程序等常用软件，一般也无需下载安装网卡、声卡等硬件设备的驱动。

(2)安装设置

Ubuntu 支持主流的 X86 平台以及 Power PC 平台、Sun 公司的 UltraSPARC 与 UltraSPARC T1 平台。Ubuntu 的安装主要通过 Live CD[自生系统，是事先存储于某种可移动存储设备上，可不依赖特定计算机硬件(non-hardware-specific)而启动的操作系统，不需安装至计算机的本地硬盘。采用的介质包括 CD(Live CD)、DVD(Live DVD)、闪存盘(Live USB)等。退出自生系统并重启后，电脑就可以恢复到原本的操作系统]。当然，Ubuntu 也可以安装在本地硬盘中，其安装光盘镜像可以从其官方网站 http://www.ubuntu.com 免费下载。当通过 CD 安装时本机至少要有 384MB 内存，并需要 3GB 的剩余硬盘空间。

在文件系统方面，Ubuntu 从 9.10 版本开始缺省采用 ext4 文件系统，但也可以选择其他文件系统。在存取 Windows 分区方面，它可以自由读取和写入 FAT32 文件系统的分区，自 Ubuntu 7.10 开始，也可以对 NTFS 文件系统的分区进行读写。

3. 主要版本及发布代号

Ubuntu 每 6 个月发布一个新版，每两年发布一个长期支持版本(LTS)。每个版本都有代号和版本号。版本号源自发布日期，例如第一个版本 4.10，代表是在 2004 年 10 月发布的，研发人员与用户可从版本号就知道正式发布的时间。Ubuntu 各版本的代号固定是形容词加上动物名称，而且这 2 个词的英文首字母一定是相同的。从 Ubuntu 6.06 开始，两个词的首字母按照英文字母表的排列顺序取用(表 3-4)。

表 3-4 Ubuntu 版本及发布代号

版本	开发代号	发布日期	支持情况	
			桌面版	服务器版
4.10	Warty Warthog	2004-10-20	2006-04-30	2006-04-30
5.04	Hoary Hedgehog	2005-04-08	2006-10-31	2006-10-31
5.10	Breezy Badger	2005-10-13	2007-04-13	2007-04-13
6.06 LTS	Dapper Drake	2006-06-01	2009-07-14	2011-06-01
6.10	Edgy Eft	2006-10-26	2008-04-25	2008-04-25
7.04	Feisty Fawn	2007-04-19	2008-10-19	2008-10-19
7.10	Gutsy Gibbon	2007-10-18	2009-04-18	2009-04-18
8.04 LTS	Hardy Heron	2008-04-24	2011-05-12	2013-04
8.10	Intrepid Ibex	2008-10-30	2010-04-30	2010-04-30
9.04	Jaunty Jackalope	2009-04-23	2010-10-23	2010-10-23
9.10	Karmic Koala	2009-10-29	2011-04-30	2011-04-30
10.04 LTS	Lucid Lynx	2010-04-29	2013-04	2015-04
10.10	Maverick Meerkat	2010-10-10	2012-04	2012-04
11.04	Natty Narwhal	2011-04-28	2012-10	2012-10
11.10	Oneiric Ocelot	2011-10-13	2013-04	2013-04
12.04 LTS	Precise Pangolin	2012-04-26	2017-04	2017-04
12.10	Quantal Quetzal	2012-10-18	2013-10	2013-10

此外，Ubuntu 还有一系列正式和非正式衍生版本，其正式衍生版本包括：

Kubuntu：使用和 Ubuntu 一样的软件库，但不采用 GNOME，而使用更为美观的 KDE 为其预定桌面环境。

Edubuntu：是 Ubuntu 的教育发行版。首要目标是供电脑技术知识有限的教育工作者设立及管理电脑实验室或在线的学习环境，其包含大量的教育应用程序，例如 GCompris、KDE Edutainment Suite 和 Schooltool Calendar。

Xubuntu：属于轻量级的发行版，使用 Xfce4 作为桌面环境，主要面向旧式电脑的用户和寻求更快捷的桌面环境的用户。

Gobuntu：GNU 版本，只使用自由软件基金会认证过的自由软件，不含任何非开源成分，可以说是最纯洁的免费操作系统。

Ubuntu Studio：音频、视频和图像设计专用版本，更适合经常搞图片和电脑音乐的 Linux 爱好者们。

Ubuntu JeOS:JeOS,即 Just enough Operation System(刚刚好的系统),是一个高度精简的、专门面向虚拟化应用的发行版,可当修复盘用。

Mythbuntu:是一套基于 Ubuntu 的面向媒体中心电脑的发行版。MythTV 是其中最重要的组成之一,用于实现媒体中心等功能。新版本改用了 Xfce。

Ubuntu Mobile:Ubuntu 在移动设备上运行的版本,为互联网设备而生,具有完整的网络支持以及丰富自定义项目。

Ubuntu Chinese Edition:语言的默认设置为中文,为中国用户专门定制。

4. 默认安装套件

Ubuntu 设计为在标准安装完成后即可以让使用者投入使用的操作系统,其包含多种应用软件,其主要应用软件如下:

GNOME:桌面环境与附属应用程序。

GIMP:绘图程序(ubuntu10.04 默认没有安装)。

Firefox:网页浏览器(Web Browser)。

Empathy:即时通讯软件。

Evolution:电子邮件(E-Mail)与个人资讯管理软件(PIM),现改为 Thunderbird。

OpenOffice:办公套件(Office Software),从 Ubuntu11.04 开始用 libreoffice 作默认办公套件。

SCIM 输入法平台,其支持东亚三国(中、日、韩)的文字输入,并有多种输入法选择(只有在安装系统时选择东亚三国语系安装才会在缺省情况下被安装)(从 Ubuntu9.04 开始,默认输入法变成 IBUS)。

Synaptic:新立得软件包管理器。

Totem:媒体播放机。

Rhythmbox:音乐播放器。

二、安装 Ubuntu Desktop 12.04 LTS 操作系统

【实训目的】

熟悉通过光驱安装 Ubuntu Desktop 12.04 LTS 操作系统的方法。

【实训准备】

1. 一台带有光驱的个人计算机。
2. Ubuntu Desktop 12.04 操作系统光盘。

【实训步骤】

1. 开机进入 BIOS 设置界面,将第一启动设备设为光驱(具体步骤参见任务一第三点,设置光驱启动)。

2. 将 Ubuntu Desktop 12.04 LTS 操作系统的安装光盘放入光驱并重启计算机,计算机将从光盘引导,启动后进入 Ubuntu 语言选择界面(图 3-55)。

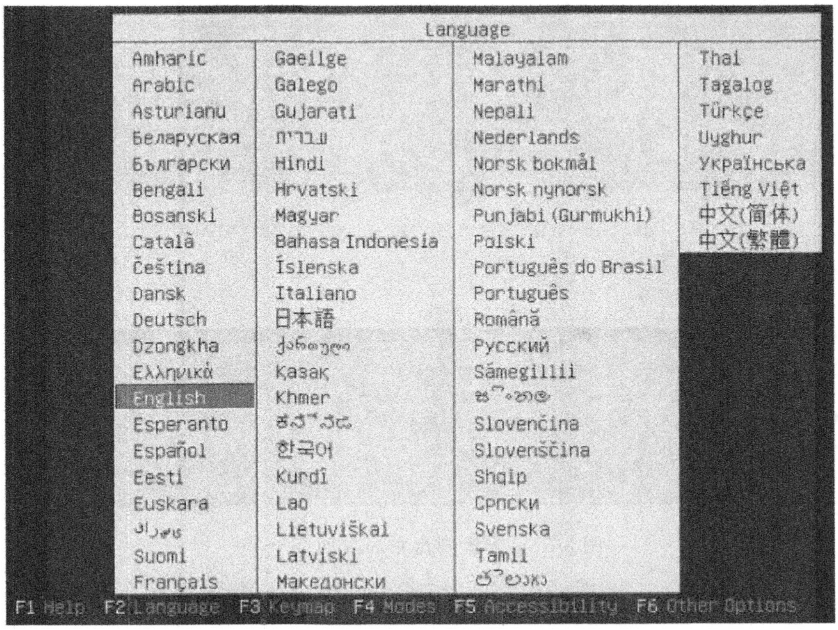

图 3-55 选择语言

3. 移动光标至“中文(简体)”后按“Enter”键，出现如图 3-56 所示界面。

图 3-56 选择“安装 Ubuntu”

4. 在“安装 Ubuntu”选项上按“Enter”键，出现“配置键盘”界面(图 3-57)，在此界面中选择“否”，即不检测键盘布局。

图 3-57　配置键盘布局界面

5. 在“键盘布局所属国家”选择“汉语”，按“Enter”键后在多个选项中选择“汉语”，按“Enter”键(图 3-58)。

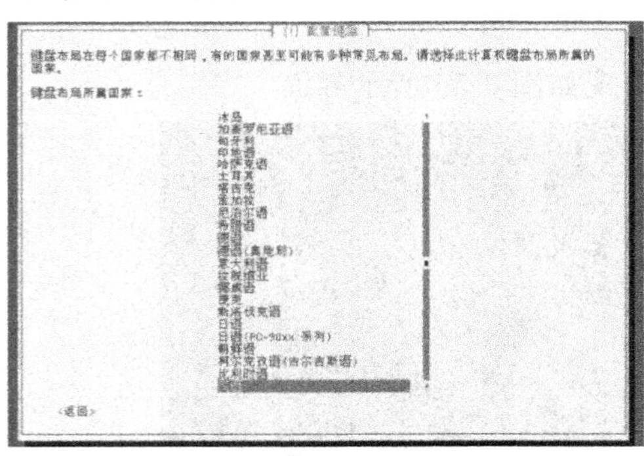

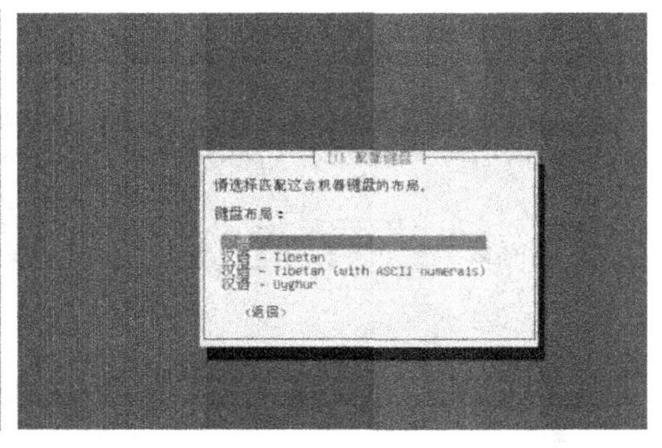

图 3-58　选择键盘布局所属国家界面

6. 此时计算机开始加载额外组件，并试图接入网络(图 3-59)。

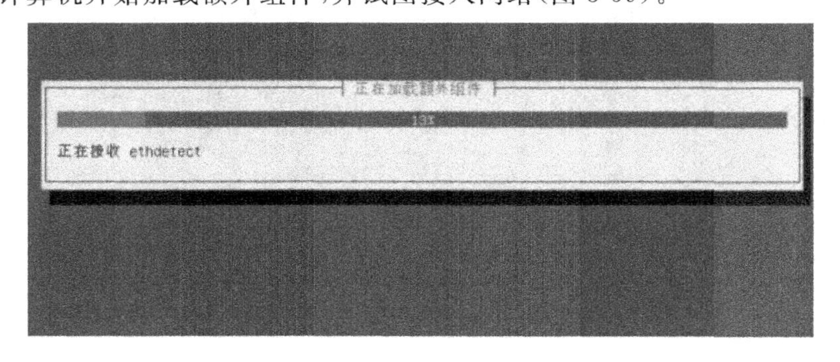

图 3-59　加载额外组件界面

7. 由于此时计算机并未接入互联网，因此显示“网络自动设置失败”，按回车键继续(图 3-60)。

图 3-60 网络自动设置失败界面

在“配置网络”界面上选择“现在不进行网络设置”(图 3-61)。

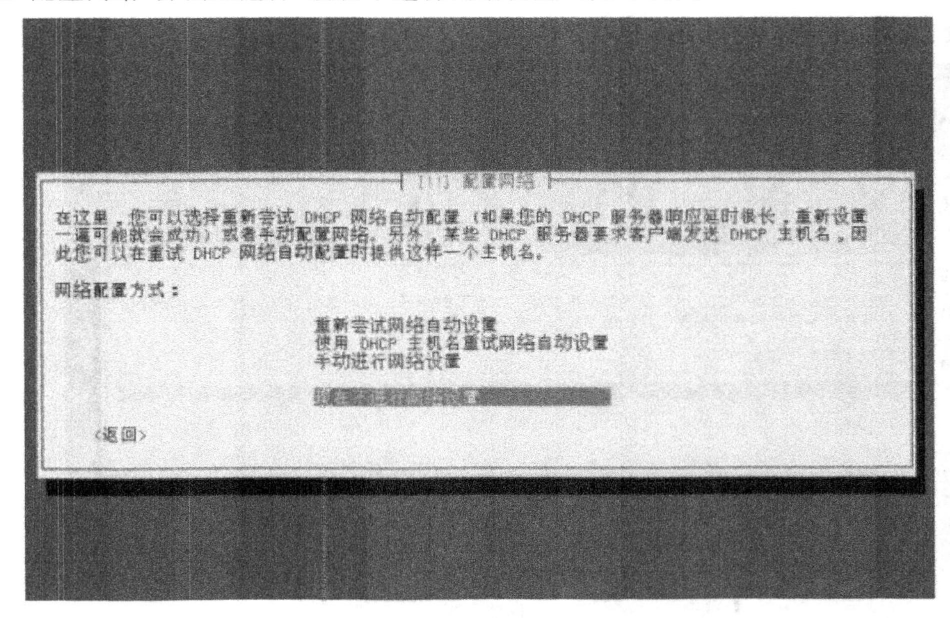

图 3-61 配置网络界面

8. 在如图 3-62 所示界面中设置计算机的主机名、用户名和登陆密码，并设置加密主目录。

(1)设置计算机的主机名(图 3-62)。

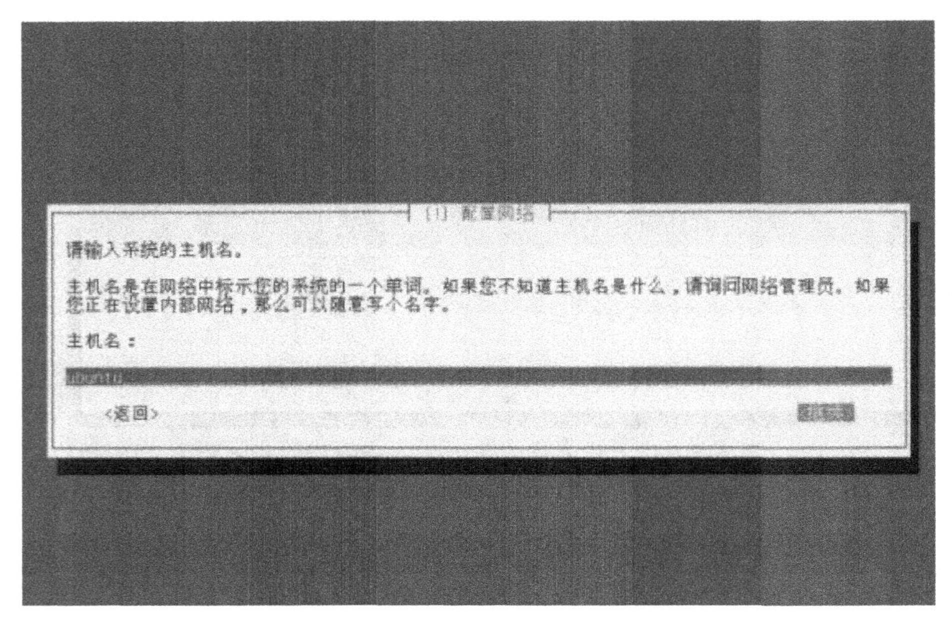

图 3-62　设置主机名

(2)设置计算机用户名(图 3-63)。

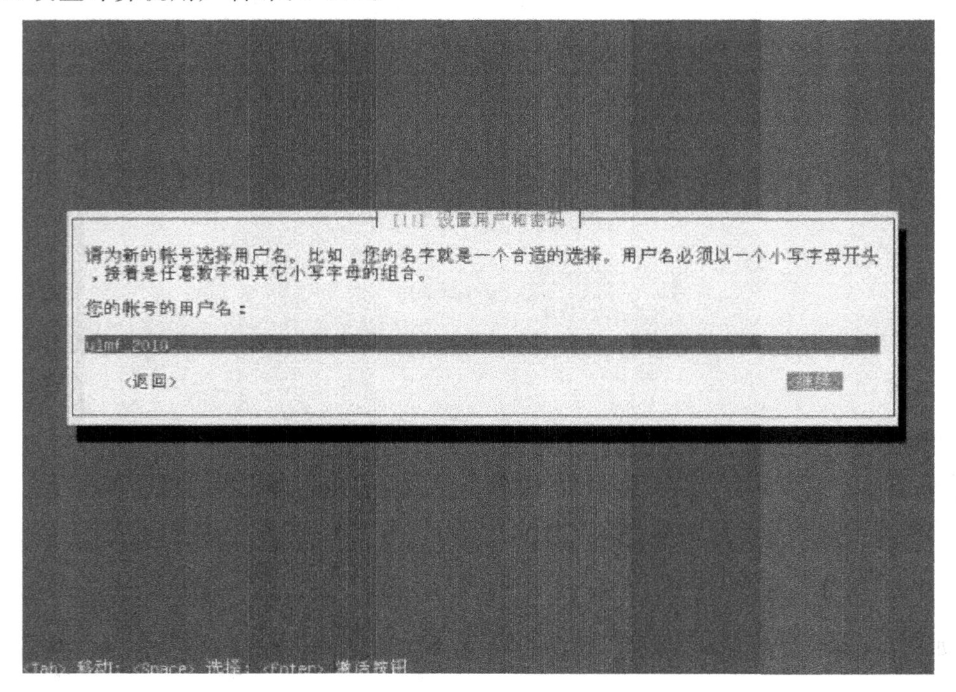

图 3-63　设置用户名

(3)设置用户密码(图 3-64、图 3-65)。

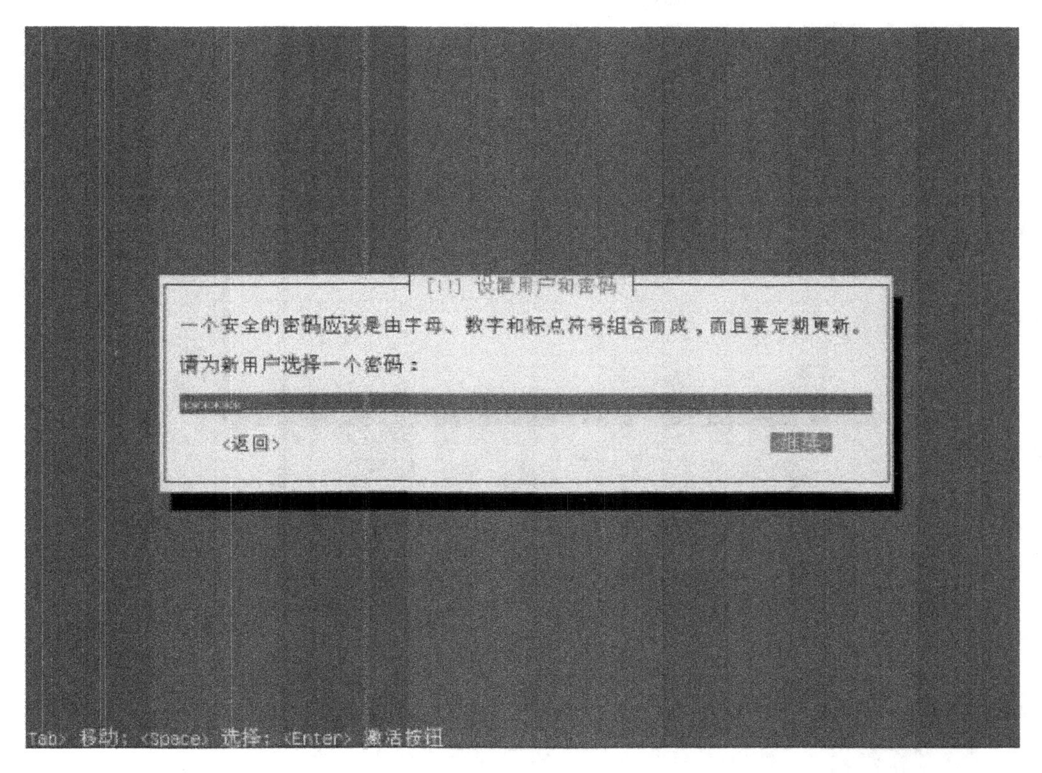

图 3-64　设置用户密码

图 3-65　确认用户密码

(4)设置加密主目录(图 3-66)。

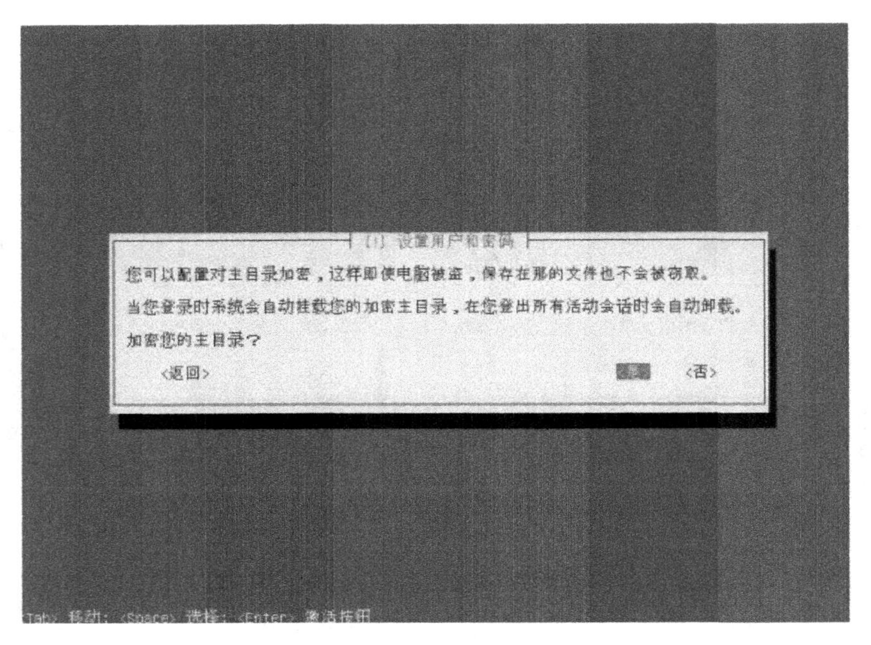

图 3-66　设置加密主目录

9. 通过磁盘分区向导对计算机硬盘进行分区(图 3-67)，此处选择“手动”。

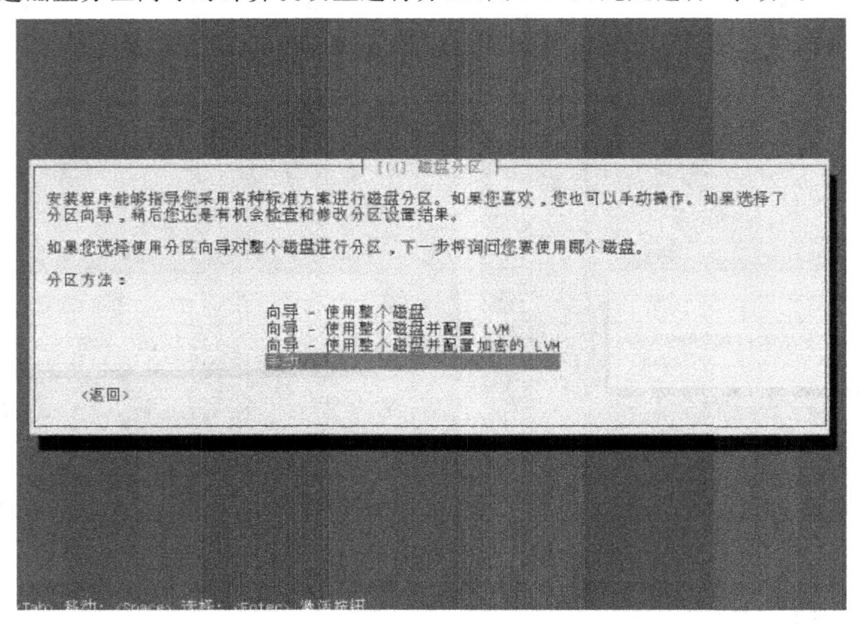

图 3-67　磁盘分区

10. 在此界面选择要分区的设备或空闲空间，单击“Enter”键，在“要在此设备上创建新的空分区表吗?”界面中，选择“是”，如图 3-68 所示。

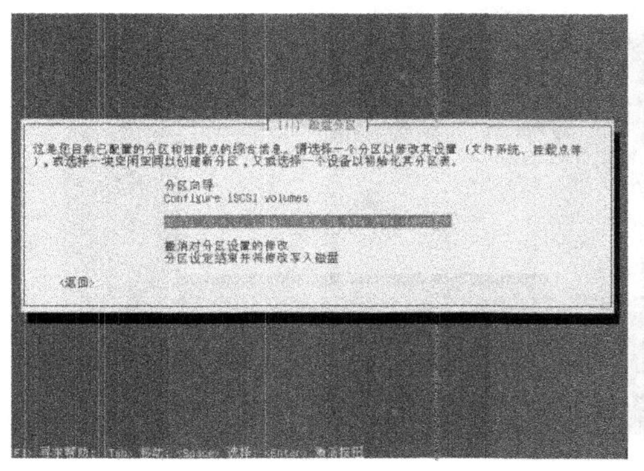

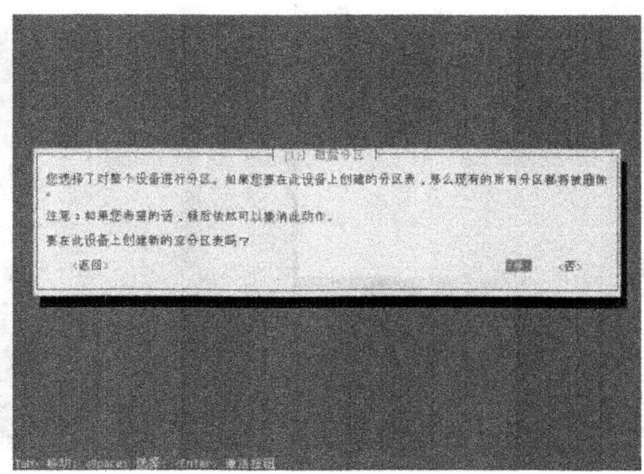

图 3-68　创建新的空分区表

11. 此时出现“空闲空间”，选择它创建新分区(图 3-69)。

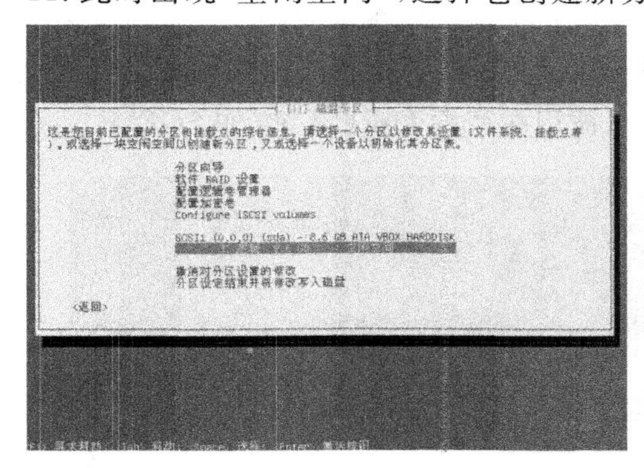

图 3-69　创建新分区

12. 在输入框中输入新创建分区的容量(图 3-70)，类型选择“主分区”(图 3-71)，对于 Ubuntu 来说一般 200M 左右就够了。

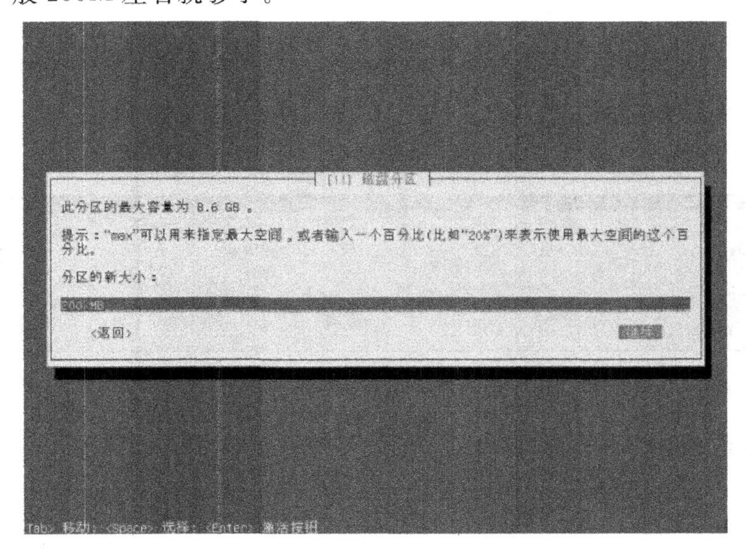

图 3-70　输入新创建分区的容量

图 3-71　选择新创建分区的类型

13. 选择主分区的文件系统类型、挂载点等(图 3-72)，此处文件系统可以选择 ReiserFS (ReiserFS 文件系统是一种新的 Linux 文件系统。它通过一种与众不同的方式——完全平衡树结构来容纳数据，包括文件数据、文件名以及日志支持，并能在上面继续保持很快的搜索速度和很高的效率。ReiserFS 文件系统一直以来被用在高端 Unix 系统(如 SGI)上。

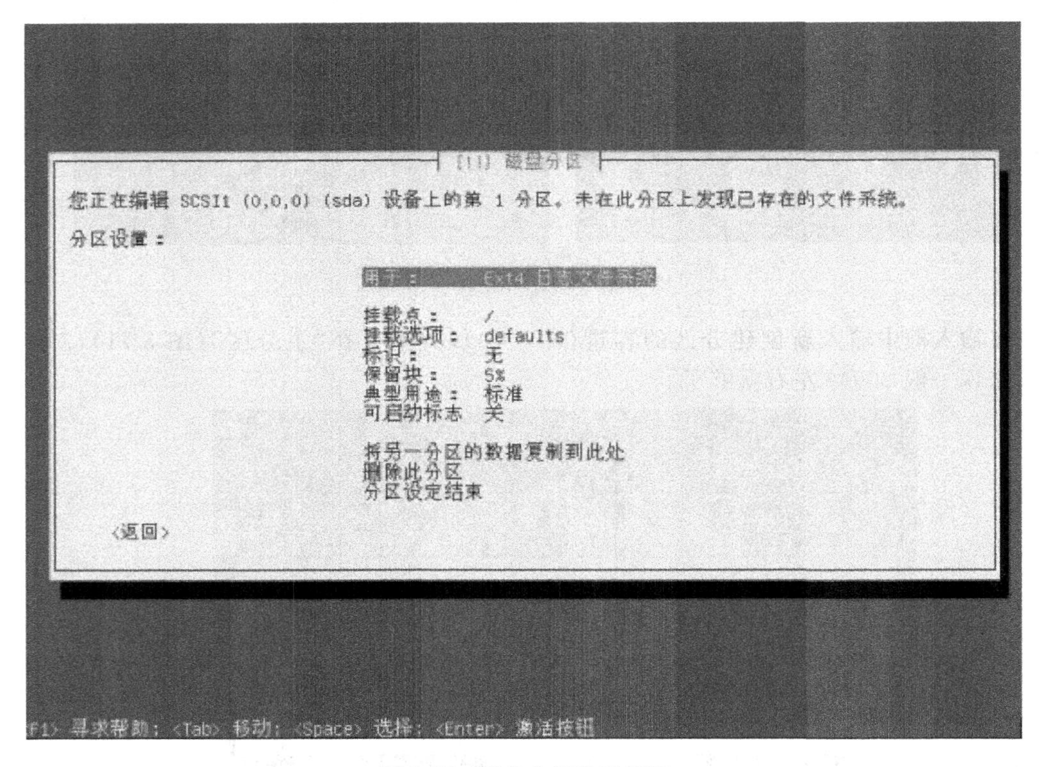

图 3-72　磁盘分区设置界面

选择日志文件系统(图 3-73)，完成主分区的划分(图 3-74)。

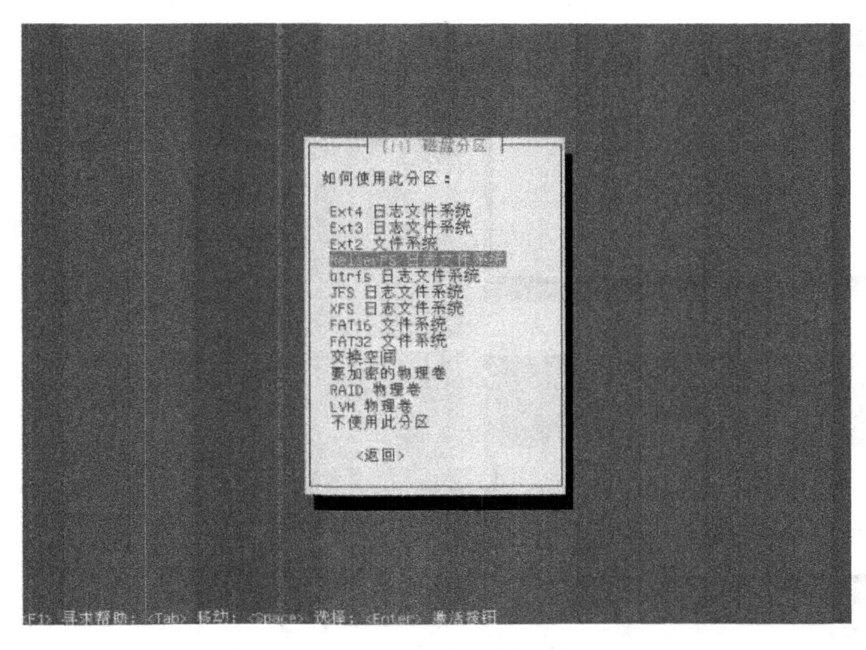

图 3-73 选择日志文件系统

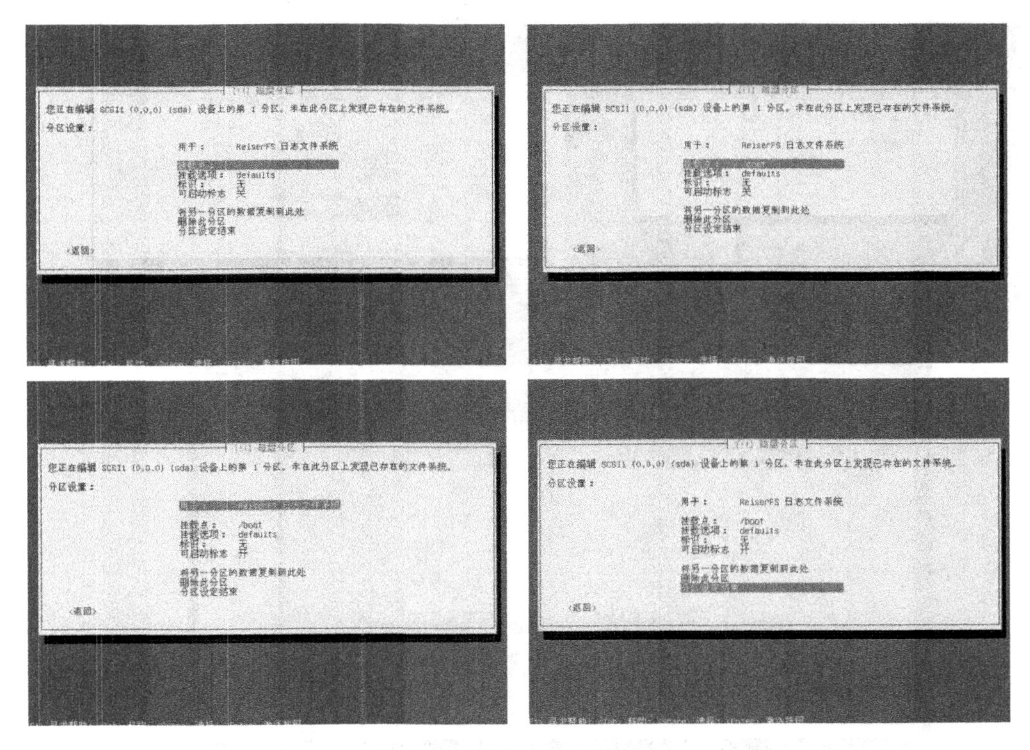

图 3-74 完成主分区的划分

14. 在剩下的空间中继续划分逻辑分区，选择分区的大小、类型等(图 3-75)。

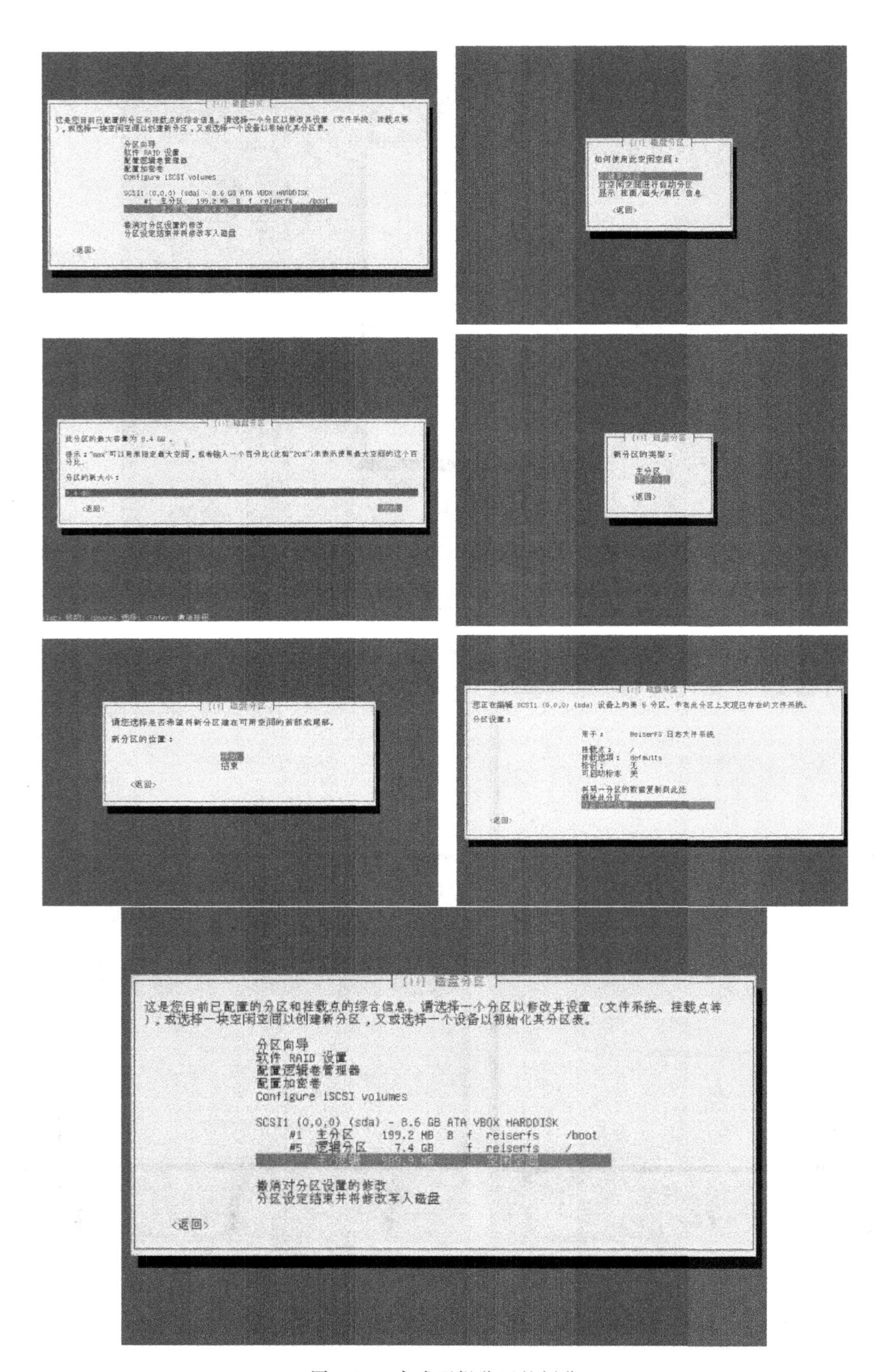

图 3-75　完成逻辑分区的划分

15. 在空闲分区上创建新的 SWAP 交换分区(其作用类似于 Windows 中的虚拟内存),如图 3-76 所示。

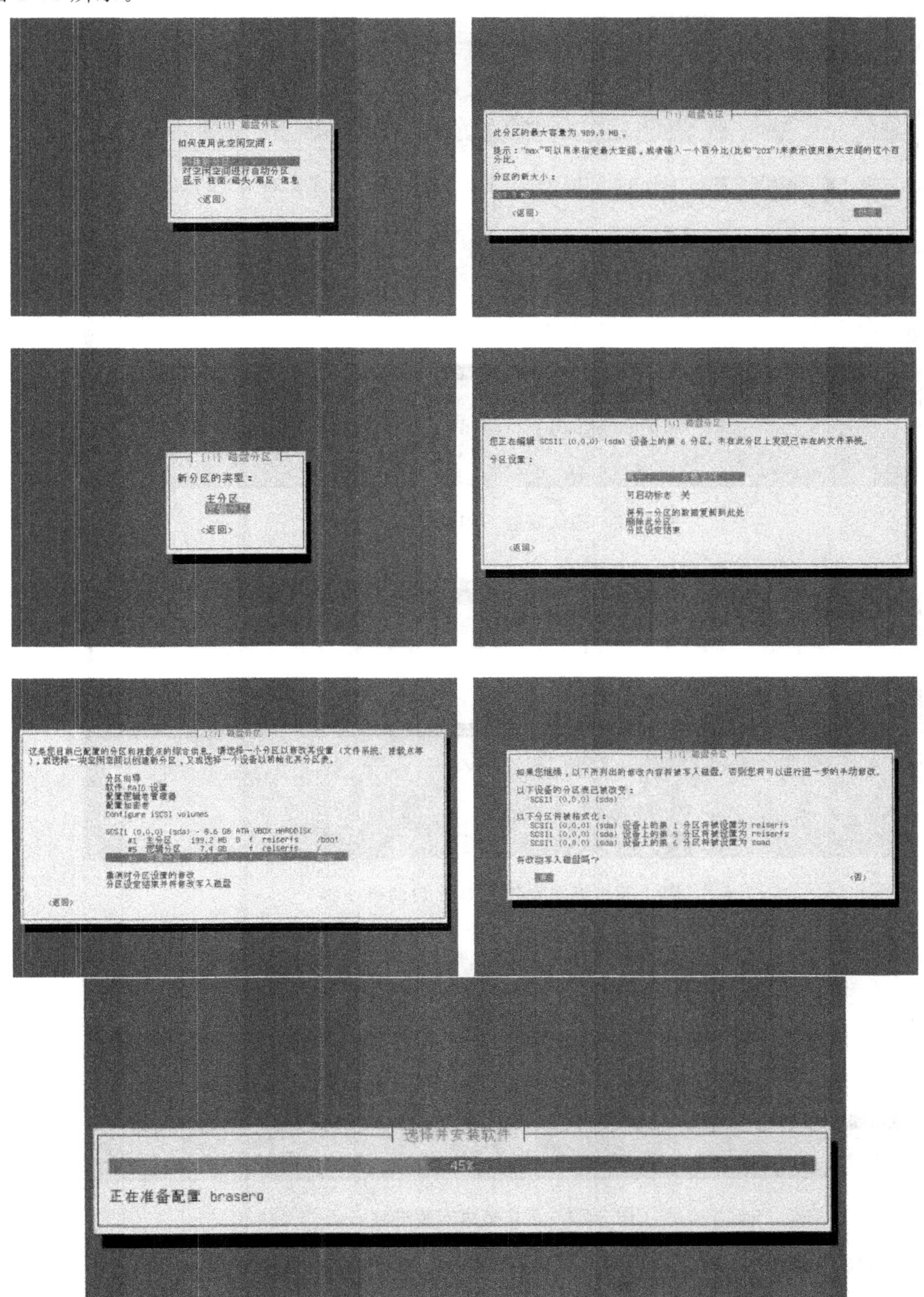

图 3-76 完成 SWAP 分区的划分

16. 将 GRUP 启动引导器安装到主引导记录(MBR)上，如图 3-77、图 3-78、图 3-79 所示。

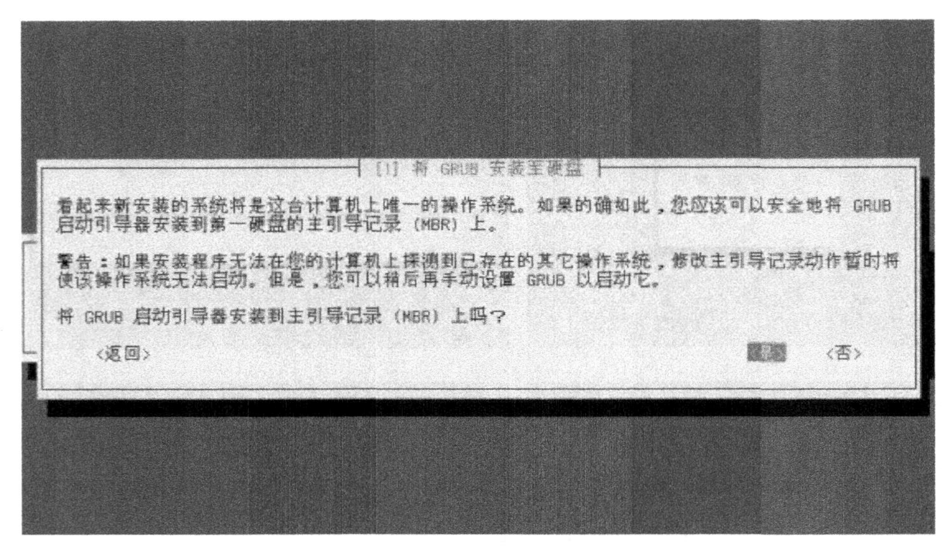

图 3-77　确认安装 GRUP 启动引导器

图 3-78　正在安装 GRUP 启动引导器

图 3-79　正在结束安装进程

17. 对系统时钟进行设置后取出安装光盘，重启计算机(图 3-80、图 3-81)。

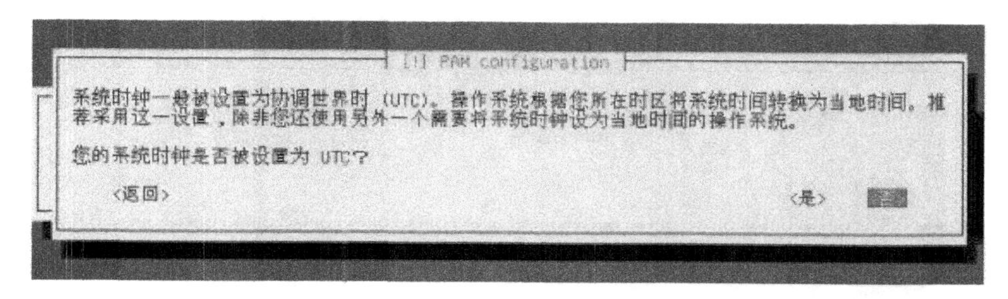

图 3-80　设置系统时钟

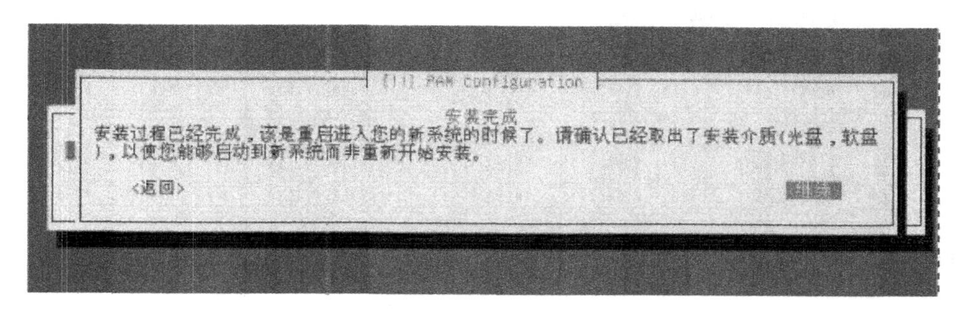

图 3-81　完成安装

18. 重启并输入相应用户对应的密码后就可以进入 Ubuntu 界面了，如图 3-82 所示，与 Windows 不同的是 Ubuntu 安装完成后常用的软件也一并安装完成，可以直接使用了，如图 3-83、图 3-84 所示。

图 3-82　Ubuntu 启动界面

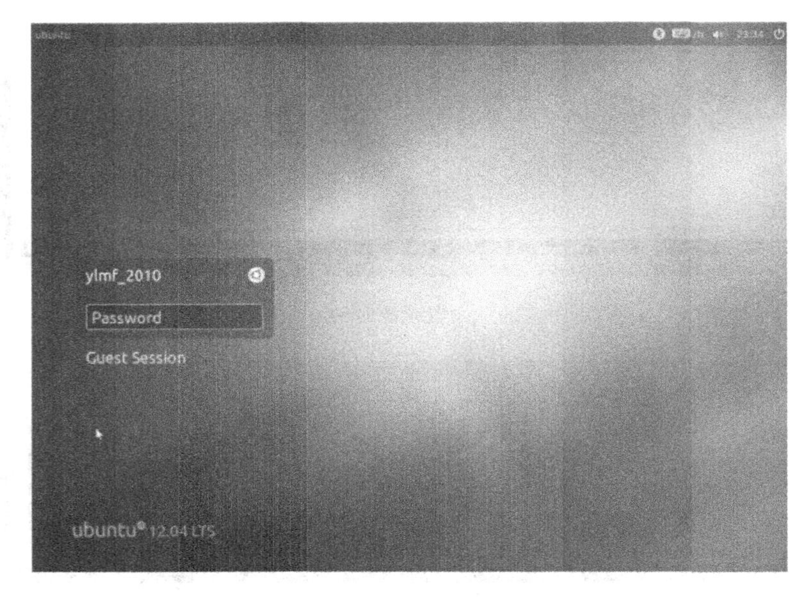

图 3-83 Ubuntu 登录界面

图 3-84 Ubuntu 桌面

【思考与练习】

1. 如何将光驱设为第一启动设备?
2. 如何设置普通用户密码与超级用户密码?
3. Windows 7 有几个版本? 如何安装 Windows 7 操作系统?
4. Windows 8 有几个版本? 如何升级安装 Windows 8 操作系统?
5. 了解 Ubuntu 操作系统的安装方法。

项目四　选购与维护计算机常用外设

除主机外的大部分硬件设备都可称作外部设备，或叫外围设备，简称外设，是附属的或辅助的与计算机连接起来的设备。外部设备大致可分为三类：

1. 人机交互设备，如打印机、显示器、绘图仪、语言合成器。

2. 计算机信息的存储设备，如磁盘、光盘、磁带。

3. 机-机通信设备，如两台计算机之间可利用电话线进行通信，它们可以通过调制解调器完成。

任务一　选购计算机常用外设

一、打印机

【实训目的】

了解打印机的分类与性能，掌握选购打印机的方法。

【实训准备】

按照打印机的工作原理，可将打印机分为击打式和非击打式两大类。

按用途可将打印机分为办公和事务通用打印机、商用打印机、专业打印机、家用打印机、便携式打印机和网络打印机等。

按工作方式可将打印机分为针式打印机、喷墨式打印机、激光打印机等。

1. 针式打印机

针式打印机是通过打印头中的 24 根针击打色带，从而形成字体（图 4-1）。针式打印机具有中等分辨率和打印速度、耗材便宜，同时还具有高速跳行、多份拷贝打印、宽幅面打印、维修方便等特点，目前仍然是办公和事务处理中打印报表、发票等的优选机种。特别对于医院、银行、邮局、彩票、保险、餐饮等行业用户来说，针式打印机是它们的必备产品之一，因为只有通过针式打印机才能快速地完成各项单据的复写，为用户提供高效的服务，而且还能为这些窗口行业用户存底。

图 4-1　针式打印机

2. 喷墨打印机

喷墨打印机按工作原理可分为固体喷墨和液体喷墨两种类型，以后者更为常见（图 4-2）。其采用技术主要有两种：连续式喷墨技术与随机式喷墨技术。早期的喷墨打印机以及当前大幅面的喷墨打印机都是采用连续式喷墨技术，而现在市面流行的喷墨打印机都普遍采用随机喷墨技术。随机式喷墨系统中墨水只在打印需要时才喷射，所以又称为按需式。它与连续式相比，结构简单，成本低，可靠性高。目前，随机式喷墨技术主要有微压电式和热气泡式两大类。这两种技术的结果都是一样的：将微小的墨点附着到纸上。墨点越小，打印图像的分辨率就越高，色彩效果就越好。

图 4-2　喷墨打印机

彩色喷墨打印机价格较便宜、颜色丰富，但其墨水等耗材比较昂贵，要保持经常使用状态，否则墨水容易凝固并堵塞打印头，影响使用效果。其定期维护与保养十分重要。

3. 激光打印机

激光打印机又分为黑白激光打印机（图 4-3）和彩色激光打印机（图 4-4），以黑白激光打印机使用比较广泛。其原理是利用激光扫描，在硒鼓上形成电荷潜影，然后吸附墨粉，再将墨粉转印到打印纸上，其特点是打印速度较高，可以用于大负荷量的工作，同时使用成本比较低廉。

图 4-3　黑白激光打印机

图 4-4　彩色激光打印机

彩色激光打印机与黑白激光打印机原理类似，不过其使用了黄、品红、青、黑四种颜色的墨粉，在进行彩色打印时要进行四个打印循环，其打印速度直接受到处理器主频率、专用图像处理芯片、内部数据通道带宽、能不能同时处理多幅图像、是否采用了高速接口技术等因素的影响。彩色激光打印机由于价格昂贵，使用成本相对较高，因此目前使用较少。随着产品价格的回落、性能的提升，以及彩色办公需求的不断提升，其未来一定会得到越来越广泛的应用。

二、扫描仪

【实训目的】

了解扫描机的分类与性能，掌握选购扫描打印机的方法。

【实训准备】

扫描仪是一种计算机外部仪器设备，是继键盘和鼠标之后的第三代计算机输入设备。扫描仪具有比键盘和鼠标更强的功能，从最原始的图片、照片、胶片到各类文稿资料都可用扫描仪输入到计算机中，进而实现对这些图像形式的信息的处理、管理、使用、存储、输出等，配合光学字符识别软件(Optic Character Recognize，OCR)还能将扫描的文稿转换成计算机的文本形式。其主要可分为滚筒式扫描仪、平板式扫描仪以及便携式扫描仪。

(一)扫描仪的分类

1. 滚筒式扫描仪

滚筒式扫描仪(图 4-5)也被叫做“电子分色机”，是目前最精密的扫描仪器。其原理是将正片或原稿用分色机扫描存入电脑，因为“分色”后的图档是以 C、M、Y、K 或 R、G、B 的形式记录正片或原稿的色彩信息，这个过程就被叫成“分色”或“电分”(电子分色)。滚筒式扫描仪能快速处理大面积的图像，一直是高精密度彩色印刷的最佳选择。

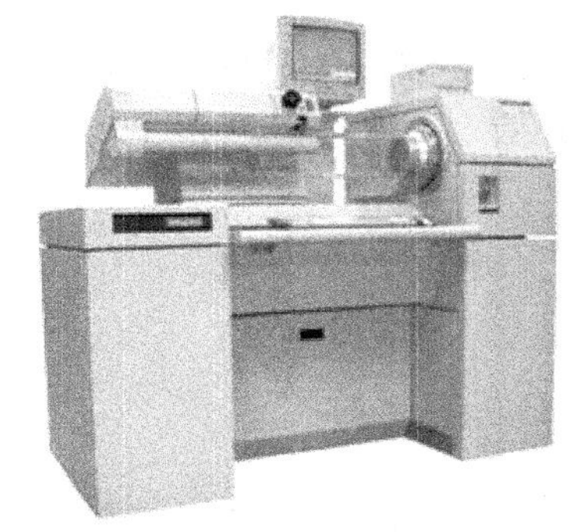
图4-5 滚筒式扫描仪

图4-6 平板式扫描仪

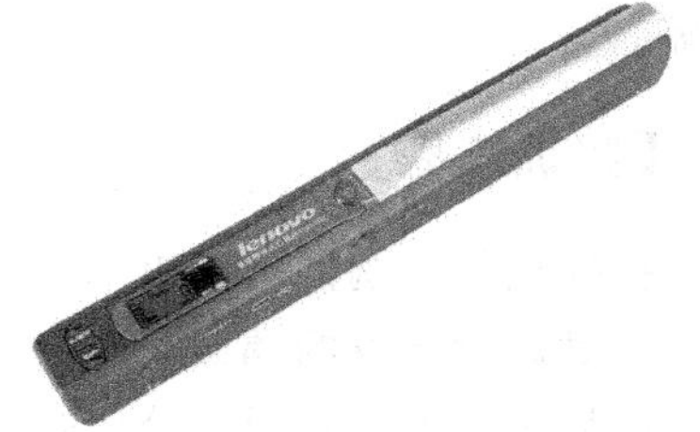
图4-7 便携式扫描仪

2. 平板式扫描仪

平板式扫描仪(图 4-6)又称为平台式扫描仪、台式扫描仪，是目前办公用扫描仪的主流产品。

3. 便携式扫描仪

便携式扫描仪(图 4-7)通常内置电池，具有体积小巧、便于携带的优点。

(二)扫描仪的性能指标

1. 分辨率

分辨率与图像质量密切相关，是用以衡量图像细节表现力的一个重要技术参数。常常听到的有关扫描仪分辨率的术语有光学分辨率、插值分辨率、图像分辨率等。

光学分辨率是衡量扫描仪感光器件精密程度的重要参数，即扫描仪的光学部件每平方英寸面积内所能捕捉到的实际的光点数，是扫描仪 CCD 的物理分辨率，也是扫描仪的真实分辨率，它的数值是由 CCD 的像素点除以扫描仪水平最大可扫尺寸得到的数值。

插值分辨率即是指扫描仪的最大分辨率，因为它是通过扫描仪的驱动程序得到的，也即通过数学演算手法得到的，所以又叫最高分辨率、软件分辨率。其原理是在光学分辨率所获得的两个扫描点之间插入附加的信息点，因此它不会增加新的细节，只是在相邻像素间求出颜色和灰度数据的平均值，从而在它们之间增加一个新的像素。比如一台扫描仪的光学分辨率为 600dpi，通过插值算法可使其最大分辨率达到 9600dpi。适度地利用插值算法提高分辨率，可在一定范围内增加图像的尺寸，但对图像品质不会带来实质性的提高，因为内插法得到的图像信息不是从原图像直接获取的，带有“虚假”的性质，对扫描仪来说只有参考价值。

输入分辨率是表示输入设备在每英寸线内捕捉的信息量。当输入设备是平台式扫描仪时，输入分辨率就是指扫描分辨率，它以每英寸的点数(dpi)来测量。

2. 色彩深度

色彩深度又称色彩位数，是指扫描仪对图像进行采样的数据位数，也就是扫描仪所能辨析的色彩范围。色彩深度目前有 18 位、24 位、30 位、36 位、42 位和 48 位等多种。色彩深度越高，扫描仪越具有提高扫描效果还原度的潜力。但并不是色彩深度越高，扫描效果越好，其最终效果受到感光器件的质量、数模转换器的位数、色彩校正技术的优劣、扫描仪的色彩输出位数等几个方面的制约，只有各个环节都比较均衡，没有明显的瓶颈，才能获得较好的效果。

3. 扫描幅面

扫描幅面指的是扫描仪最大的扫描尺寸范围，这个范围取决于扫描仪的内部机构设计和扫描仪的外部物理尺寸。常用的平板扫描仪为 A4 幅面，此外还有 A4 加长、A3、A1、A0 等幅面。

【实训步骤】

扫描仪的选购需考虑以下几点：

1. 确定扫描仪的幅面

如果是个人或普通办公用户，可以选择 A4 幅面的平板式扫描仪或者便携式扫描仪。如果是需要扫描大幅面图像的商业用户则要选择滚筒式扫描仪。

2. 选择合适的分辨率与色彩深度

普通用户选择 32 位色彩深度，水平分辨率 600dpi 左右的产品即可，专业用户可以选择水平分辨率 1200dpi 或以上，48 位或以上色彩深度的扫描仪。

3. 选择知名品牌

知名品牌的产品质量比较好，售后有保障，不过在购买时还是要注意确认正规保修卡和售后服务保障。

三、数码相机

【实训目的】

了解数码相机的性能指标,掌握选购数码相机的技巧。

【实训准备】

了解数码相机的以下性能指标:

1. 像素

像素即数码相机总的分辨率,它是由相机里光电传感器上的光敏元件数目所决定的,一个光敏元件对应一个像素,因此像素数越多,意味着光敏元件越多,也就意味着拍摄出来的相片越细腻。一般来讲,普通印刷品每英寸的像素点数为300个,按照这个标准来计算,200万个像素点组成的图像即可完美地输出一张5英寸大小的照片,而500万像素的图像则可以输出一张8英寸的照片。像素越高,则所拍摄的影像文件也就越大,这会带来一系列问题,例如存储所需时间长、耗电量大、存储卡中所能容纳的照片数量变少等,而相应的成像质量提高并不明显。因此,对于一般消费者来说,没有必要一味追求高像素。

2. 变焦倍数

数码相机的变焦分为光学变焦和数码变焦两种。光学变焦是指相机通过改变光学镜头中镜片组的相对位置来达到变换其焦距的一种方式。而数码变焦则是指相机通过截取其感光元件上影像的一部分,然后进行放大以获得变焦的方式。

数码相机的镜头上一般都标明其镜头的光学变焦范围,同时机身上也标注着其数码变焦的倍率。几乎所有数码相机的变焦方式都是以光学变焦为先导,待光学变焦达到其最大值时,才以数码变焦为辅助变焦的方式,继续增加变焦的倍率。

3. CCD 尺寸

CCD尺寸就是感光芯片的大小,一般是越大越好,比如23的比11.8的好,1/1.8的又比1/2.5的好。理论上在相同像素下,CCD尺寸越大产生的噪点就越少。

4. 光圈

光圈是镜头中间的一组金属叶片,在镜头内安置成可以调节的一个圆形或接近圆形的限制入射光束的小孔。它有两种基本的用途:一是帮助获得正确投影;二是缩小或放大光圈,以调节镜头通光量的多少,来控制感光材料的曝光量。光圈大小会对通光量、景深、清晰度、镜头眩光和反差等造成影响,其单位通常用小写的“f”表示。

由于是倒数关系,“f”的数值越小,镜头的通光率也就越大,拍摄弱光环境的能力也就越强,这样的好处是在弱光环境中可以在不需要别的辅助方式的情况下保持相对高的快门速度。大光圈的另一个好处是可以取得更浅的景深,简单说就是可以使主体以后某段距离之外的东西虚化得更好,一般在拍特写时比较有好处。

5. 快门

简单说,快门是用来决定进光时间长短的装置。一般来说,进光时间范围越大越好,但是在消费级DC里都不会做得太大,特别是最高快门,目前超过1/2000秒一般要高端机才具备,所以选择时要注意的是最慢速度。

6. ISO 值(即通常所说的感光度值)

ISO 值是标明感光材料对光线敏感程度的单位,基本上与传统摄影胶片所标注的 ISO 值相同。在相同的快门和光圈值下,ISO 值越大,表明其感光能力越强,反之则弱。但 ISO 值越大,拍摄出的影像的图像噪声(图像中较均匀的白点)及颗粒感也越大,清晰度也越差。与传统相机不同,数码相机的 ISO 值是可调的,因此数码相机在拍摄时就较传统相机更加灵活机动,可应对不同明暗程度的拍摄环境。

各种相机如图 4-8、图 4-9、图 4-10 所示。

图4-8　卡片相机

图4-9　单反相机

图4-10　微单相机

【实训步骤】

(一)选购数码相机的技巧

1. 走出高像素的误区

像素作为衡量数码相机质量的标准之一,常被消费者视为选购数码相机时的考核重点,许多消费者也因此走进了高像素的误区,盲目地追求高像素,将像素看成了衡量数码相机质量的唯一标准。数码相机采用 CCD 进行感光,拍摄图像的像素数取决于相机内 CCD 芯片上光敏单元的数量,理论上,光敏单元越多,拍摄到的影像就会越清晰。但是由于数码相机感光元件的面积比传统胶片的面积小很多,在有限的芯片面积上增加过多的光敏单元反而会出现很多问题,例如图像信噪比降低、感光度降低等。

2. 重视感光元件尺寸

数码相机感光元件的尺寸对成像的影响是很大的。光敏单元的尺寸越大,感光元件对光线也就越敏感,产生的信号噪音就越小,对高光和阴影部分的再现就会更优异,对比度也更高。

3. 重视镜头的质量

镜头是一部相机的灵魂,数码相机当然也不例外。具备大口径、多片多组、包含非球面透镜和优质镀膜的高质量镜头是要求完美图像质量的用户的最佳选择。

4. 注意变焦功能的细节

在选购数码相机时,变焦倍数也是消费者普遍关注的重点。一台相机的最小焦距越小,它的广角拍摄范围就越大,有利于拍摄大场面,而最大焦距越大则远摄能力越强。此外,数码相机还提供数码变焦功能,数码变焦与光学变焦有很大的不同,数码变焦是把摄入的图片放大然后对空白部分进行填充,也就是所谓的插值法放大。需要注意,插值成分越多,牺牲的图片细节也就越多,清晰度越低。所以,一般的数码变焦并没有太大的实际意义。

(二)选购数码相机注意事项

1. 查看机身

先看机身上有没有指纹,然后轻轻摇一摇,听有没有元件松动的哗啦哗啦声,有的话肯定是质量问题。

2. 检查取景器

仔细注意照出来的景物与取景器看的景物有没有偏移现象,如果有的话,绝对是质量问题,立刻换掉。

3. 检测液晶屏

盖上镜头拍摄一张全黑图片,再对着白纸拍摄一张全白图片,即可用肉眼观察出液晶屏是否存在亮点或者暗点。

4. 检测镜头

原装未开封过的镜头都是一尘不染的,看看镜头卡口上是否有使用过的痕迹,镜面上是否有灰尘。

5. 检测感光器坏点

可以通过 DeadPixelTest 软件测试感光元件的坏点。最理想的状态是没有坏点和噪点。

6. 检测图片编号

通过照片编号的方式也能对数码单反进行挑选。使用一张完全空白的存储卡,然后将存储卡放置在数码相机中进行拍摄。如果是全新未使用过的产品,那么照片的文件名应该从 0001 开始编号。

7. 根据说明书检查配件的齐全性

一般来说,数码相机包括主机、电池、充电器、电源线、USB 线、肩带、光盘、说明书和保修卡等配件(一般数码相机销售时不配存储卡),选购时要注意检查这些配件的齐全性,防止被克扣或调换。

任务二　维护计算机常用外设

一、打印机的日常维护

【实训目的】

熟悉打印机日常维护的方法。

【实训步骤】

1. 喷墨打印机的维护

(1)良好的工作环境。喷墨打印机的理想工作环境是清洁且没有灰尘,同时必须确保在一个稳固的平台上工作,不要在打印机上放置任何物品,以防止一些物品掉入阻碍打印机部件的正常工作,引起不必要的故障。

(2)使用质量有保证的打印介质。使用质量较差的普通纸打印,时间长了打印头很容易黏附上普通纸的杂质和细小纤维，从而造成打印机喷头的堵塞。在放置打印纸时，首先要确定正确送纸方向，纸张重叠厚度不应超出打印机上导轨标记。

(3)要及时更换墨盒。当喷墨打印机墨盒内的墨水快用尽后，其检测指示灯会给出提示，这时应及时更换墨盒。在更换墨盒时不能用手触摸墨盒出口处，以免杂质进入墨盒，不要将墨水漏洒在电路板上，防止由于墨水的导电性造成部件损坏。墨盒更换后，要打印测试页，如果出现断线、跳线等现象则要再次进行清洗，直到打印的测试线和屏幕显示的图案完全一致为止。

(4)避免长时间连续打印。连续长时间打印会使打印喷头过热，其他部件也会疲劳。这样不但会对打印机喷嘴的使用寿命有影响，还会对打印质量和打印精度产生严重影响，因此，打印大量文本时最好能让打印机间隔休息一下。

(5)定期清洁保养。一般的清洁保养工作包括以下步骤：通过电脑中打印驱动选项来定期清洗喷头，打开喷墨打印机的盖板，仔细清除打印机内部灰尘、污迹、墨水渍和碎纸屑。尤其要重视小车传动轴的清洁，可用干脱脂棉签擦除导轴上的灰尘和油污，清洁后可在传动轴上滴两滴润滑油。如果能养成定期清洁保养喷墨打印机的好习惯，则可以使打印机保持良好的工作状态。

2. 激光打印机的维护

(1)硒鼓的安装与存放。硒鼓是激光打印机里重要的部件，直接影响打印的质量。安装硒鼓时先要将其从包装袋中取出，抽出密封条，再以硒鼓的轴心为轴转动，使墨粉在硒鼓中分布均匀，这样可以使打印质量提高。要将没用过的硒鼓保存在原配的包装袋中，在常温下保存。切记不要让阳光直接曝晒硒鼓，否则会直接影响其使用寿命。

(2)在打印的文稿中出现平行纸张长边的白线。一般来说是由于硒鼓内的墨粉不多了。打开激光打印机的翻盖，将硒鼓取出，左右晃动，再放入机内，如打印正常，说明的确是硒鼓内的墨粉不多了；若打印时还有白线，则需要更换新的硒鼓。

(3)卡纸的处理方法。当卡纸时，先打开激光打印机的翻盖，取出硒鼓，扩大卷纸器的缝隙，再用双手轻轻拽出被卡住的纸张。此时注意不要用力过猛，以免拉断纸张，纸张一旦断裂，残留的纸张会很不好取；不能用尖利的东西去取，以免造成激光打印机的损坏。当激光打印机卡纸时，常常会有一些墨粉散落在打印机内，使打出的东西常常黑糊糊的，这时只需要多打印几张测试页，带出这些墨粉就可以了。

(4)清洁纸路。纸路中污物过多时会使打印出的纸面发生污损。在清洁纸路时，首先打开激光打印机的翻盖，取出硒鼓，再用干净柔软的湿布来回轻轻擦拭滚轴和印盒，去掉纸屑和灰尘，注意千万不能用有机溶剂清洗。

(5)其他打印问题。如遇到其他打印问题时，首先要想到的是先打一张单机自检页，检查有无质量问题。如有问题，检查一下硒鼓表面是否良好，若不好则更换硒鼓，再打印一张自检页看看质量如何；如没有问题，确认是否是软件的问题(是否需重新安装驱动程序、重新配置或安装应用程序)。

(6)最佳的维护时间。掌握最佳的激光打印机维护时间，可以收到最好的维护效果。一般可在每次更换硒鼓、每打印完 2500 页和打印质量出现问题时进行维护，通过前期良好的自我保养与维护，会使你的激光打印机更好地为你服务。

3. 针式打印机的维护

(1)打印机必须放在平稳、干净、防潮、无酸碱腐蚀的工作环境中,并且应远离热源、振源和避免日光直接照射。针式打印机工作的正常温度范围是10~35℃(温度变化会引起电气参数的较大变动),正常湿度范围是30%~80%。

(2)要保持清洁。定期用小刷子或吸尘器清扫机内的灰尘和纸屑,要经常用在稀释的中性洗涤剂(尽量不要使用酒精等有机溶剂)中浸泡过的软布擦拭打印机机壳,以保证良好的清洁度。

(3)正确使用操作面板上的进纸、退纸、跳行、跳页等按钮,尽量不要用手旋转手柄。若发现走纸或小车运行困难,不要强行工作,以免损坏电路及机械部分。在加电情况下不要插拔打印电缆,以免烧坏打印机与主机接口元件,插拔一定要关掉主机和打印机电源,不要让打印机长时间地连续工作

(4)打印头的位置要根据纸张的厚度及时进行调整。在打印中一般情况下不要抽纸,因为在抽纸的瞬间很可能刮断打印针,造成不必要的损失。

(6)为保证打印机及人身安全,电源线要有良好的接地装置,同时要经常检查打印机的机械部分,有无螺丝松动或脱落,检查打印机的电源和接口连接电缆有无接触不良的现象。

(7)要选择高质量的色带。色带是由带基和油墨制成的,高质量的色带带基没有明显的接痕,其连接处是用超声波焊接工艺处理过的,油墨均匀,而低质量的色带带基则有明显的双层接头,油墨质量很差。

(8)应尽量减少打印机空转,最好在需要打印时再打开打印机。同时,要尽量避免打印蜡纸,因为蜡纸上的石蜡会与打印胶辊上的橡胶发生化学反应,使橡胶膨胀变形。另外,石蜡也会进入打印针导孔,易造成断针。同时,要注意定期用蘸有中性洗涤剂的软布擦洗打印胶辊,以保证胶辊的平滑,延长胶辊和打印头的寿命。

二、扫描仪的日常维护

【实训目的】

掌握扫描仪日常维护的方法。

【实训步骤】

扫描仪的日常维护要注意以下事项:

1. 要保护好光学部件

扫描仪在扫描图像的过程中,通过一个叫光电转换器的部件把模拟信号转换成数字信号再送到计算机中。这个光电转换装置非常精密,光学镜头或者反射镜头的位置对扫描的质量有很大的影响。因此我们在工作的过程中,要尽量避免使扫描仪震动或者倾斜。在需要移动扫描仪时,一定要把扫描仪背面的安全锁锁上,以避免改变光学配件的位置。

2. 要定期保洁

扫描仪中的玻璃平板以及反光镜片、镜头,如果落上灰尘或者其他一些杂质,会使扫描仪的反射光线变弱,从而影响图片的扫描质量。因此,我们要在无尘或者灰尘尽量少的环境下使用扫描仪,用完以后,要用防尘罩把扫描仪遮盖起来,以防止更多的灰尘来侵袭。当长

时间不使用时，我们还要定期地对其进行清洁，可以先用柔软的细布擦去外壳的灰尘，然后再对玻璃平板进行清洗，可以先用玻璃清洁剂擦拭一遍，再用软干布将其擦干擦净。

3. 使用前预热

扫描仪在刚开启的时候，光源的稳定性较差，而且光源的色温也没有达到扫描仪正常工作所需的值，此时扫描输出的图像往往饱和度不足。通过预热可以改善扫描仪的工作状态，提升其使用效果。

4. 保障供电安全可靠

扫描仪在工作过程中不可随意断电，这对其电路芯片的正常工作非常重要，一般要等到扫描仪的镜组完全归位后再切断电源。

三、数码相机的日常保养与维护

【实训目的】

掌握数码相机日常维护的方法。

【操作步骤】

1. 机身的保养与维护

数码相机的机身外壳采用的材质主要有两种，一种是合金材料，如铝合金和镁合金等等，另外一种则是工业塑料，通过对表面进行特殊的加工获得接近金属外壳的质感。由于我们长时间握机，难免会在机身上留下油渍、汗迹和手印，有碍美观，所以对机身表面进行清洁非常重要。清洁机身要使用超细纤维的软布，例如低成本的眼睛布，通常售价在3～5元左右，也可以选择售价在10元左右的3M魔布，都可以重复使用。对于工业塑料外壳的DC要经常清洁机身，切不可让油渍和污渍渗入漆面，另外，不能用任何有机溶剂去擦拭机身，那样会破坏机身涂层。

2. 液晶屏的保养与维护

液晶屏在使用过程中不仅要回放照片，还要进行功能设置和取景，因此其保养与维护也非常重要。数码相机的液晶屏可采用贴膜的方式来保护。贴膜主要有两个作用：一是避免显示屏被硬物刮伤。建议在购机的时候，购买一张相同尺寸的保护贴膜，这样一来，即便屏幕不小心被硬物刮到，也可以把贴膜撕了重新再贴。二是便于清除表面油渍和灰尘。特别是数码单反相机，由于不能使用液晶屏取景，所以脸部在取景的时候很容易碰到屏幕表面，从而遗留下油渍。如果事先贴了保护膜，可以采用与机身相同的清洁布轻拭，方便清洁保养。

3. 镜头的保养与维护

镜头作为整个相机中最精密的部件之一，非常重要且脆弱。日常镜头的保养和输出高画质的照片之间有直接的联系。相机镜头的清洁工具主要有气吹、镜头纸、镜头布、镜头笔等。

气吹是清洁镜头最重要的、使用频率最高的工具，也是清洁镜头的第一道工序。对于一款气吹质量好坏的判断，我们主要是从储气量、材质，以及空气流动原理这三方面加以考量。有售价从几元钱的传统医用洗耳球到六七十元的采用独立的进、出气口设计的专用设备不等。

镜头纸是最传统的镜头清洁工具之一，它的优点在于纤维非常细，而且纸质柔软，成本低。在遇到顽渍的时候，可以使用一次性镜头纸，折成三角形，用其中一角蘸少许蒸馏水擦拭镜头表面。

镜头布采用超细纤维原料制成，去污率强，而且不伤表面。由于工艺特殊，卷尘和藏尘比其他镜头布高 4～5 倍。镜头布主要用于消费级数码相机镜头的擦拭。

镜头笔的工作原理是利用碳粉的研磨效果进行清洁，由于碳粉的硬度远远低于镜头镀膜，所以不会对镜头造成伤害，是目前最好用的镜头清洁工具。它的另外一头是毛刷。镜头笔多用于数码单反相机。这里有一点要提醒的就是，镜头笔是专门为光学镜头而设计的，不能用于湿的表面，尤其不能蘸水，否则会褪色。

日常镜头的保养，总的原则是能用吹的不用擦的，能用干的不用湿的。因为无论是布的材质多么的细腻擦拭都会对镜头造成磨损，对于口径比较小的消费级数码相机镜头，用气吹吹掉镜头表面的灰尘就可以，如果遇到吹不掉的大面积污渍，可以用镜头布轻轻擦拭(先吹后擦，顺序不能错，步骤也不能少)。如果是单反镜头，用镜头笔擦拭的效果更好，通常由镜头中间向外围，以螺旋绕圈的方式擦拭。

【思考与练习】

1. 如何选择适合自己的外设?
2. 如何对计算机外设进行维护?

项目五　安装办公软件

任务一　安装 Microsoft Office 2007

【实训目的】

掌握安装 Microsoft Office 2007 的方法。

【实训准备】

1. 安装了 Windows 系列操作系统的计算机。
2. Microsoft Office 2007 安装光盘或相应的安装文件。

【实训步骤】

1. 双击 Microsoft Office 2007 安装文件，系统出现如图 5-1 所示安装界面。

图 5-1　Microsoft Office 2007 的安装界面

2. 在“输入您的产品密钥”窗口(图 5-2)输入产品密钥，输入正确后会在文本框后显示“√”(图 5-3)。

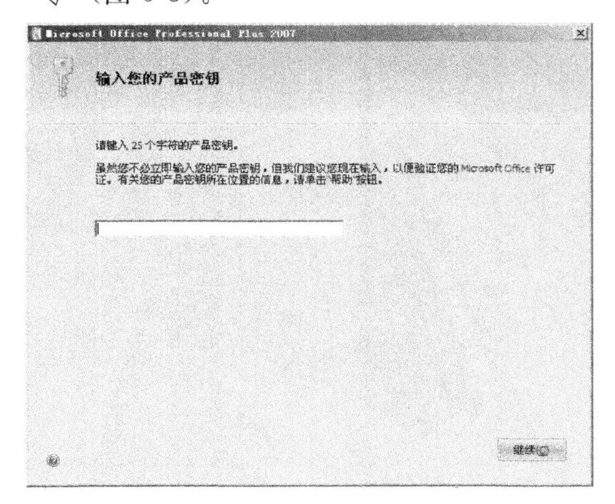

图 5-2 “输入您的产品密钥”窗口

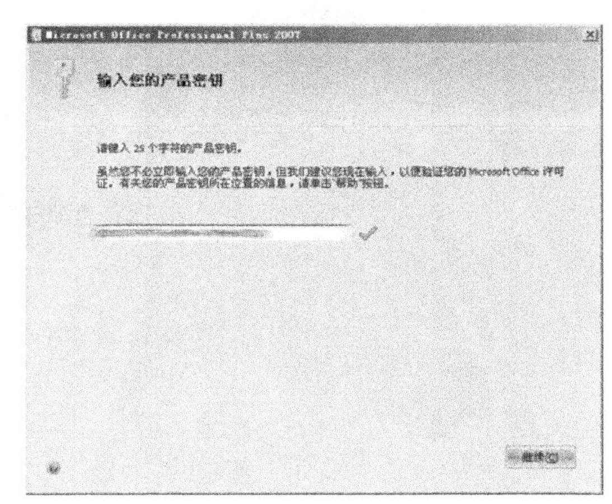

图 5-3 输入正确的产品密钥

3. 单击“继续”按钮，进入“阅读 Microsoft 软件许可证条款”界面(图 5-4)，勾选“我接受此协议的条款”复选框，单击“继续”按钮。

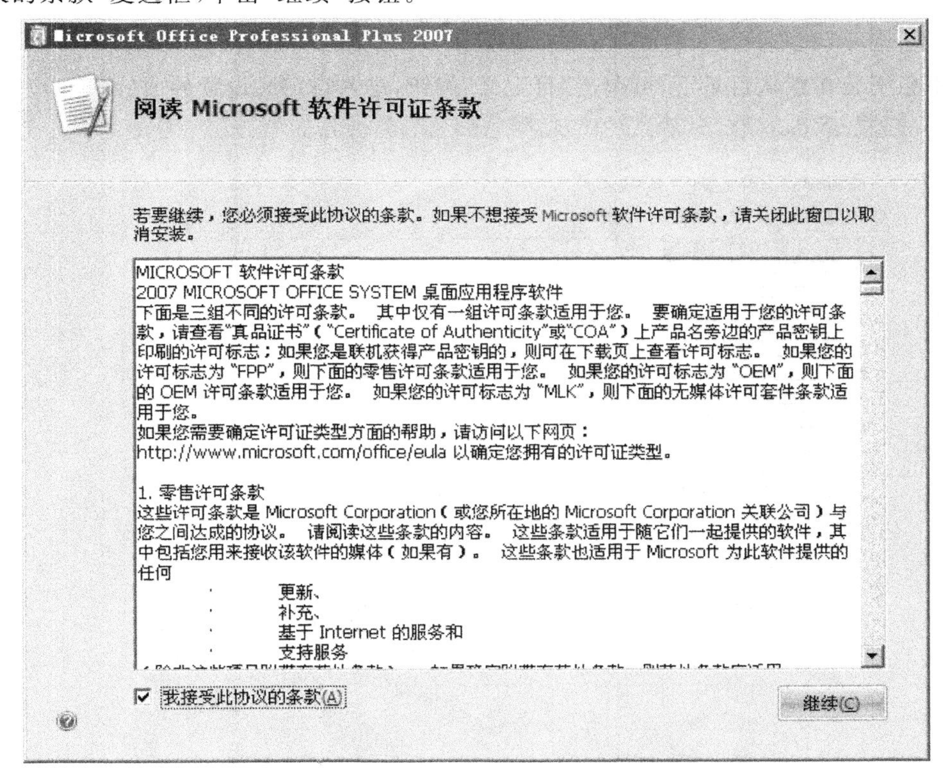

图 5-4 “阅读 Microsoft 软件许可证条款”页面

4. 单击“立即安装”(图 5-5)，Office 2007 将被默认安装至“C:\Program File\Microsoft Office”目录下。

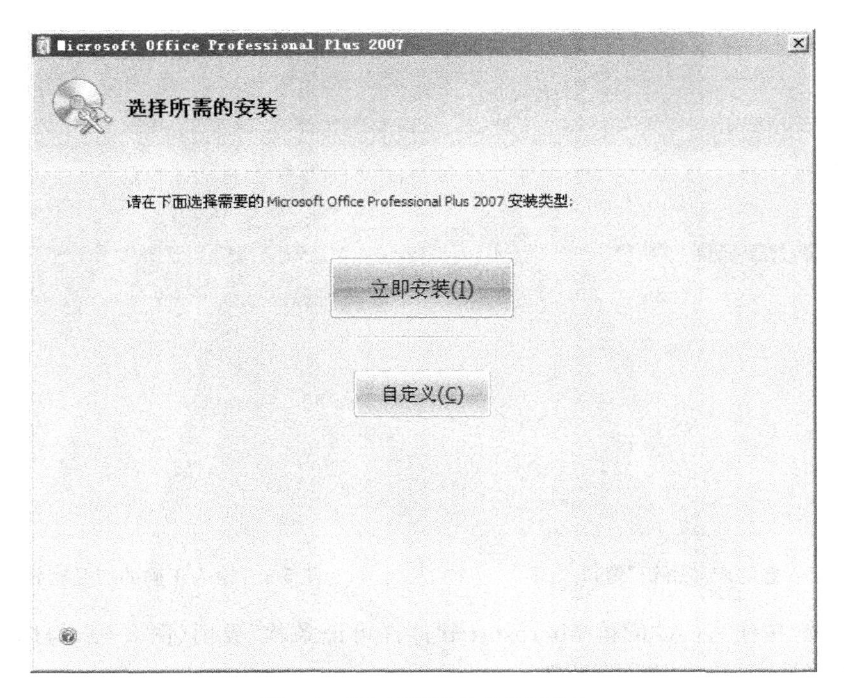

图 5-5 “选择所需的安装”页面

5.若不想安装在默认目录下,可单击“自定义”按钮,进入自定义设置界面(图 5-6)。

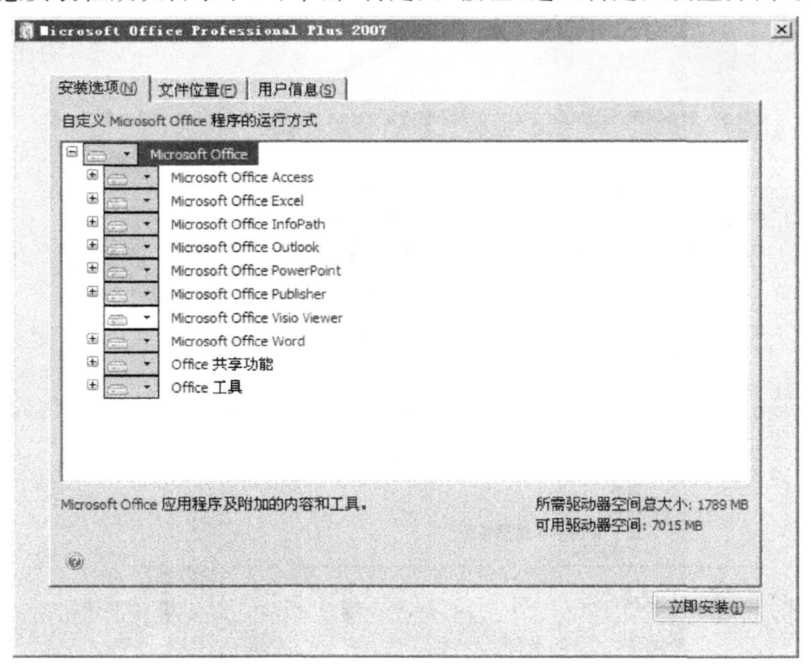

图 5-6 自定义设置“安装选项”选项卡

6.单击“文件位置”选项卡(图 5-7),在该页面中单击“浏览”按钮,选择软件的安装路径。

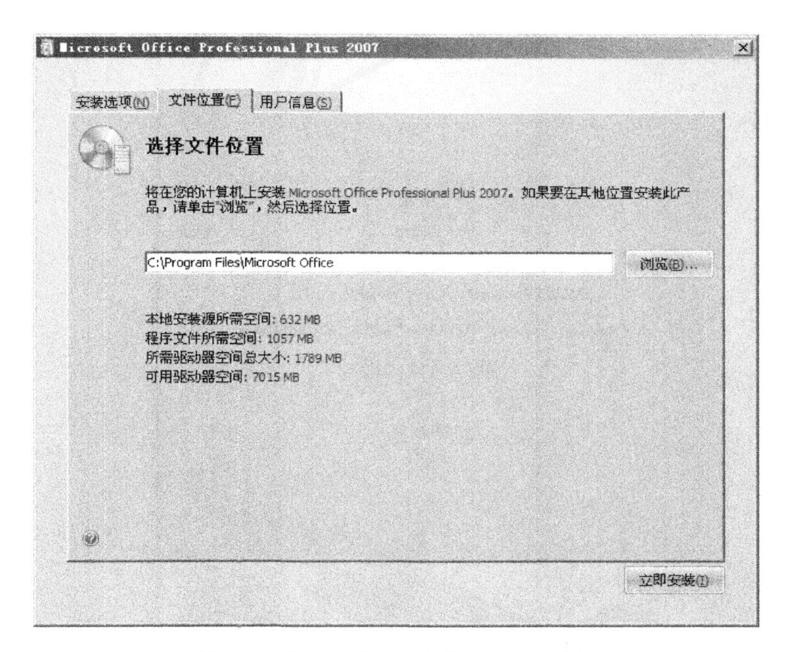

图 5-7 自定义设置"文件位置"选项卡

7. 完成后单击"立即安装"按钮，软件将开始自动安装并显示安装进度条，如图 5-8 所示。

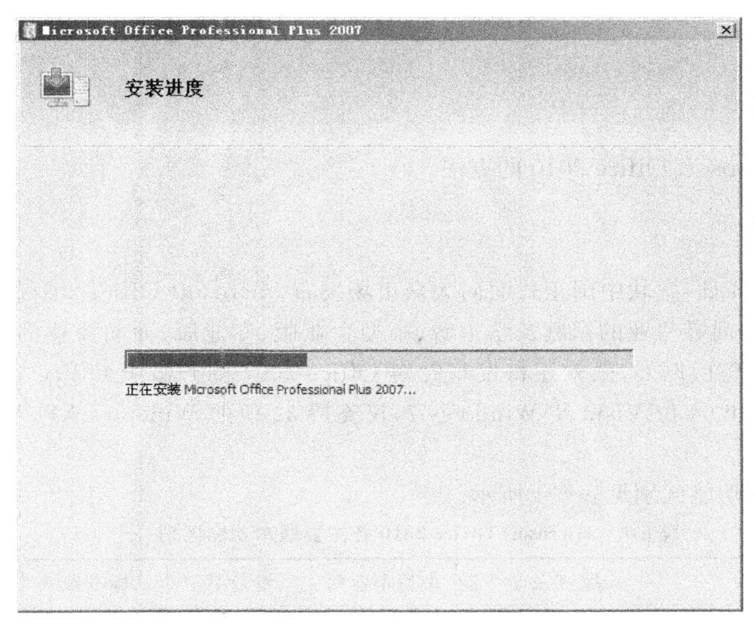

图 5-8 安装进度

8. 安装完成后显示成功安装界面(图 5-9)，单击"关闭"按钮，完成 Microsoft Office 2007 的安装。

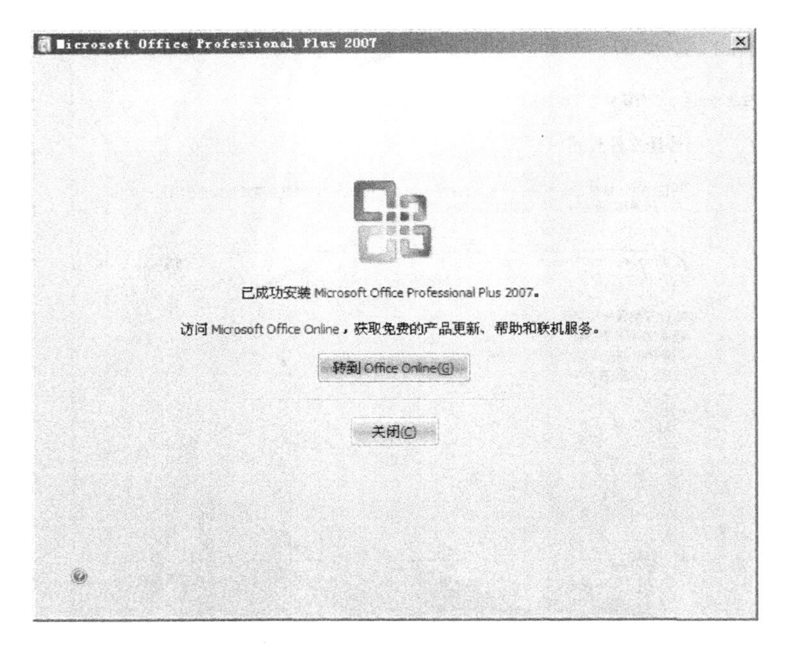

图 5-9　成功安装界面

任务二　安装 Microsoft Office 2010

【实训目的】

掌握安装 Microsoft Office 2010 的方法。

【实训准备】

2010 年 6 月 18 日，微软中国正式面向大众市场发布 Microsoft Office 2010，该软件共有 5 个版本，分别是面向零售业的家庭及学生版、小型企业版、专业版、面向商业的标准版和专业增强版。除了完整版以外，微软还将发布针对 Office 2007 的升级版 Office 2010。Office 2010 可支持 32 位和 64 位 Vista 及 Windows 7，仅支持 32 位的 Windows XP，不支持 64 位的 Windows XP。

其各个版本的功能区别见表 5-1 所示。

表 5-1　Microsoft Office 2010 各主要版本功能区别

		家庭及学生版	小型企业版	专业版	标准版	专业增强版
	Word 2010	●	●	●	●	●
	Excel 2010	●	●	●	●	●
	PowerPoint 2010	●	●	●	●	●

续表

		家庭及学生版	小型企业版	专业版	标准版	专业增强版
	OneNote 2010	●	●	●	●	●
	Outlook 2010		●	●	●	●
	Publisher 2010			●	●	●
	Access 2010			●		●
	InfoPath 2010					●
	SharePoint Workspace 2010					●
	Lync 2010					●

Microsoft Office 2010 主要组件功能描述如下：

Microsoft Word 2010：图文编辑工具，用来创建和编辑具有专业外观的文档，如信函、论文、报告和小册子。

Microsoft Excel 2010：数据处理程序，用来执行计算、分析信息以及可视化电子表格中的数据。

Microsoft PowerPoint 2010：幻灯片制作程序，用来创建和编辑用于幻灯片播放、会议和网页的演示文稿。

Microsoft OneNote 2010：笔记程序，用来搜集、组织、查找和共享您的笔记和信息。

Microsoft Outlook 2010：电子邮件客户端，用来发送和接收电子邮件、管理日程、联系人和任务，以及记录活动。

Microsoft Publisher 2010：出版物制作程序，用来创建新闻稿和小册子等专业品质出版物及营销素材。

Microsoft Access 2010：数据库管理系统，用来创建数据库和程序来跟踪与管理信息。

Microsoft InfoPath Designer 2010：用来设计动态表单，以便在整个组织中收集和重用信息。

Microsoft InfoPath Filler 2010：用来填写动态表单，以便在整个组织中收集和重用信息。

Microsoft SharePoint Workspace 2010：工作流平台，可以帮助企业用户轻松完成日常工作中诸如文档审批、在线申请等业务流程，同时提供多种接口实现后台业务系统的集成。

Microsoft Lync 2010：统一通信客户端，带有即时消息、会议和语音功能。

此外，Microsoft Office 2010 还拥有一些独立组件，如

Microsoft Office Visio 2010：使用 Microsoft Visio 创建、编辑和共享图表。

Microsoft Office Project 2010：使用 Microsoft Project 计划、跟踪和管理项目，以及与工作组交流。

Microsoft Office SharePoint Designer 2010：使用 SharePoint Designer 创建 SharePoint 网站。

【实训步骤】

1. 双击 Microsoft Office 2010 安装文件，弹出下列“安装程序正在准备必要文件，请稍候”的窗口，如图 5-10 所示。

2. 安装必要文件准备好后弹出“阅读 Microsoft 软件许可证条款”(图 5-11)，勾选“我接受此协议的条款”，激活“继续”按钮，单击“继续”按钮。

图 5-10　准备安装窗口

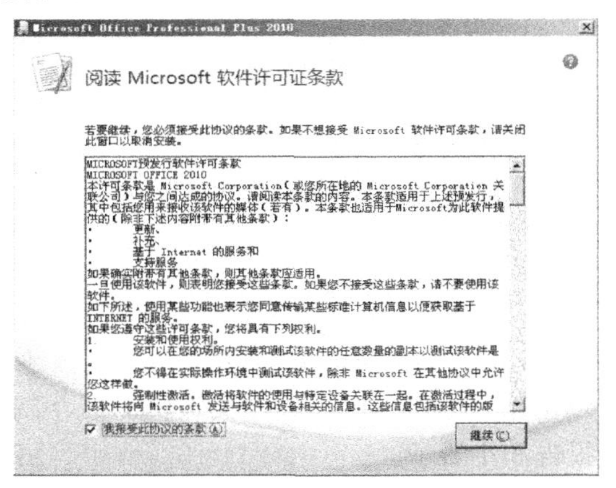

图 5-11　软件许可证条款

3. 在“选择所需的安装”中选择安装类型(图 5-12)，“升级”是指将原先低版本的 Microsoft Office 版本用 Office 2010 替代。

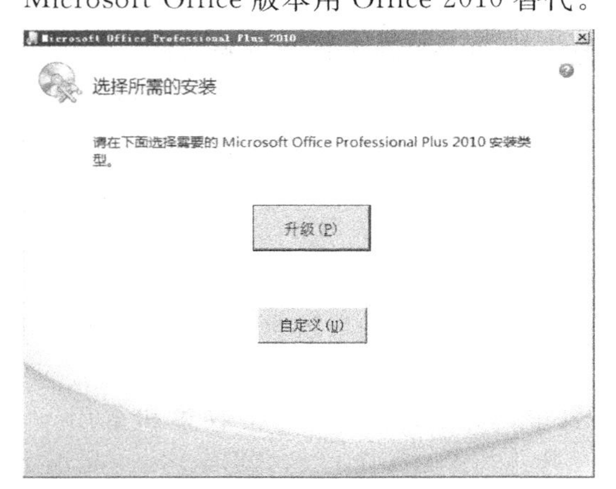

图 5-12　选择安装类型界面

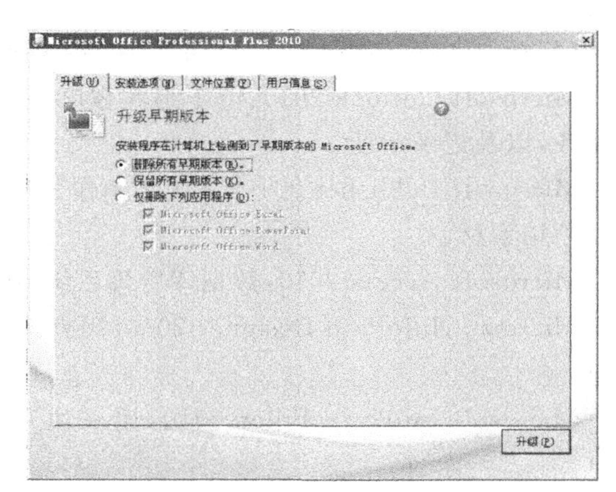

图 5-13　升级安装界面

4. 如果已经安装过早期版本的 Office，在“升级”选项卡的“升级早期版本”窗口中出现“删除所有早期版本”、“保留所有早期版本”、“仅删除下列应用程序”三个选项(图 5-13)。可根据需要在此选择合适的选项，此次安装我们选择“保留所有早期版本”，此时“升级”按钮变为“立即安装”按钮，如图 5-14 所示。

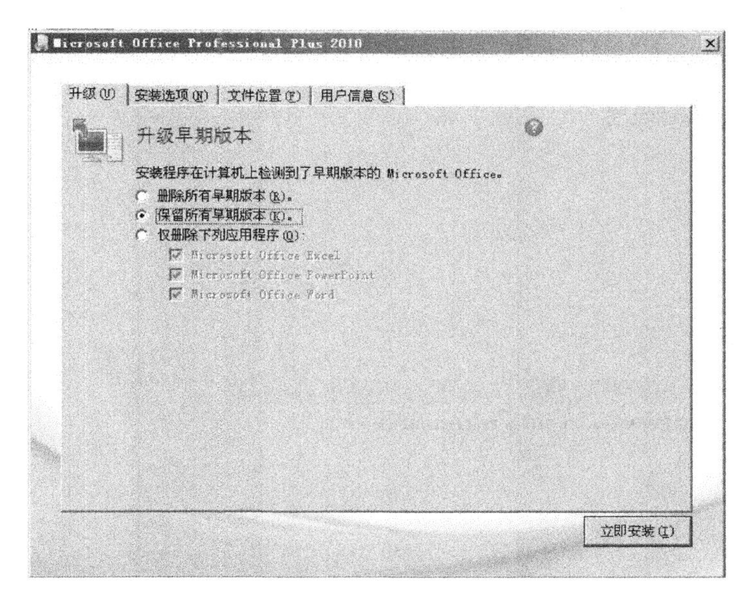

图 5-14　选择安装方式

5. 切换到“文件位置”选项卡，单击“浏览”按钮，选择 Office 2010 要安装的位置(图 5-15)，单击“立即安装”。

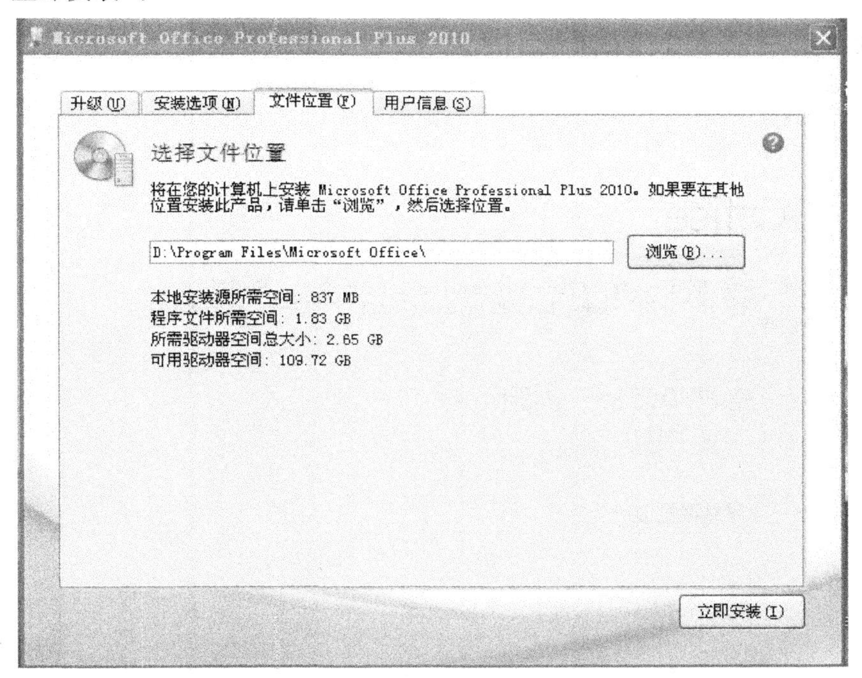

图 5-15　选择文件位置

6. 在安装进度窗口显示“正在安装 Microsoft Office Professional Plus 2010… ”和进度条(图 5-16)。

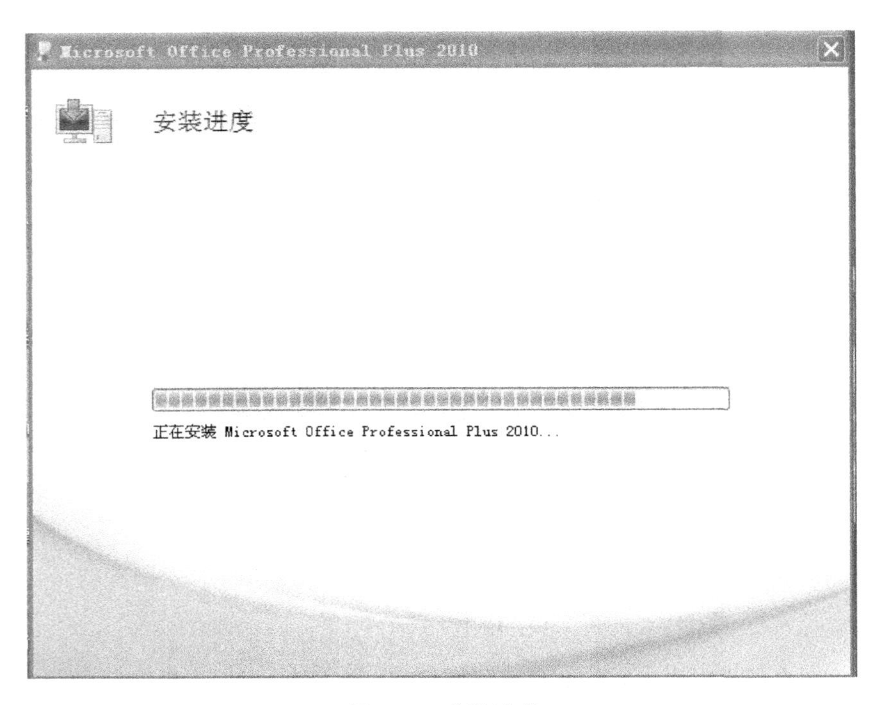

图 5-16　安装进度

7. 待进度条走完后显示完成安装界面，单击“关闭”按钮(图 5-17)，完成 Microsoft Office 2010 的安装过程。

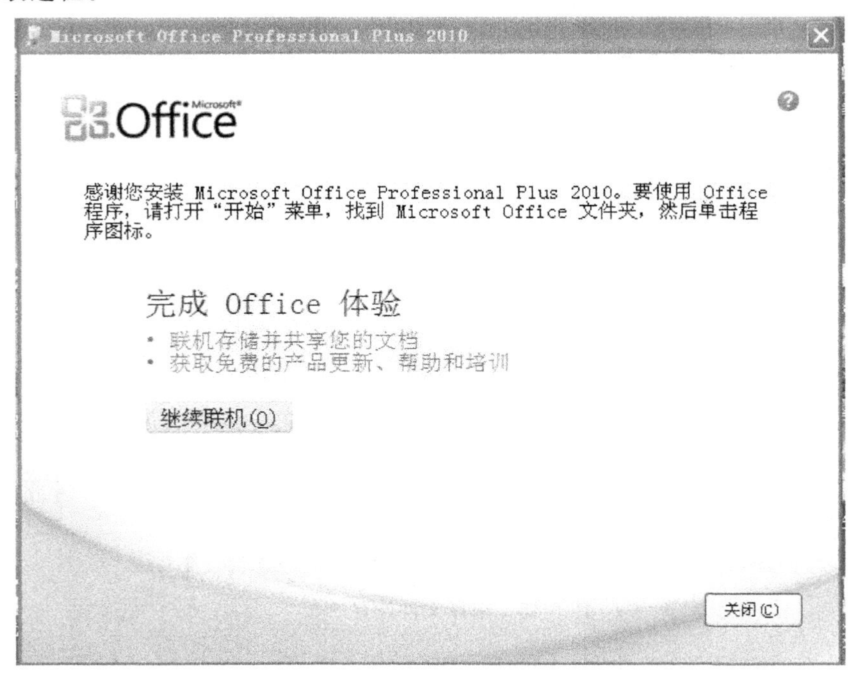

图 5-17　完成安装

任务三 安装 WPS Office 2012

【实训目的】

掌握安装 WPS Office 2012 的方法。

【实训准备】

1. WPS 的历史与发展过程

1988 年 5 月，一个名叫求伯君的程序员在深圳一家宾馆的房间里凭一台 386 电脑写出了 WPS(Word Processing System)1.0，这个近十万行代码的软件从此开创了中文字处理时代。1988 年到 1995 年的 7 年间，WPS 几乎成了学习电脑的代名词，书店里摆满了形形色色的《WPS 使用教程》，各种报刊也都纷纷整版地刊登 WPS 使用技巧，社会上电脑培训班的主要课程除五笔字型输入法外，就是 WPS 操作。WPS 成为中国第一代电脑使用者的启蒙软件，时至至日，"学电脑即学 WPS"的年代还为许多人津津乐道。

就在 WPS 日趋火爆的时候，微软 Windows 系统登陆中国。凭借操作系统的优势，微软 Office 中的 Word 正式进军中文字处理软件市场。1993 年，为了迎接 Word 的挑战，求伯君带领金山软件开发出了类似于 Office 套件的《盘古组件》，包括金山皓月、文字处理、双城电子表、金山英汉双向词典、名片管理、事务管理。但是，这个产品没有赢得市场。

盘古的失利使金山陷入了发展的低谷，一些员工开始陆续离开，WPS 97 一度仅有 4 名程序员坚持开发。求伯君卖掉别墅和宝马车，在没有任何资料可供参考的情况下，终于摸索出了 WPS 97。尽管界面的美观度还有待改进，但 WPS 97 出色的表格、稿纸打印功能以及对机器配置的宽容要求还是征服了众多用户，迅速荣登办公类软件销量排行的榜首。同时，金山软件为成都军区定制开发了 WPS 97(军用版)，满足了军用系统对安全性的苛刻要求。1998 年 9 月，WPS 97 被列入国家计算机等级考试。

1998 年 8 月，联想注资金山，WPS 开始了新的腾飞。1999 年 3 月 22 日，金山软件在北京新世纪饭店隆重发布 WPS 2000，从此，WPS 走出了单一字处理软件的定位。在底层技术方面，与微软 Office 利用 OLE 技术集成的机制不同，WPS 2000 在字处理之上无缝集成了表格和演示的重要功能。在应用方面，WPS 2000 集文字处理、电子表格、多媒体演示制作、图文排版、图像处理等五大功能于一身，拓展了办公软件的功能。2001 年，WPS 2000 获国家科技进步二等奖(一等奖空缺)，这是国内通用软件行业有史以来获得的国家级最高荣誉。金山还推出了《WPS 2000 繁体版 (香港版、台湾版)》，一经推出就大受欢迎，WPS 凭借这个版本迅速打开了香港、台湾和澳门等使用繁体字地区的市场。

2001 年 5 月，WPS 正式采取国际办公软件通用定名方式，更名为 WPS Office。在产品功能上，WPS Office 从单纯的文字处理软件升级为以文字处理、电子表格、演示制作、电子邮件和网页制作等一系列产品为核心的多模块组件式产品。2002 年 WPS 开始了长达三年的卧薪尝胆，百名研发精英重写数百万行代码，于 2005 年研发出了拥有完全自主知识产权的 WPS Office 2005。2007 年金山升级研发出了 WPS Office 2007，新版本保留了原 WPS 系列体积小、易于操作的优势，功能更为强大实用，界面更加美观大方，最大限度地实现了与微软 Office 的兼容。

互联网的普及，给了在线办公软件新的机遇和挑战。基于 Web 和客户端整合开发的 WPS Office 2009，率先支持网络资源本地化的应用，推出了在线存储、垂直搜索和网络模板等一系列在线功能，深受用户的好评。2010 年 5 月 4 日，金山软件正式推出 WPS Office 2010 个人版。该版本融入了金山新一代 V8 文字排版引擎技术，产品性能跨越性提升，并兼容微软最新的 Office 2010 文档格式。同时，WPS Office 2010 在实现了免费的网络存储功能后，在互联网协同办公方面又迈出了一步，实现了多人协同共享文档、编辑文档功能。

2012 年 6 月 5 日，金山 WPS 推出了最新的 WPS Office 2012 个人版 SP1，提供了 1 分钟下载和安装、2 种界面切换、3 大资源宝库（在线模版、在线素材、知识库）、10 大文档创作工具以及多达 100 项的深度功能改进，是目前国内最先进的产品之一，已经达到国际领先水平。

2. WPS Office 2012 的版本

WPS Office 系列产品分为个人免费产品与企业级产品。个人免费产品主要包括 WPS Office 2012 个人版、WPS Office 2012 抢先版、WPS Office 2012 校园版、WPS Office 2012 手机版、WPS Office for Linux、金山快盘、金山快写等。企业级产品主要包括 WPS Office 2012 专业版、WPS Dotview、金山安全云存储等。

个人用户可以根据需要选择相应的免费产品使用，其中抢先版是 WPS 新功能的首发，保持每月至少一次的更新频率。

3. 安装 WPS Office 2012 所需材料

（1）一台安装了 Windows 系列操作系统的计算机。

（2）WPS Office 2012 安装文件（可以从 WPS 的官方网站 www.wps.cn 上下载，体积非常小巧，约 40M 左右）。

【实训步骤】

1. 从 www.wps.cn 上下载 WPS Office 2012 个人版。

2. 双击 WPS Office 2012 个人版图标 WPS Office 2012个人版，进入安装进程。

（1）在安装界面上勾选“我已经阅读并且同意金山办公软件许可协议”（图 5-18）。

图 5-18　WPS 安装界面首页

(2)若不想安装在默认的C盘路径下,可单击“更改设置”,弹出如图5-19所示界面。

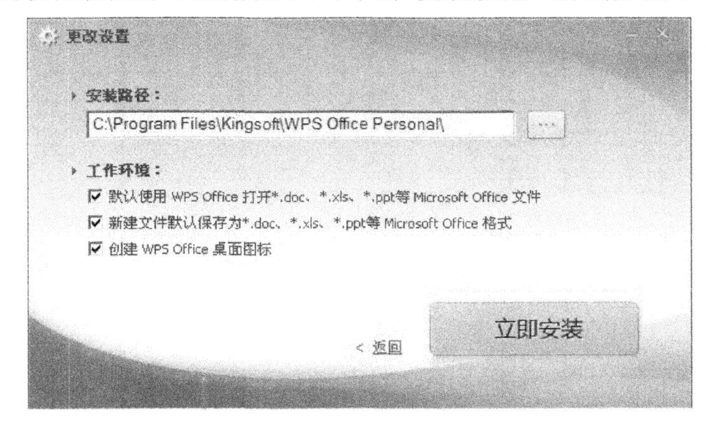

图5-19 WPS更改设置界面

(3)单击安装路径后面的[...]按钮,弹出“浏览文件夹”窗口,在其中选择合适的路径后单击“确定”(图5-20)。

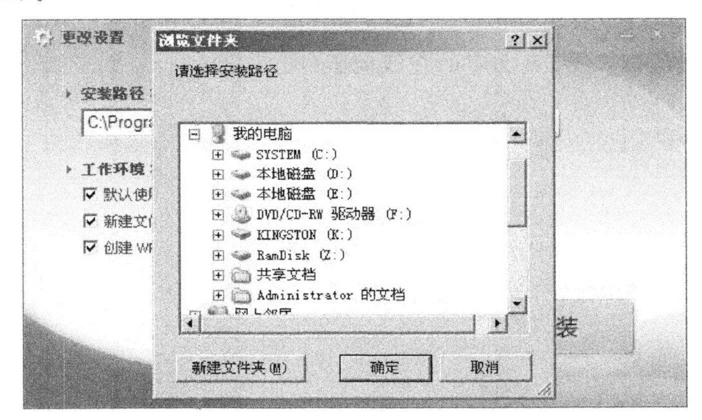

图5-20 WPS更改安装路径界面

(4)确定安装路径后(图5-21)单击右下角的“立即安装”按钮,开始安装进程,如图5-22所示。

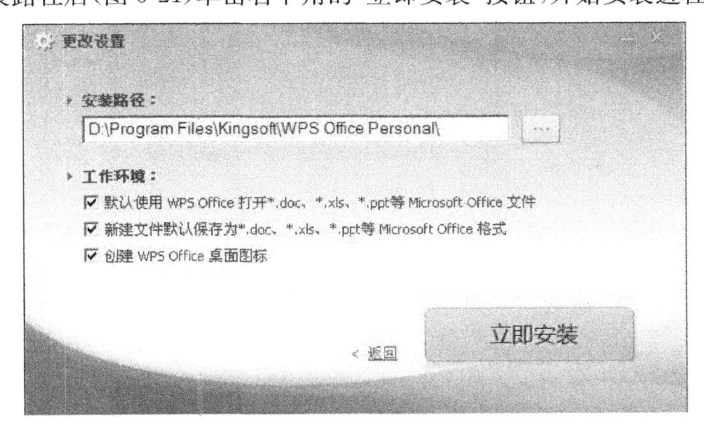

图5-21 更改后的安装路径

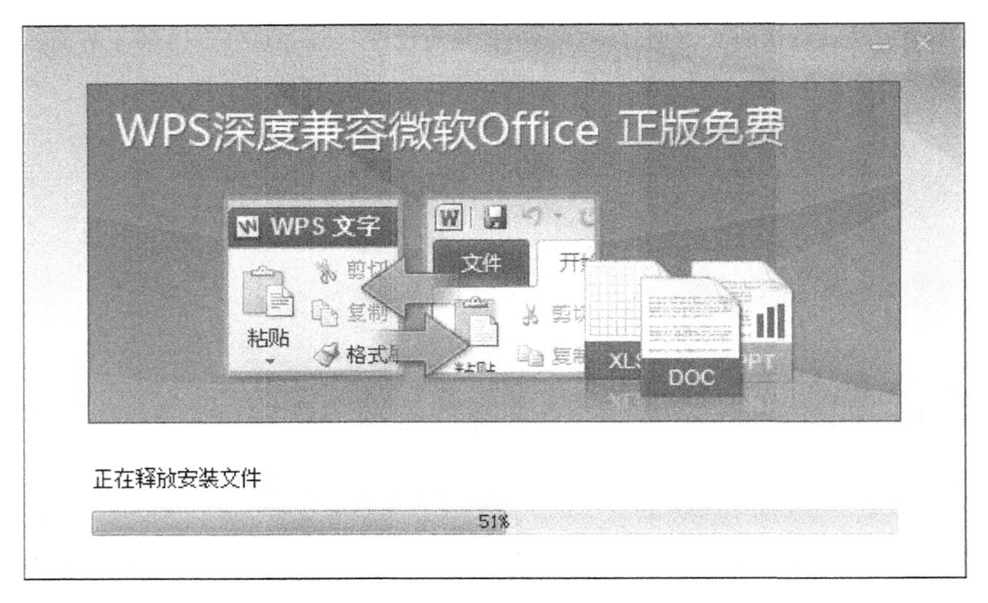

图 5-22　WPS Office 安装进度

(5)安装完成后默认打开 WPS 文字的在线模版(图 5-23)。

图 5-23　WPS 文字在线模版

(6)单击“WPS 文字”→“新建”,打开 WPS 文字的编辑界面,如图 5-24 所示。

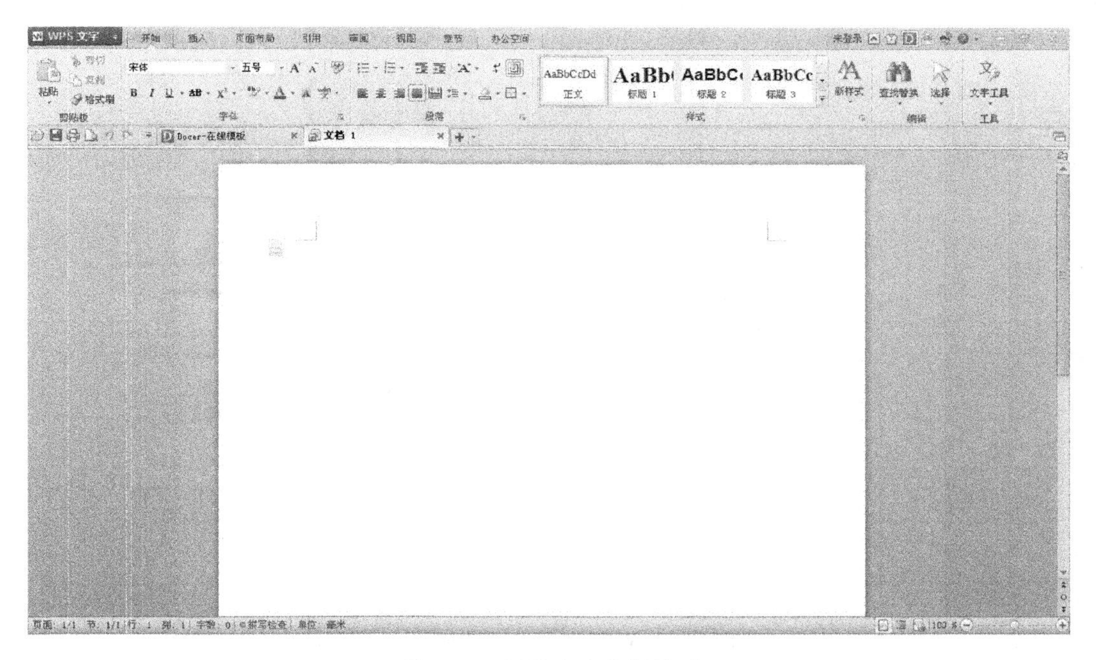

图 5-24　WPS 文字编辑界面

(7)如图 5-25、图 5-26 所示为 WPS Office 2012 的另两个重要组件，WPS 表格和 WPS 演示的编辑界面，与 Microsoft Office 2010 界面相似，功能兼容。

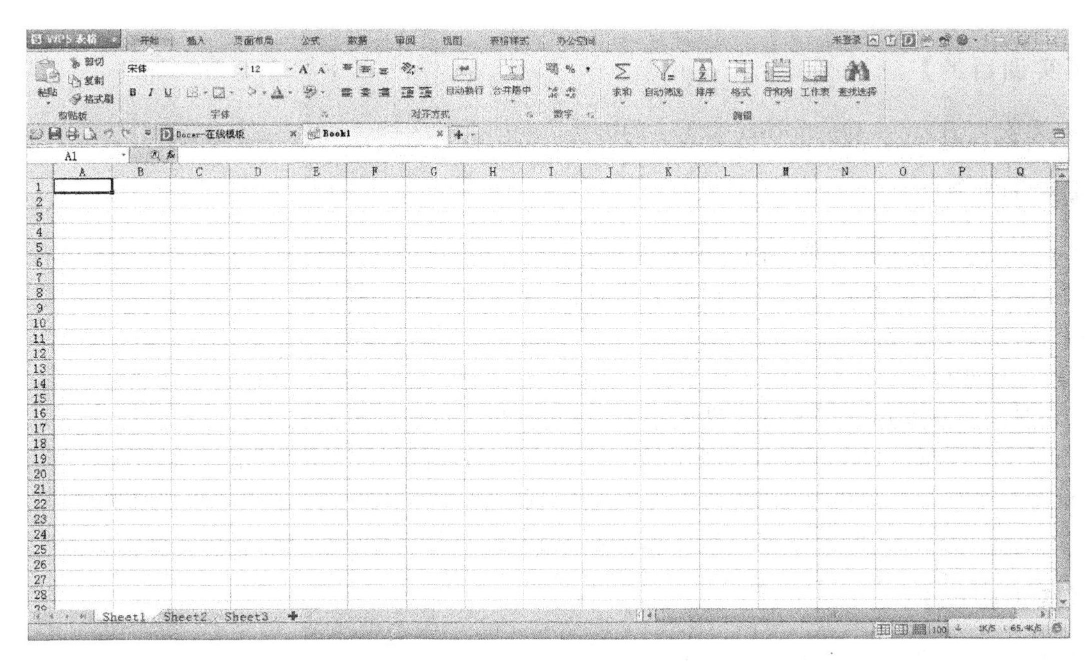

图 5-25　WPS 表格编辑界面

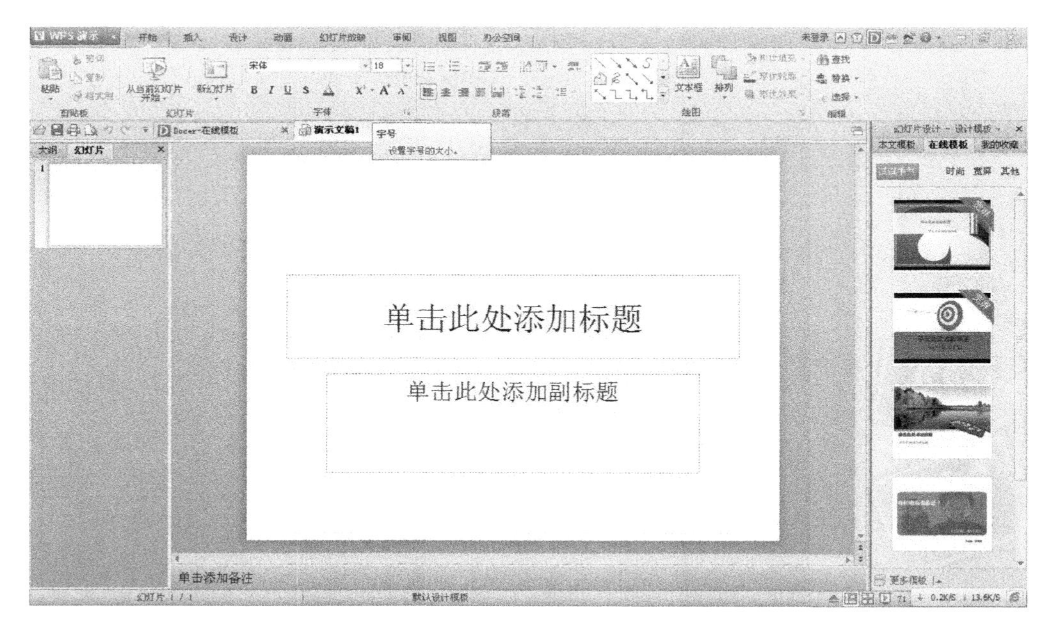

图 5-26　WPS 演示编辑界面

任务四　安装 Apache Openoffice 3.4.1

【实训目的】

熟悉安装 Apache Openoffice 3.4.1 的方法。

【实训准备】

OpenOffice 是一套跨平台的办公软件套件，能在 Windows、Linux、MacOS 和 Solaris 等操作系统上执行。它包含文本文档、电子表格、演示文稿、绘图、数据库等功能，与各个主要的办公软件套件兼容。

它也是一款历经 20 余年开发的成熟可靠的自由软件，在一个单一软件包中包含了所有应用，同时它还有大量的扩展包提供了许多额外的功能，这样的扩展包来自不同的开发者，而且还在不断增加。OpenOffice 是使用开放软件开发的，遵循"没有秘密"的方式，任何人都可以查看这个项目并提出改进建议或修复缺陷。任何人都可以报告问题或者提出功能增强的要求，并看到来自其他用户或开发人员的反馈，任何人都可以免费下载、使用及推广它。

【实训步骤】

1. 从 OpenOffice 的中文官方网站 http://www.openoffice.org/zh－cn/ 下载最新的 Apache OpenOffice.org 3.4.1(最新版为英文版)

2. 双击安装文件，出现如图 5-27 所示准备安装界面。

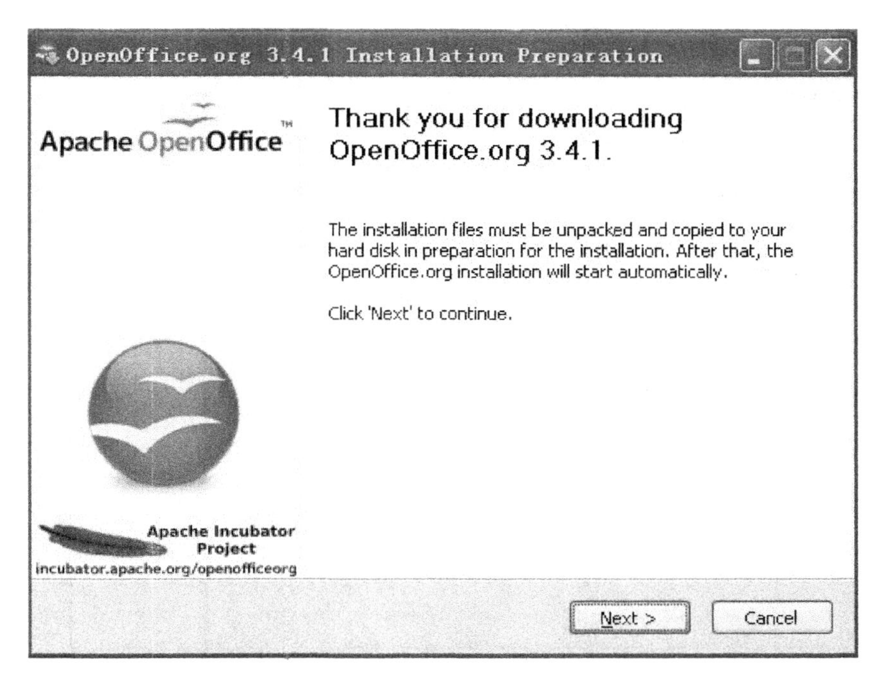

图 5-27 OpenOffice 准备安装界面

3. 单击“Next(下一步)”按钮，开始解压安装文件(图 5-28)。

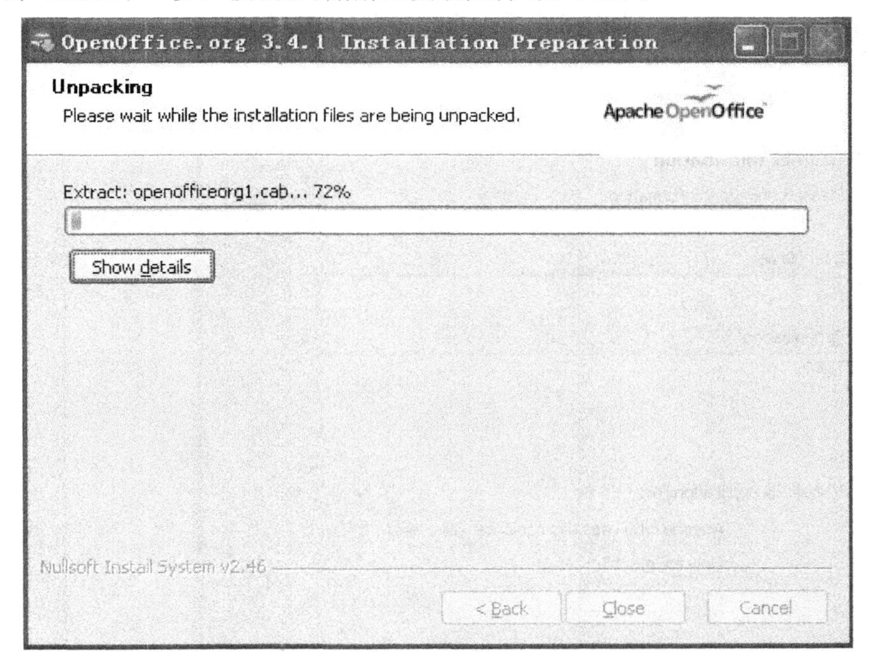

图 5-28 OpenOffice 自动解压安装文件

4. 解压完成后出现安装向导(图 5-29)，单击“Next(下一步)”按钮。

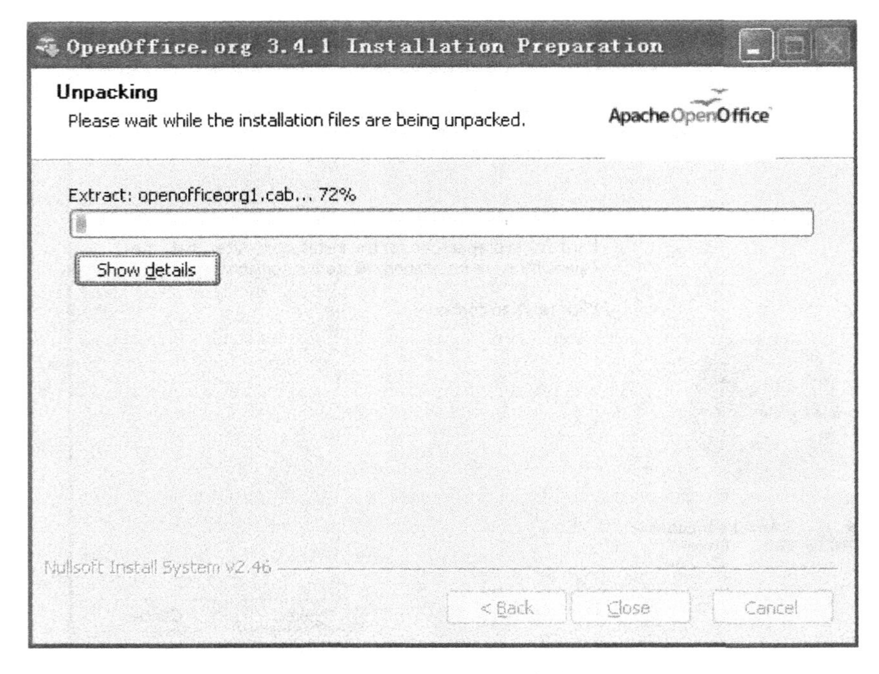

图 5-29 OpenOffice 安装向导

5. 在此页面输入用户名和单位名称，在下面的选项中可根据需要选择“Anyone who uses this computer(all users)”(使用本计算机的任何人)或者“Only for me”(仅限本人)，选择好后单击“Next(下一步)”(图 5-30)。

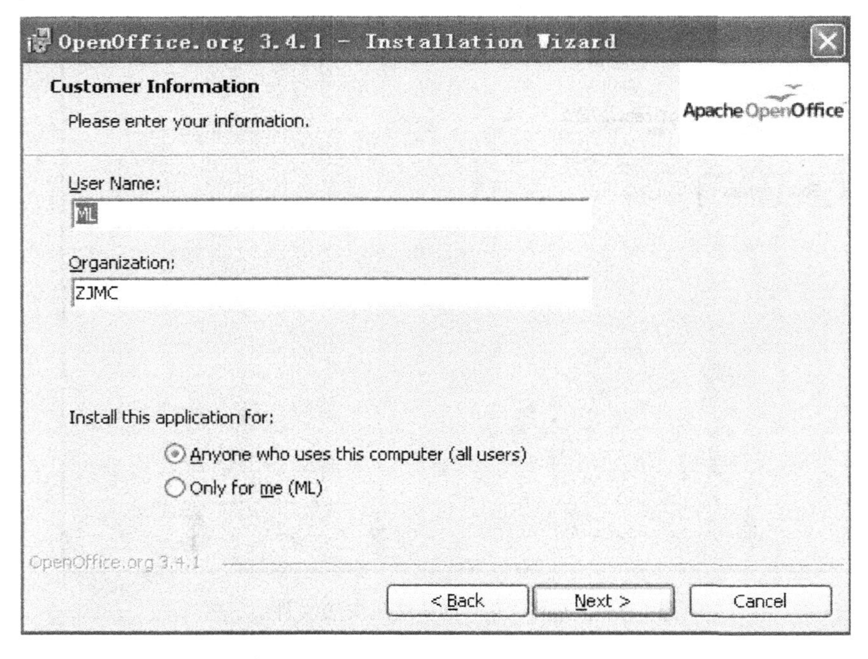

图 5-30 设置用户与机构名称

6. 在此界面中选择“Typical(典型安装)”或“Custom(自定义安装)”后单击“Next(下一

步)”按钮(图 5-31)。

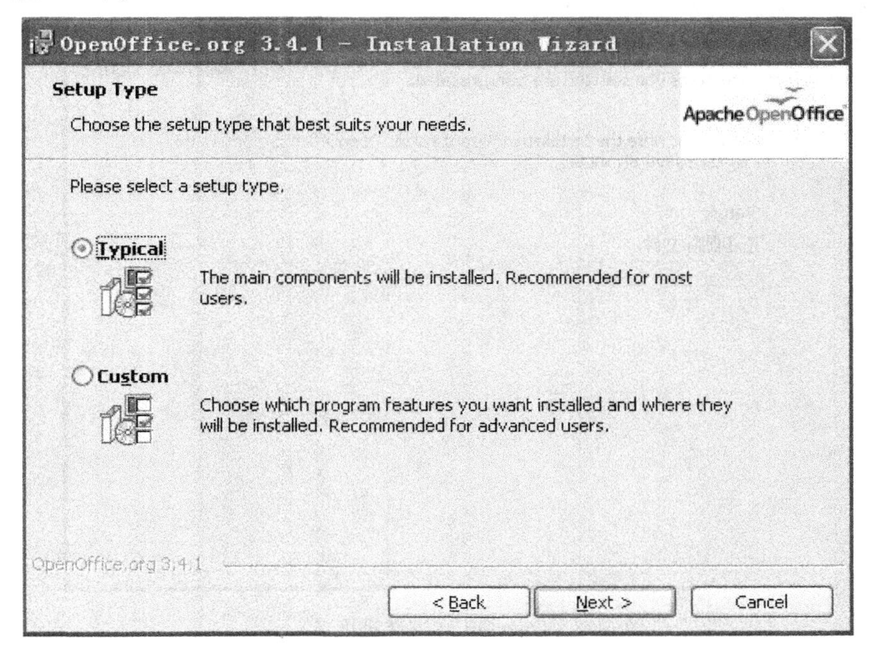

图 5-31 选择安装方式

7. 根据需要勾选“Create a start link on desktop(在桌面创建启动链接)”(图 5-32)。

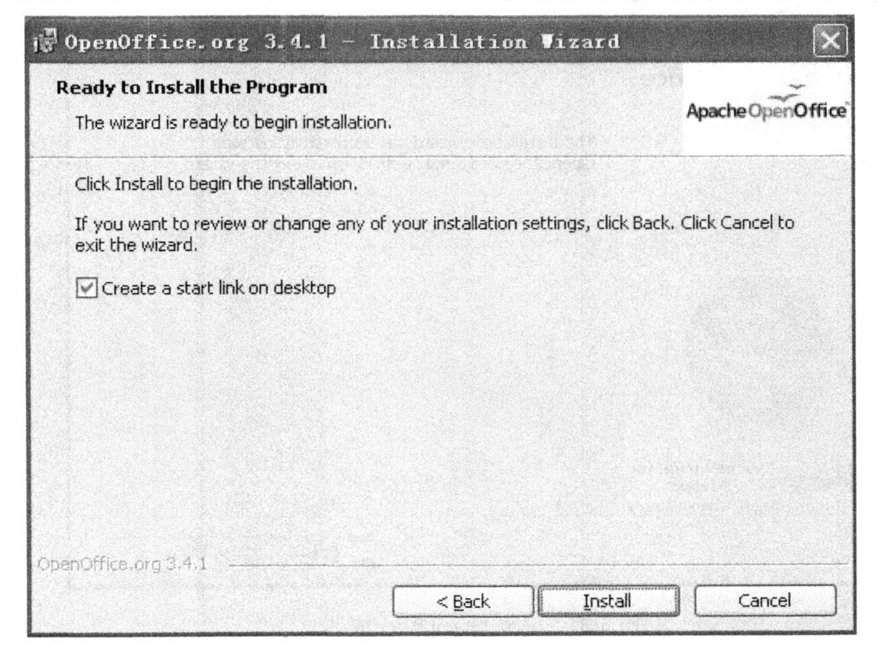

图 5-32 创建桌面快捷方式

8. 单击“Install(安装)”,出现安装进度条(图 5-33)。

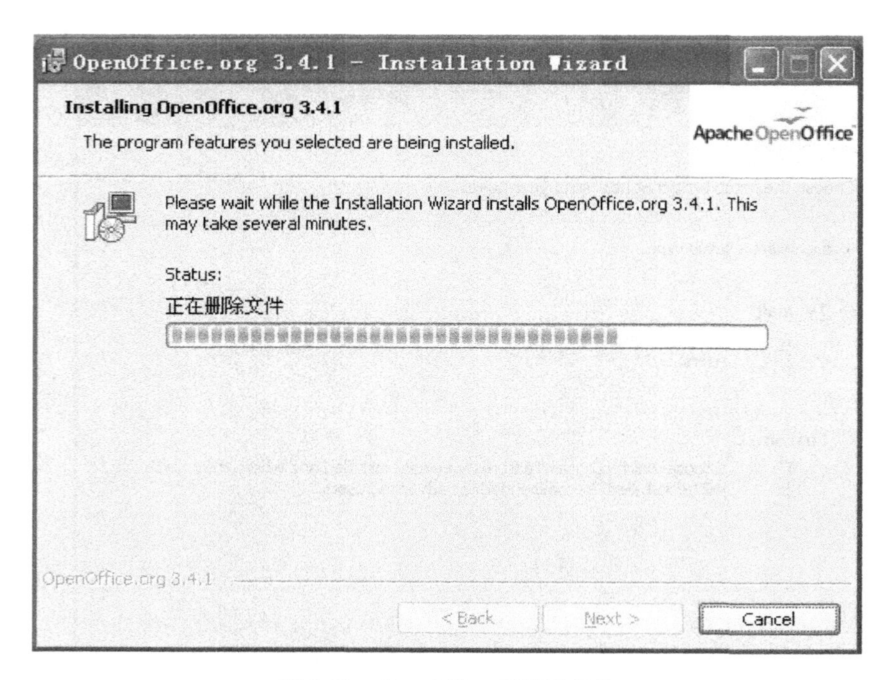

图 5-33　OpenOffice 安装进度条

9. 安装完成后显示如图 5-34 所示界面，单击“Finish(完成)”按钮。

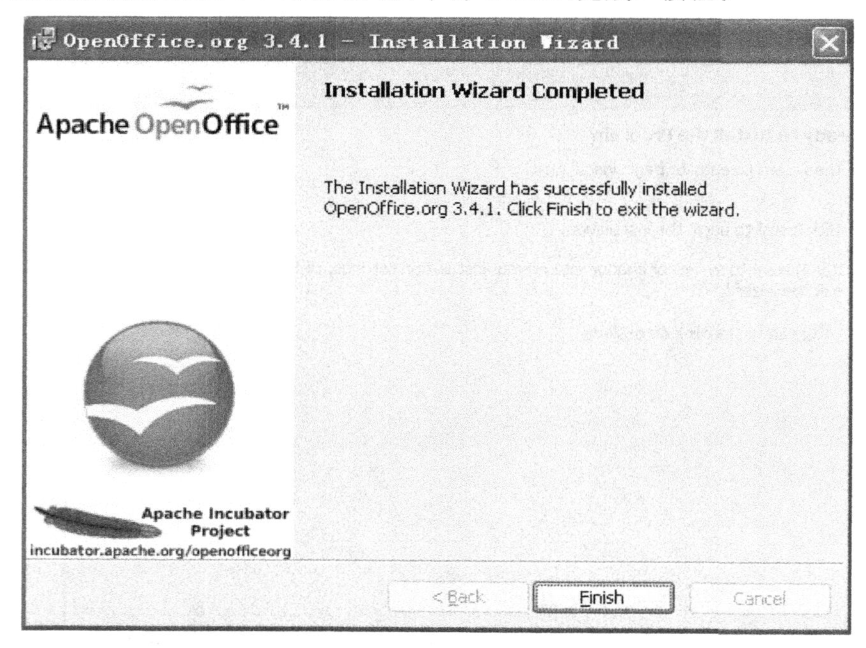

图 5-34　完成 OpenOffice 安装

10. 至此完成 OpenOffice 的安装，出现软件默认界面(图 5-35)，可从此界面上双击图标使用相应的功能。

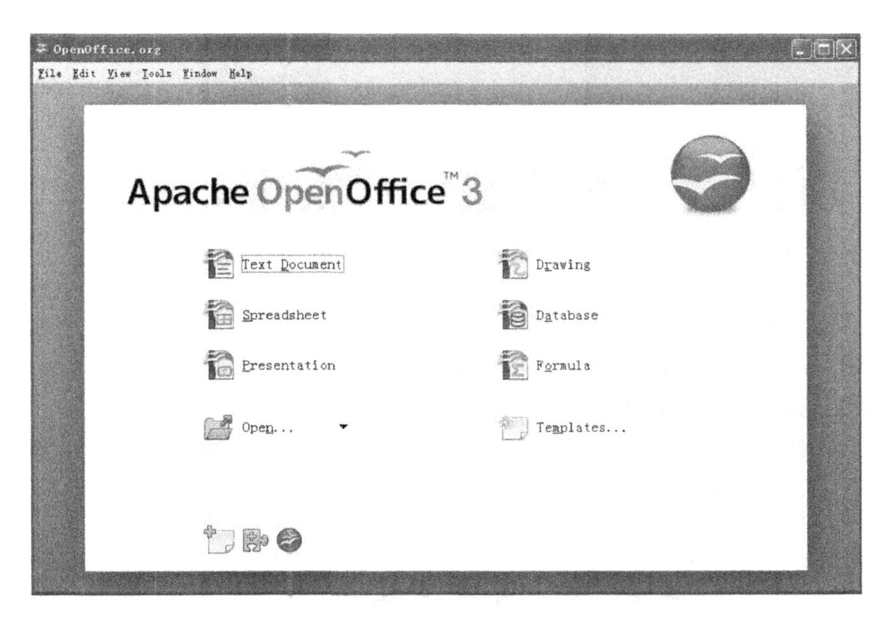

图 5-35 OpenOffice 默认软件首页

【思考与练习】

1. 如何安装 Microsoft Office 2007？与 Microsoft Office 2003 相比软件界面有哪些特点？

2. 如何安装 Microsoft Office 2010？

3. 掌握国产免费软件 WPS Office 2012 的下载和安装方法。

4. 熟悉开源软件 OpenOffice 的下载和安装方法。

项目六　安装与设置安全软件

在互联网高度发展的今天，电脑在为用户提供各种服务与帮助的同时也必须面对各种电脑病毒、流氓软件、木马程序甚至黑客入侵的威胁。因此，为了保证系统的正常运行，安装并设置相应的安全软件是我们这个项目的主要任务。

常见的安全软件一般分为杀毒软件和防火墙软件两大类，其主要功能是对计算机系统的漏洞进行升级维护以及查杀计算机病毒和木马。

任务一　安装安全软件

【实训目的】

了解经常使用的安全软件，掌握安全软件的安装与设置。

【实训准备】

1. 了解和安全软件相关的几个基本概念

(1)杀毒软件：一般称为反病毒软件或防毒软件，是用于清除电脑病毒、特洛伊木马和恶意软件的一类软件。杀毒软件通常集成监控识别、病毒扫描及清除和自动升级等功能，有的杀毒软件还带有数据恢复等功能，是计算机防御系统(包含杀毒软件、防火墙、特洛伊木马和其他恶意软件的查杀程序、入侵预防系统等)的重要组成部分。

(2)计算机病毒：指编制者在计算机程序中插入的破坏计算机功能或者破坏数据，影响计算机使用并且能够自我复制的一组计算机指令或者程序代码。与医学上的“病毒”不同，计算机病毒不是天然存在的，是某些人利用计算机软件和硬件所固有的脆弱性编制的一组指令集或程序代码。它能通过某种途径潜伏在计算机的存储介质(或程序)里，当达到某种条件时即被激活，通过修改其他程序的方法将自己精确拷贝或者可能演化的形式放入其他程序中，从而感染其他程序，对计算机资源进行破坏，对用户的危害性很大。

(3)防火墙：是一项协助确保信息安全的设备，会依照特定的规则，允许或是限制所传输的数据通过。防火墙既可以是一台专属的硬件，也可以是架设在一般硬件上的一套软件。

(4)黑客：利用系统安全漏洞对网络进行攻击破坏或窃取资料的人。

2. 了解几种常见的安全软件

(1)瑞星杀毒软件：一款具有杀毒、安全防护以及适时监控的软件；

(2)360 安全卫士：一款集木马查杀、漏洞修复、电脑清理、软件管理等众多功能的免费软件。

【实训步骤】

1. 安装瑞星杀毒软件：下载地址 http://www.rising.com.cn/ 。

(1)选择安装语言“中文简体”，单击“确定”，如图 6-1 所示。

图 6-1 语言选择

(2)查看相关信息，单击“下一步”，如图 6-2 所示。

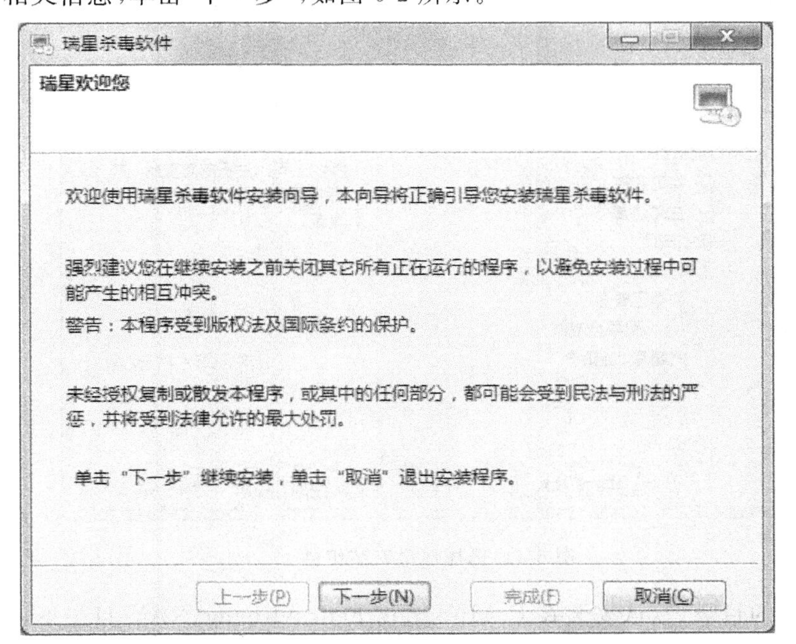

图 6-2 瑞星欢迎窗口

(3)仔细阅读用户许可协议，选择“我接受”，单击“下一步”，如图 6-3 所示。

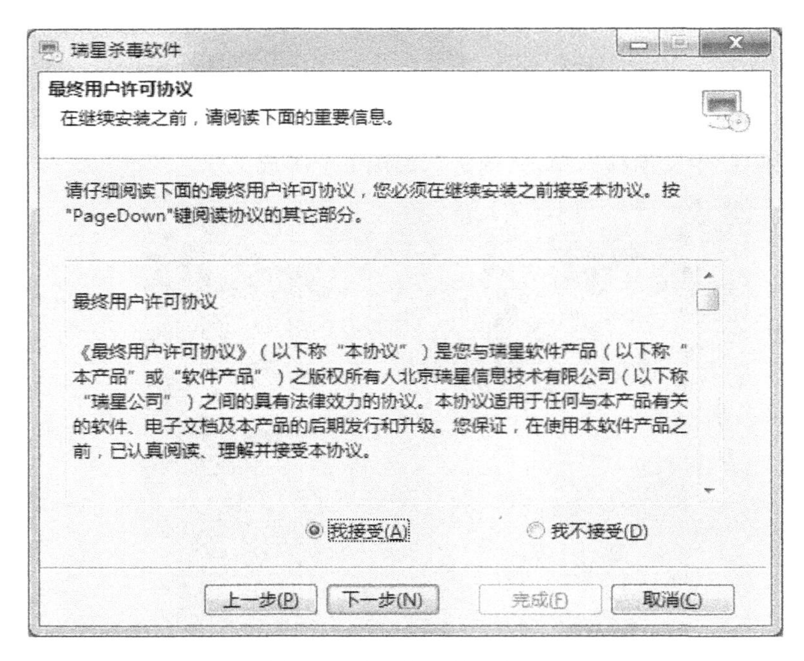

图 6-3 瑞星许可协议窗口

(4)选择需要安装的组件,单击"下一步",如图 6-4 所示。

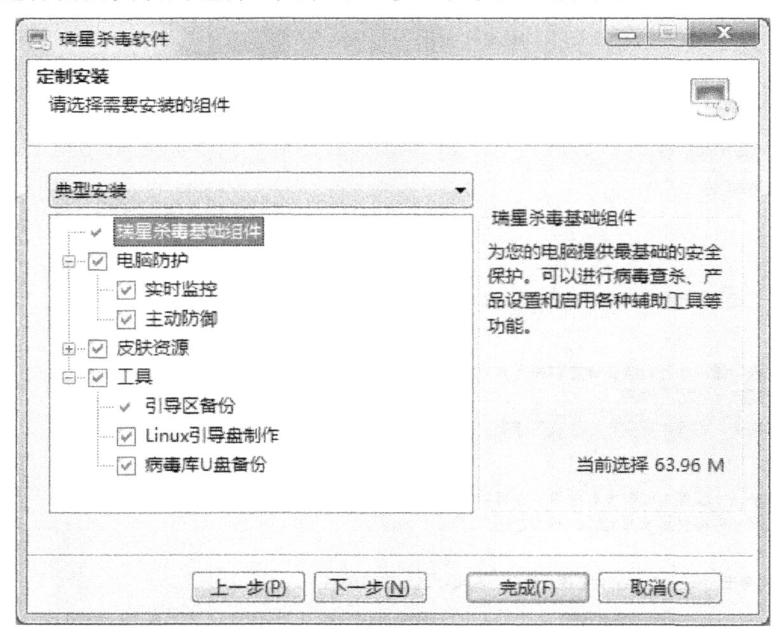

图 6-4 选择瑞星安装组件

(5)选择安装的目录,默认安装在 C:\Program Feiles\Rising\RAV 目录下,可单击"浏览"按钮,选择合适的目录后单击"下一步",如图 6-5 所示。

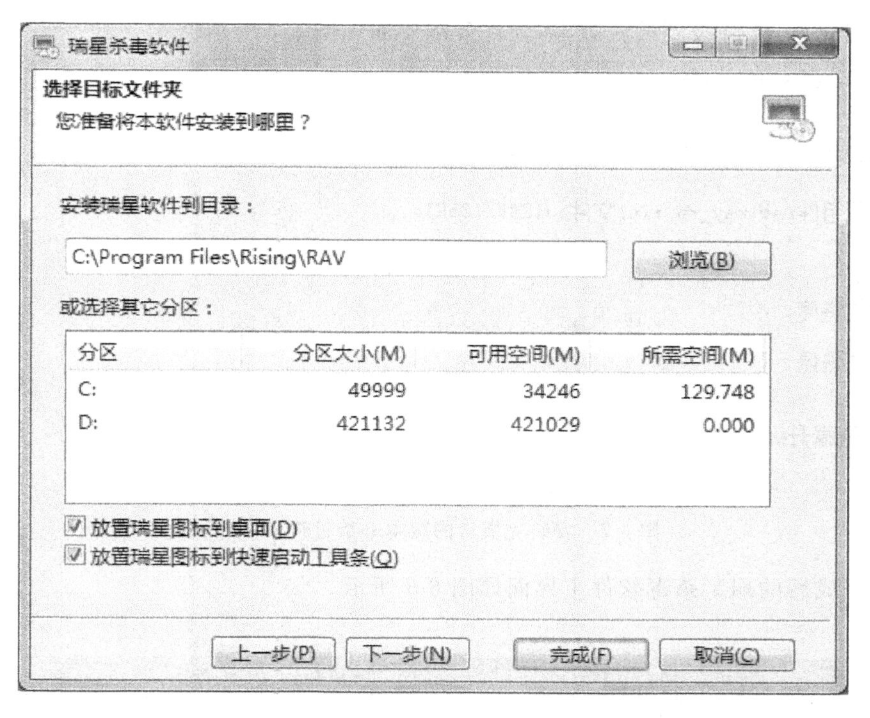

图 6-5　选择安装目录

(6)安装过程界面,单击“下一步”,如图 6-6 所示。

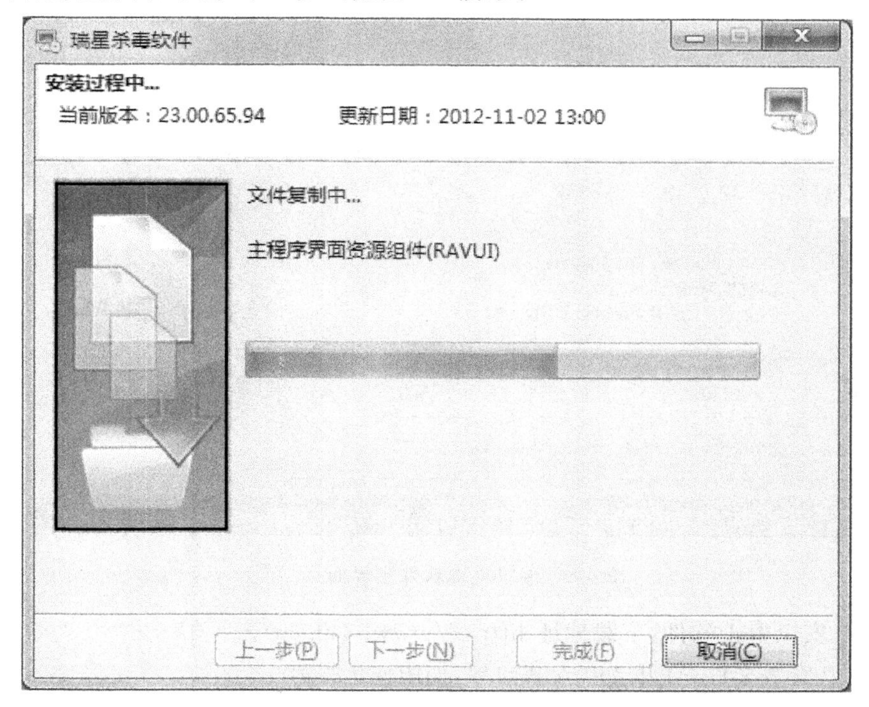

图 6-6　安装过程中

(7)安装完成后,要升级到最新版本,软件升级界面如图 6-7 所示。

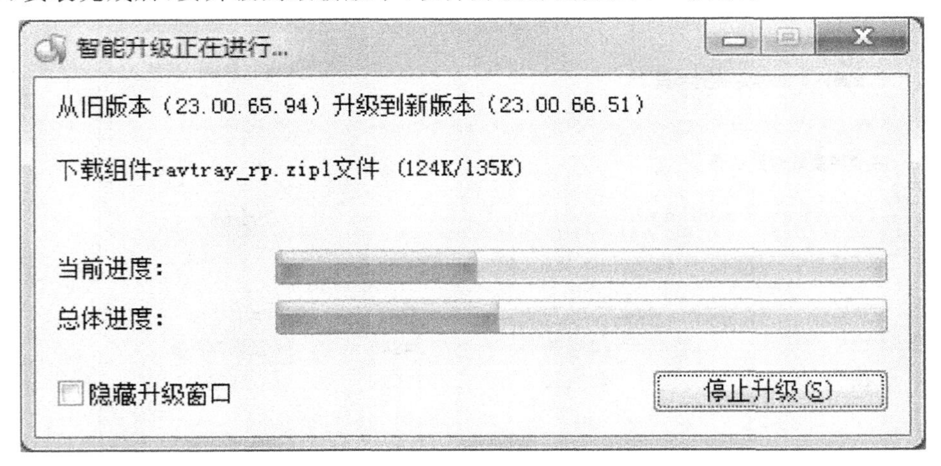

图 6-7 安装完成后的版本升级过程

(8)安装完成后的瑞星杀毒软件主界面如图 6-8 所示。

图 6-8 瑞星杀毒软件主界面

2.安装 360 安全卫士软件:下载地址 http://www.360.cn/。

(1)双击 360 安装文件,打开 360 安装向导,如图 6-9 所示。

图 6-9　360 安全卫士安装首页

(2)单击“立即安装”,安装进程如图 6-10 所示。

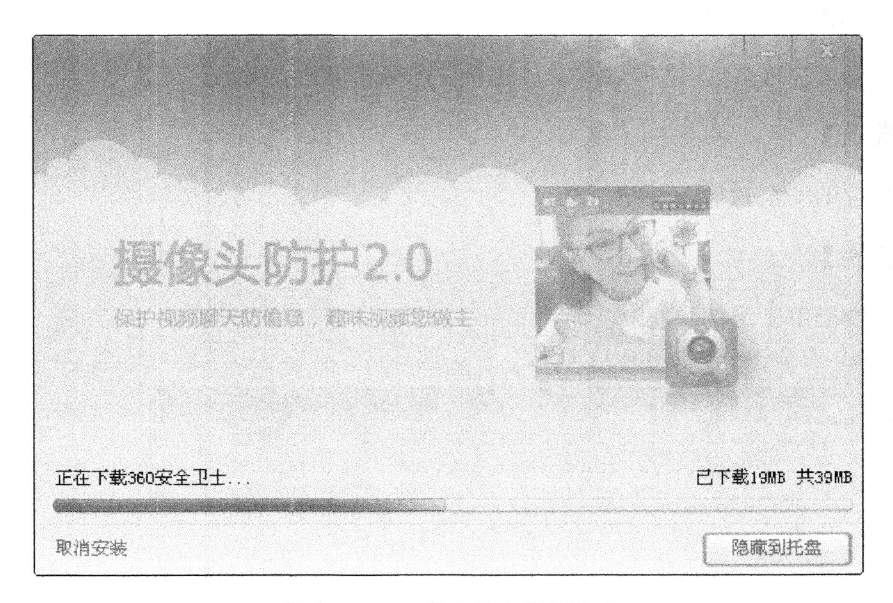

图 6-10　360 安全卫士安装进度

(3)完成安装(若需要安装 360 浏览器的请选择“安装 360 安全浏览器并设为默认”选项),如图 6-11 所示。

图 6-11　完成安装界面

任务二　设置安全软件

【实训目的】

安全软件安装完成后，需掌握对所安装的软件进行相应的设置。

【实训准备】

安装了相应的安全软件。

【实训步骤】

1. 以 360 安全卫士为例。

(1)打开 360 安全卫士，如图 6-12 所示。

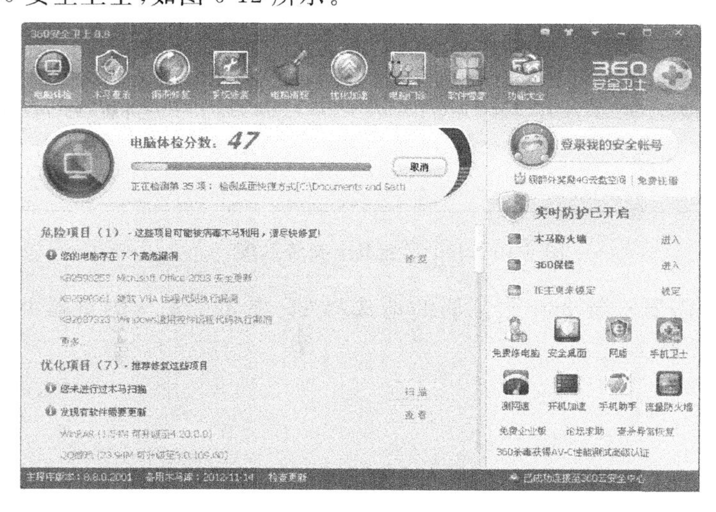

图 6-12　360 安全卫士软件首页

(2)在主界面上，单击“木马防火墙”，在界面上进行相对应的设置，如图 6-13 所示。

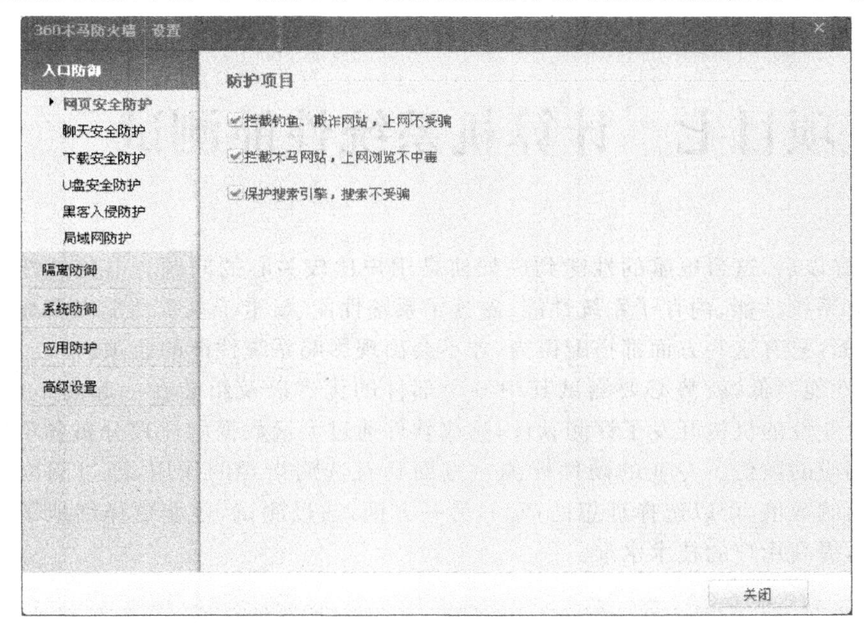

图 6-13　360 木马防火墙设置页面

(3)防护状态查看界面如图 6-14 所示。

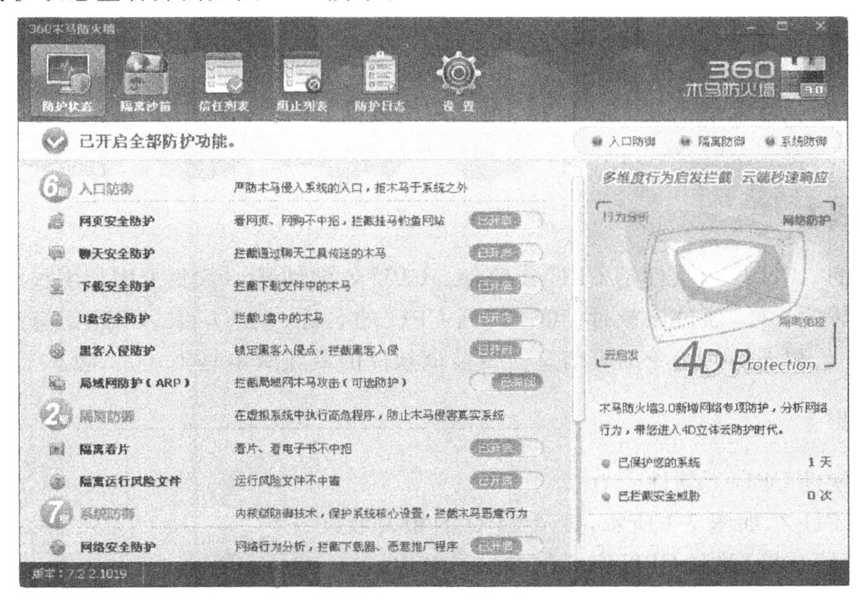

图 6-14　360 木马防火墙防护状态

【思考与练习】

1. 如何安装瑞星杀毒和 360 安全卫士？
2. 如何对上述两款软件进行设置？

项目七　计算机系统性能测试

电脑组装好以后，这台电脑的性能到底如何是用户比较关心的问题。电脑的性能主要包括 CPU 运算系统性能、内存子系统性能、磁盘子系统性能、显卡子系统性能以及显示器子系统性能等方面，只有这些方面都搭配得当，才不会出现影响系统性能的瓶颈。

要评价其性能高低，就势必要测试其中各个部件的优劣以及组装在一起的整体性能。近年来，一些专业性的机构开发了评测软件，这些软件通过大量数据的比较分析各项测试内容，进而得出相应的数值。专业的硬件评测一方面具有选购指导的作用，通过阅读评测报告，比较几方面的数值，可以选择理想的产品，另一方面，通过测试，还能更详细地了解硬件各方面的性能，提高用户的技术水准。

任务一　测试计算机 CPU 性能

【实训目的】

熟悉 CPU 相关参数的含义，熟练应用相关测试软件，并通过测试的参数，判断 CPU 的综合性能。

【实训准备】

现在常用的 CPU 检测软件是 CPU-Z 软件。CPU-Z 软件是一款集 CPU、主板、内存等信息查询为一体的软件，通过该软件，可查询到 CPU 的名称、生产厂家、CPU 运算速度、缓存大小、制造工艺和支持的指令集等信息。目前该软件的最新版本是 1.62.1 版。

【实训步骤】

安装检测软件 CPU-Z 软件。

(1)运行 CPU-Z，如图 7-1 所示，显示 CPU 的相关参数。

(2)记录检测结果，并和 CPU 官方信息进行对比。

其测试项目如下：

Processor(处理器)栏部分选项如下：

Name：CPU 的名称，如图 7-1 中所示的 CPU 名称为“Intel Core i5 2400”。

Code Name：CPU 的代号，即 CPU 的核心类型。

Package：CPU 的封装形式。

Technology：CPU 的制造工艺，如图 7-1 中显示该 CPU 的制造工艺为 32nm。

Core VID:为 CPU 提供的核心电压值。

Instructions:扩展指令集,显示了当前 CPU 所支持的多媒体扩展指令集。

Clocks(时钟)栏中部分选项的含义如下:

Core Speed:CPU 的核心速度,显示当前 CPU 的核心速度大小,如图 7-1 中显示该 CPU 的核心速度为 1597.86MHz。

Multiplier:倍频。当前 CPU 使用的倍频,如图 7-1 显示的倍频数为 16。

Bus Speed:系统前端总线频率。

Rated FSB:系统外频。

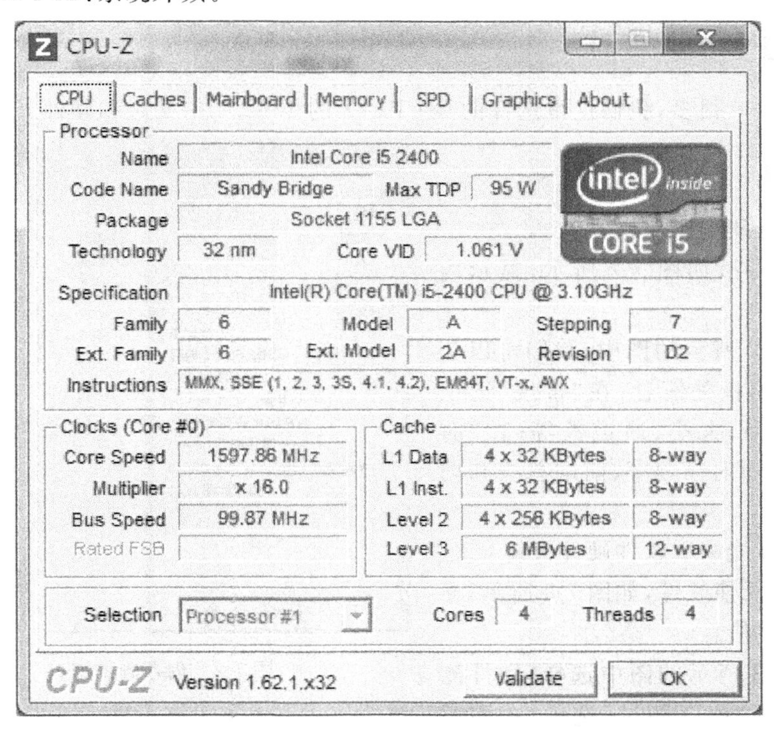

图 7-1 CPU 测试窗口

Cache(缓存)栏各选项的含义如下:

L1 Data:一级数据缓存。

L1 Trace:一级指令缓存。

Level 2:二级高速缓存。

Level 3:三级缓存。目前只有新型的 Intel CPU 采用了三级缓存。

备注:CPU 现在流行的核心数从双核过渡到现在的四核,在检测中,要观察检测结果中的 Cores(核心数)项,1 代表单核,2 代表双核,4 代表 4 核。

对于 CPU 而言,要观察 Level 2(二级高速缓存),因为二级高速缓存越高,往往代表着 CPU 的运行效率越高。

任务二　测试计算机内存性能

【实训目的】

熟悉内存性能检测的目的，一方面是为了防止购买的内存是劣质产品，另一方面是为了了解内存的实际性能和具体的性能参数。

【实训准备】

内存检测软件有很多，我们这里选择的是 CPU-Z 的 1.62.0 中文版和硬件天使 3.0 版。

【实训步骤】

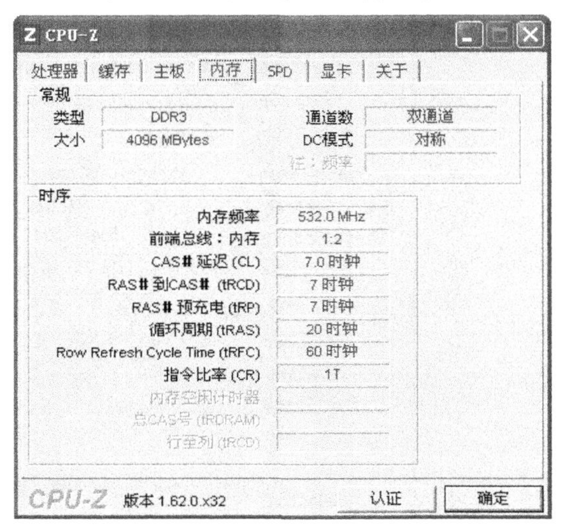

图 7-2　内存测试窗口

1. 安装内存性能测试软件 CPU-Z

（1）运行 CPU-Z，如图 7-2 所示，显示内存的相关参数。

（2）在如图 7-2 所示的图中，我们可以获得有关内存性能的相关信息，在“常规”选项卡下可获知如类型、大小、通道数等；在“时序”选项卡下可获知内存频率、前端总线和内存的比值等。

2. 安装内存性能测试软件硬件天使

（1）运行硬件天使软件，如图 7-3 所示，显示有关内存的基本信息。

（2）在如图 7-3 所示的图中选择“硬件测评”，然后可以选择“内存测试”选项，在测试之前会出现如图 7-4 所示测试确认界面。

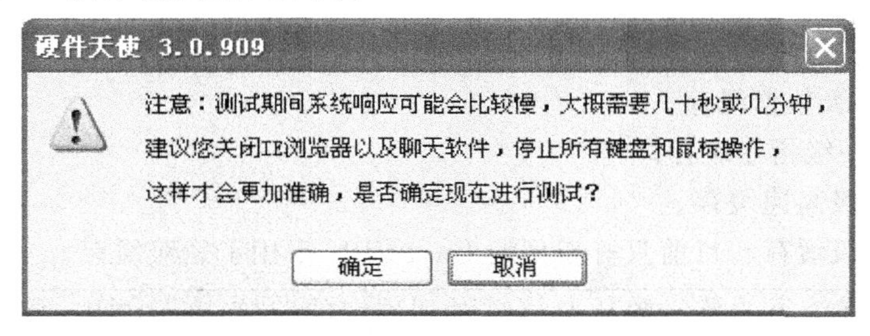

图 7-3　测试确认界面

（3）测试过程窗口如图 7-5 所示。

（4）在如图 7-6 所示界面上显示最终的测试结果。

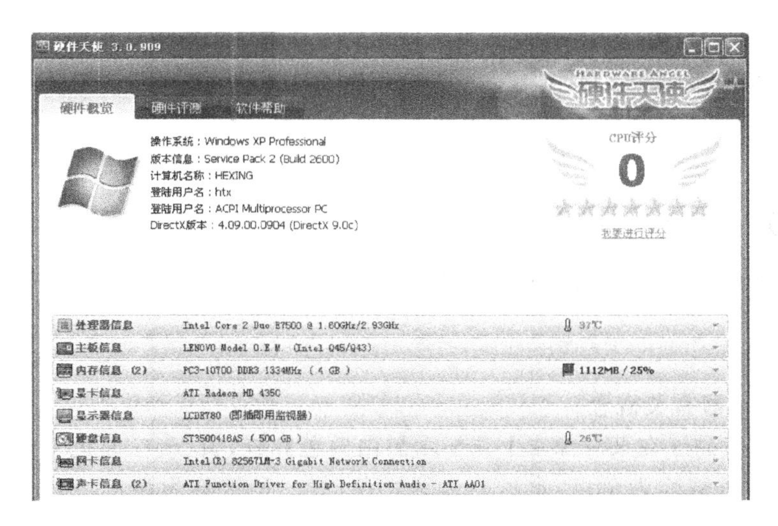

图 7-4 硬件天使主界面

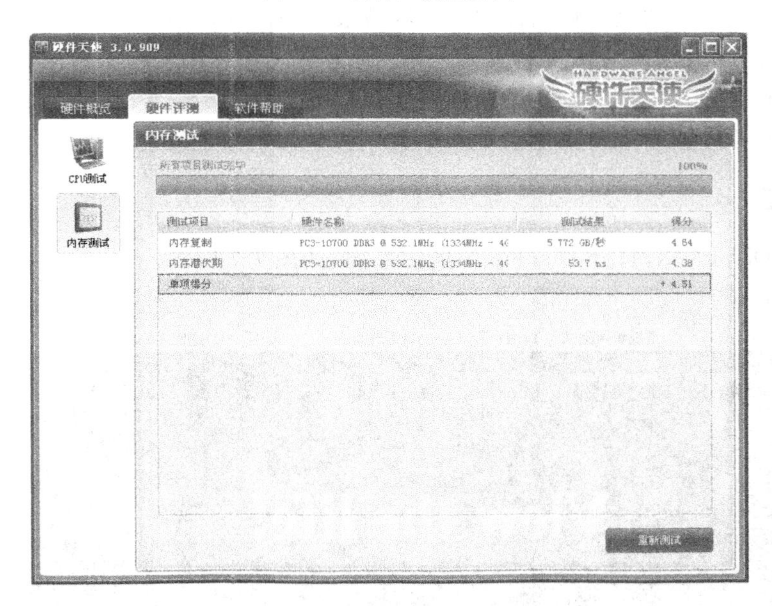

图 7-5 测试过程窗口

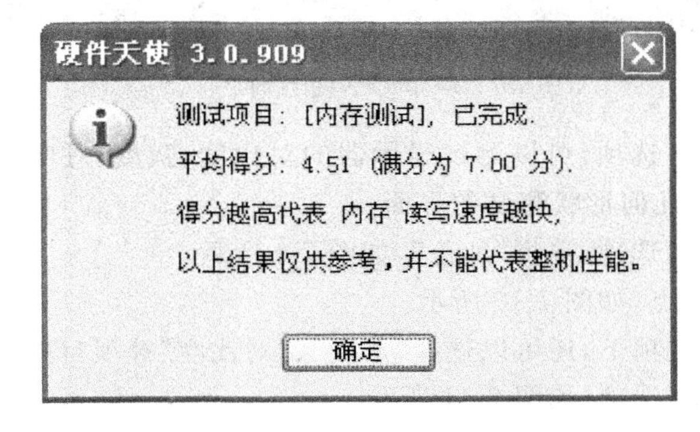

图 7-6 内存测试结果窗口

任务三　检测计算机显示器性能

【实训目的】

熟悉显示器检测的常用软件，掌握其对比度、延迟等参数。

【实训准备】

1. 了解有关显示器有关概念

(1)LED 坏点：液晶屏在某一像素上只显示黑白两色和红、黄、蓝三原色下的一种颜色。坏点主要有两种：一种被称为暗点，永远只显示黑色；另一种被称为亮点，永远只显示一种亮色。

(2)对比度：对比度指的是一幅图像中明暗区域最亮的白和最暗的黑之间不同亮度层级的测量值，差异范围越大代表对比度越大，差异范围越小代表对比度越小。对比度越高，越能表现丰富的色彩。

2. 显示器检测软件我们这里选择的是 Display-X 显示屏测试精灵。

【实训步骤】

1. 双击打开 Display-X，打开 Display-X 的主界面，如图 7-7 所示。

图 7-7　Display-X 主界面

2. 单击"常规完全测试"选项，可以测试显示器的对比度、灰度、呼吸效应、几何形状、色彩、纯色、交错等，图 7-8 是几何形状测试的界面。

3. 单击"常规单项测试"选项，选择"纯色"，如图 7-9 所示。

4. 主要对 LCD 检测坏点，如图 7-10 所示。

5. 在"常规单项测试"选项下，还可以选择"灰度"、"对比度"等项目进行测试。

6. 单击"延迟时间测试"选项，如图 7-11 所示。

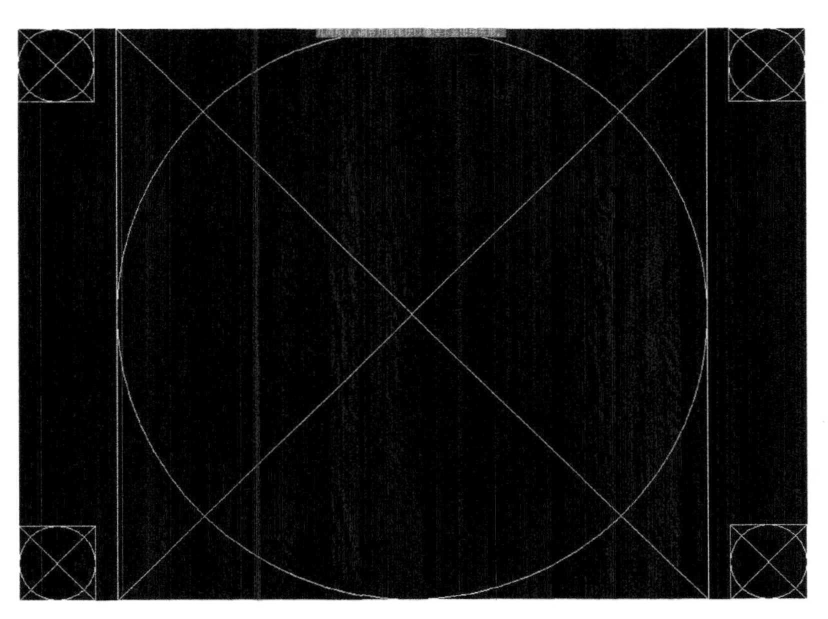

图 7-8　几何形状测试的界面

图 7-9　选择纯色界面

图 7-10　坏点测试界面

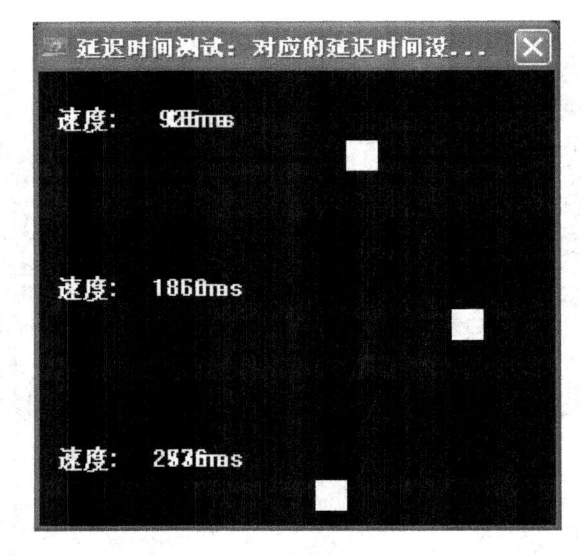

图 7-11　延迟测试界面

任务四　检测计算机显卡性能

【实训目的】

显卡是计算机中重要部件，特别是很多大型游戏和专业影像制图工作者对显卡性能要求较高，熟悉显卡检测的常用软件，并熟练掌握各种设置。

【实训准备】

了解显卡测试软件 3DMARK06：

3DMARK06 是一款对计算机负责运算和视觉特效的综合测试软件，主要是对机器的显卡、CPU，以及整机综合性能的全面直观测试。所显示的分数也主要与机器的 CPU 和显卡性能相关联。由于显示器只是一个负责计算机显示输出的设备，并不参与整机的运算过程，故对 3DMARK 没有任何关联。

【实训步骤】

1. 双击 3DMARK06 运行文件，打开 3DMARK06 的主界面，如图 7-12 所示。

2. CPU Test 主要是对 CPU 进行测试，将所有显卡的工作交给 CPU，图像完全由 CPU 实时计算生成；Features Test 主要是对显卡的显示特性进行测试，包括“物理填充测试”、“像素渲染测试”等，如图 7-13 所示。

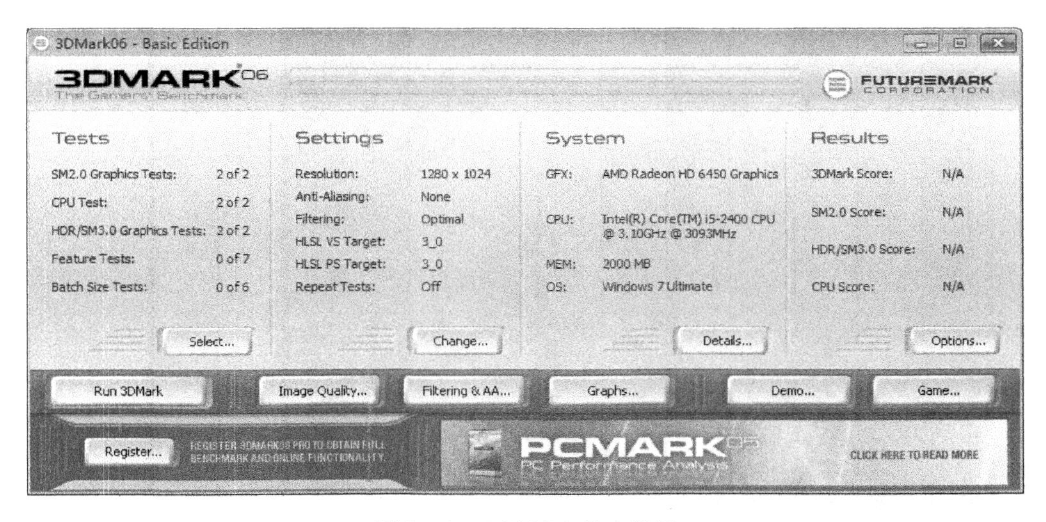

图 7-12　3DMARK 的主界面

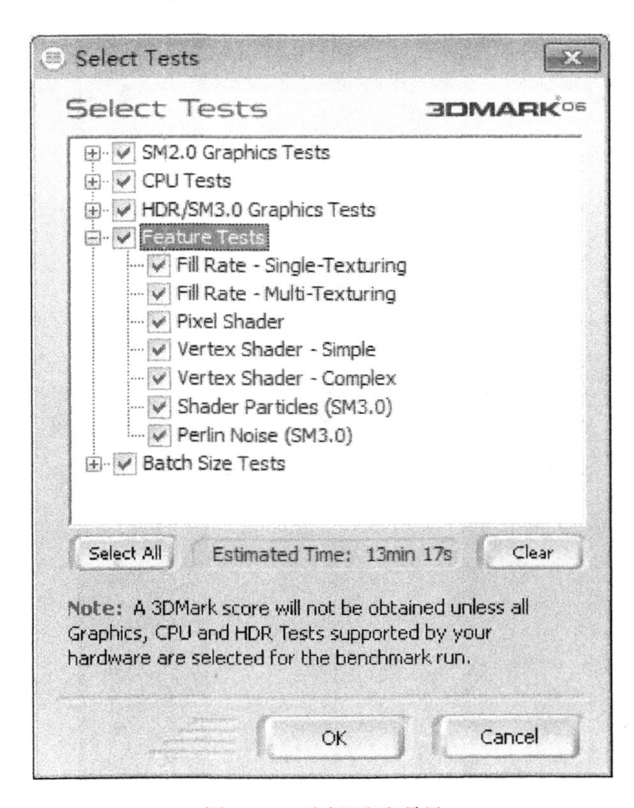

图 7-13　选择测试项目

3. 3DMARK 主要通过游戏来测试显卡的性能，测试时，在游戏的下方可通过实时显示的帧率来了解显卡的运行状态。单击主界面中的“Run 3DMark”，开始测试，如图 7-14、图 7-15 所示。

图 7-14　游戏测试界面

图 7-15　特性测试界面

备注:显卡的得分和CPU的强弱、内存大小、内存种类有很大的关系。此外,显卡的超频和驱动程序版本对测试分数的影响也比较大,显卡的得分是一个综合的性能体现。

任务五 检测计算机的整体性能

【实训目的】

熟悉计算机综合性能的测试情况，掌握测试软件的使用。

【实训准备】

整机综合性能测试软件 PCMARK05：

1. PCMARK05 将整个测试划分为 5 个项目，即综合性能测试、CPU 子系统、内存子系统、图形子系统和硬盘子系统，每个测试项目又包含多项测试项目。

2. PCMARK 主界面分成 3 个区域，分别是："Tests"区域，选择测试的项目；"System"区域，硬件的相关信息在这个区域显示；"Results"区域，测试的最终结果呈现的区域。

【实训步骤】

1. 双击 PCMARK05，打开 PCMARK05 的主界面，如图 7-16 所示。

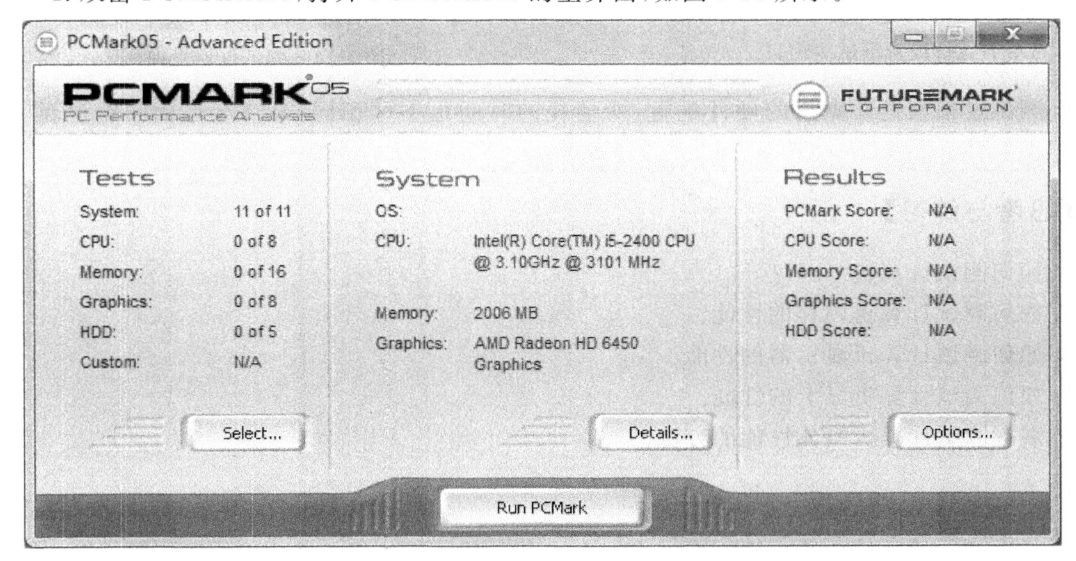

图 7-16 PCMARK05 的主界面

2. 单击 Tests 区的"Select"，可以设置测试项目，单击 "OK"，如图 7-17 所示。

3. 选择好测试项目后，单击主界面的"Run PCMark"可以开始测试，如图 7-18 所示。

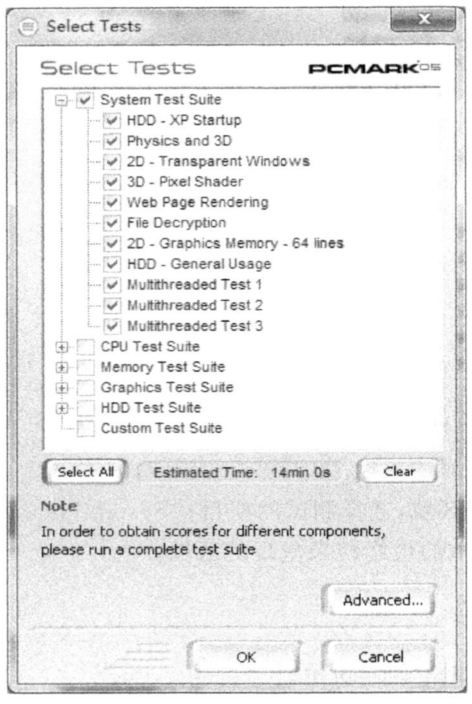

图 7-17　设置测试的项目

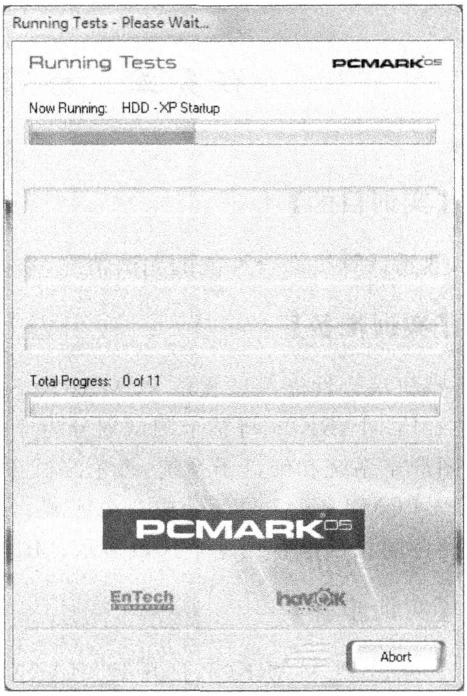

图 7-18　测试过程界面

4. 测试过程根据计算机的硬件配置，所消耗的时间也不尽相同，最终会返回一个测试结果。

【思考与练习】

1. 如何测试计算机 CPU?
2. 如何测试计算机内存的性能?
3. 如何测试计算机显示器的性能?
4. 如何测试计算机显卡的性能?
5. 掌握测试计算机整体性能的方法。

项目八 计算机系统的备份与恢复

任务一 Windows 7 系统的备份与还原

电脑的操作离不开操作系统，只有操作系统正常运行，用户才能使用电脑进行正常的工作和娱乐。但是有的时候，操作系统也是非常脆弱的，对于普通用户来讲，操作系统一旦不能正常使用，通常解决的办法就是重装系统，但是随之而来的问题是，之前安装过的应用软件、存储在系统分区的文件，就都找不回来了。

Windows 7 操作系统中有个功能叫做系统还原，系统还原能够帮助用户在操作系统出现故障不能稳定运行的时候还原到相对稳定的状态，当然前提是必须开启此功能并设置过备份。在默认的情况下，Windows7 都是开启了系统还原功能的。

一、使用 Windows 7 的系统备份功能

【实训目的】

掌握使用 Windows 7"系统备份"功能备份操作系统的方法。

【实训准备】

1. Windows 7 系统还原的开启与关闭

单击"开始"，在"计算机"上右键单击，选择"系统属性"→"系统保护"→"配置"。一般情况下，系统还原都是默认开启第一项"还原系统设置和以前版本的文件"。

2. 还原点

还原点表示计算机系统文件的存储状态。Windows 7 的系统还原功能会按特定的时间间隔创建还原点，还会在检测到计算机开始变化时创建还原点，用户也可以手动创建系统还原点。

3. 系统映像

系统映像是驱动器的精确副本，默认情况下，系统映像包含 Windows 运行所需的驱动器，还包含 Windows 系统设置、程序及文件。如果硬盘或计算机无法工作，则可以使用系统映像来还原计算机的内容。从系统映像还原计算机时，将进行完整还原，即当前的所有程序、系统设置和文件都将被系统映像中的相应内容替换。

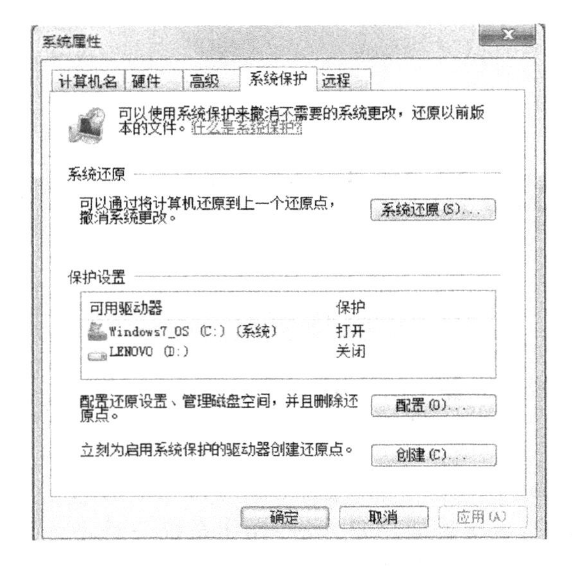

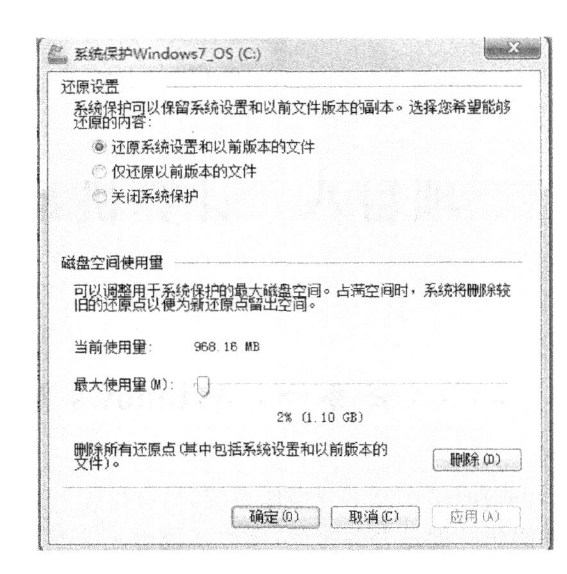

图 8-1　系统属性界面　　　　图 8-2　系统保护界面

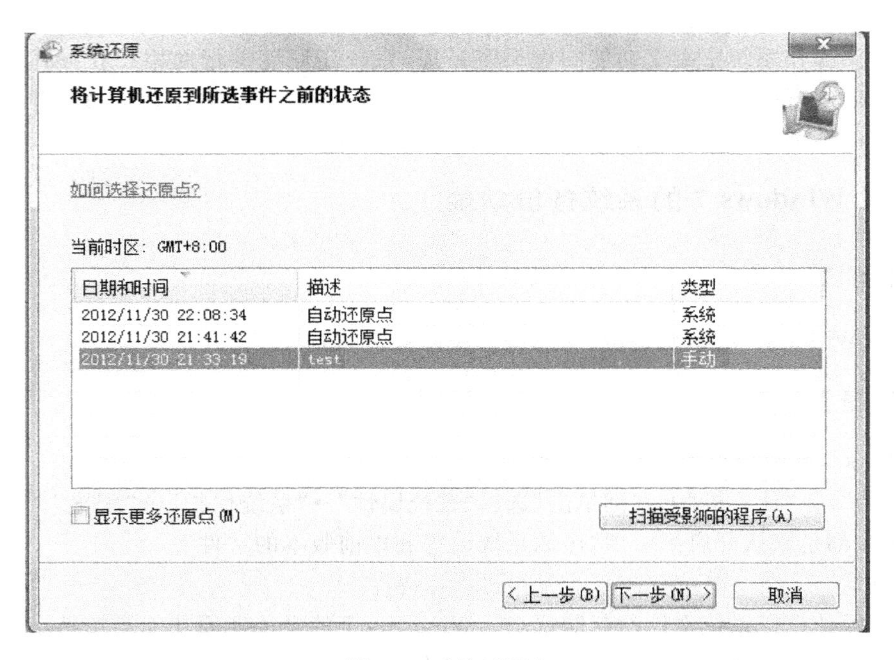

图 8-3　系统还原点

【实训步骤】

1. 创建还原点

Windows 7 的系统还原功能可以定期或不定期地创建系统还原点，也可以通过手动的方式创建系统还原点（图 8-4、图 8-5）。手动创建还原点的方式如下：右键单击“计算机”→“系统属性”→“系统保护”→“创建还原点”，输入还原点名称，点击创建即可。

图 8-4 创建还原点

图 8-5 成功创建还原点

注意：创建还原点会占用一定的C盘空间，建议不定期地清理不需要的还原点，只留下最近一次创建的还原点，从而降低系统分区的空间占用。这一操作可以通过C盘右键“属性”→“磁盘清理”→“其他选项”→“清理系统还原和卷影复制”完成，如图8-6、图8-7、图8-8所示。

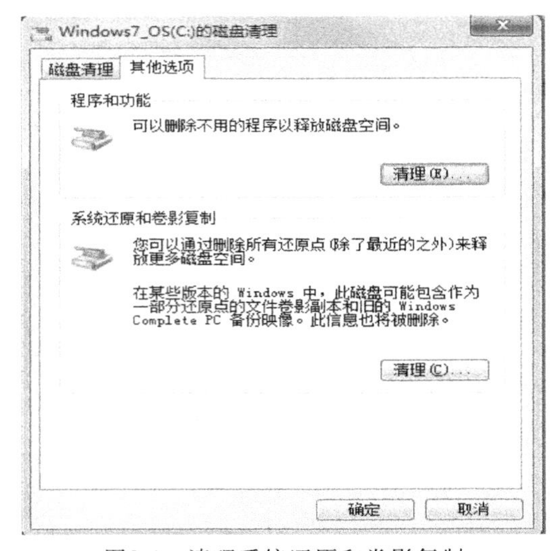

图8-6　清理系统还原和卷影复制

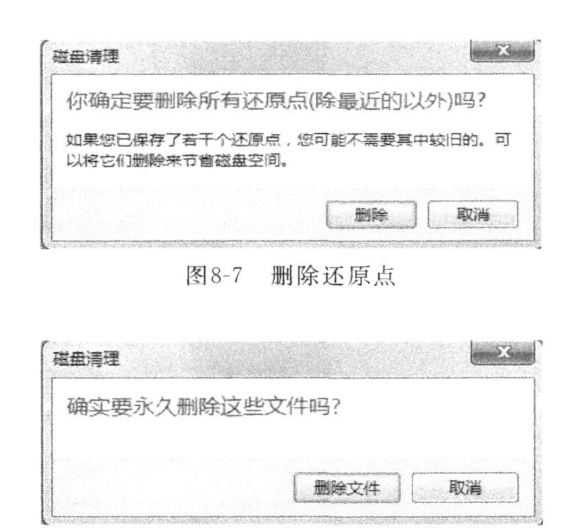

图8-7　删除还原点

图8-8　确认删除

2. 创建系统映像

Windows 7 会通过此功能引导我们保存一份运行驱动器副本，建议把系统映像保存在另外一块移动硬盘上。根据系统文件大小的不同，创建系统映像所需要的时间也不相同。

具体步骤：单击"计算机"→"控制面板"→"系统与安全"→"备份与还原"选项，单击左侧控制面板主页下的"创建系统映像"，如图 8-9 所示。

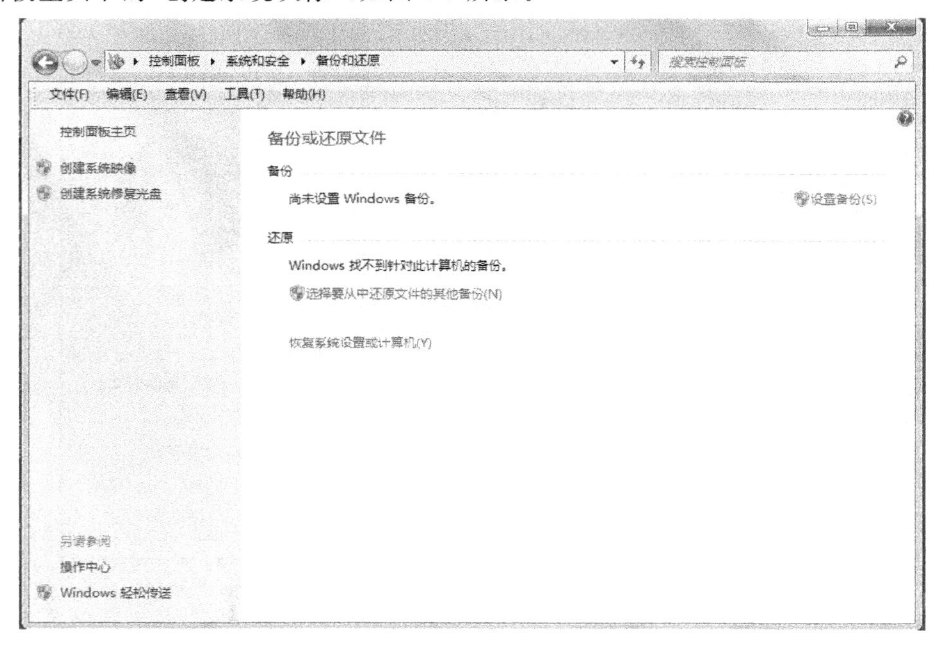

图 8-9　选择创建系统映像

选择系统映像的保存位置，如果选择本地硬盘，系统会提示"选定驱动器位于要备份的同一物理磁盘上。如果此磁盘出现故障，将丢失备份。"，建议此时插入移动硬盘，将系统映像直接备份在外置的移动硬盘里(图 8-10)。单击"下一步"，系统开始创建映像文件(图 8-

11)，创建成功后会提示“是否要创建系统修复光盘？”(图 8-12)，如果计算机带有 DVD 刻录机，有空白的 DVD 刻录盘片，此处可选择“是”，我们在此处单击“否”。

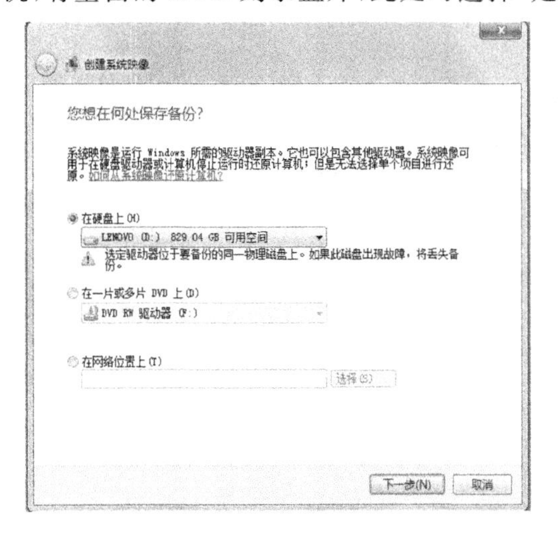

图 8-10 选择备份保存位置

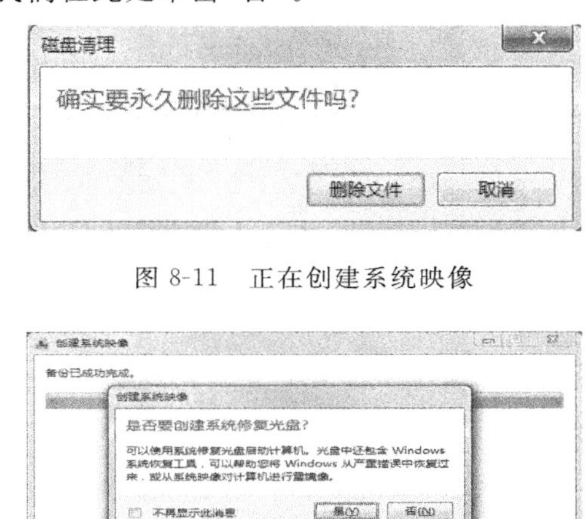

图 8-11 正在创建系统映像

图 8-12 创建系统映像创建成功

3. 设置备份

(1)创建系统映像后我们还可以设置备份，仍然建议将备份保存在单独的移动硬盘上(图 8-13)。

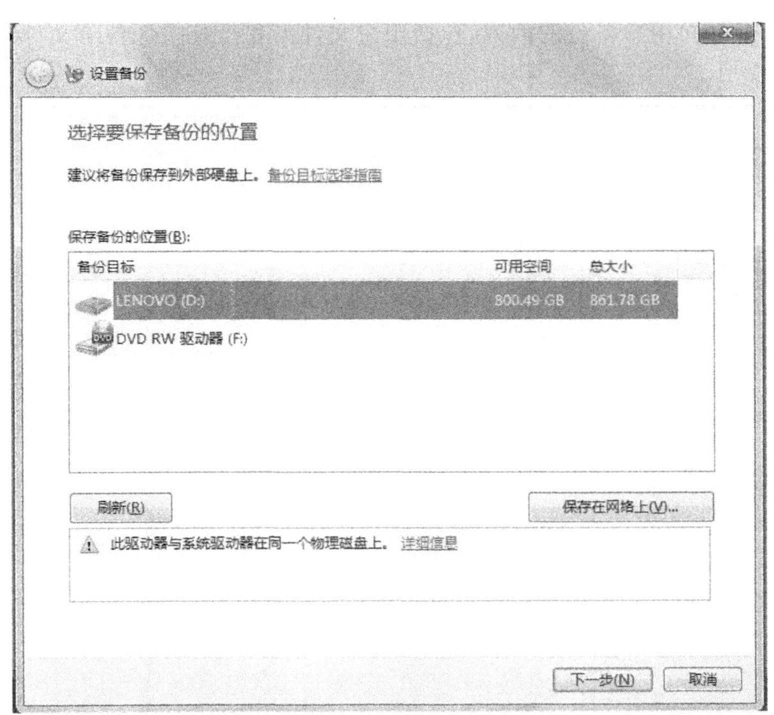

图 8-13 选择要保存备份的位置

(2)选择“让 Windows 选择(推荐)”备份内容(图 8-14)。

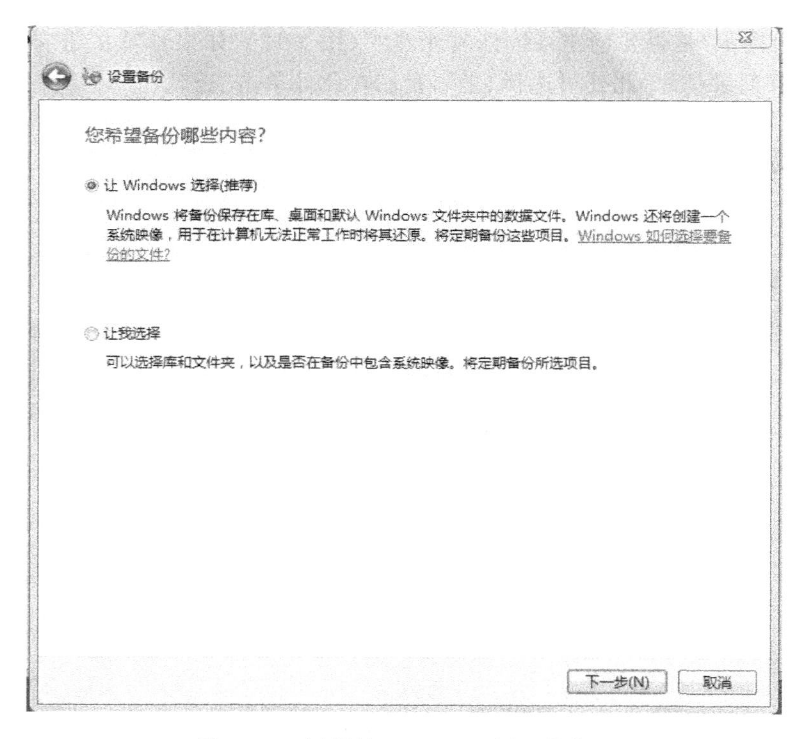

图 8-14　选择"让 Windows 选择(推荐)"

(3)Windows 会告知用户备份的内容，包括用户文件夹和系统映像备份文件(图 8-15)。

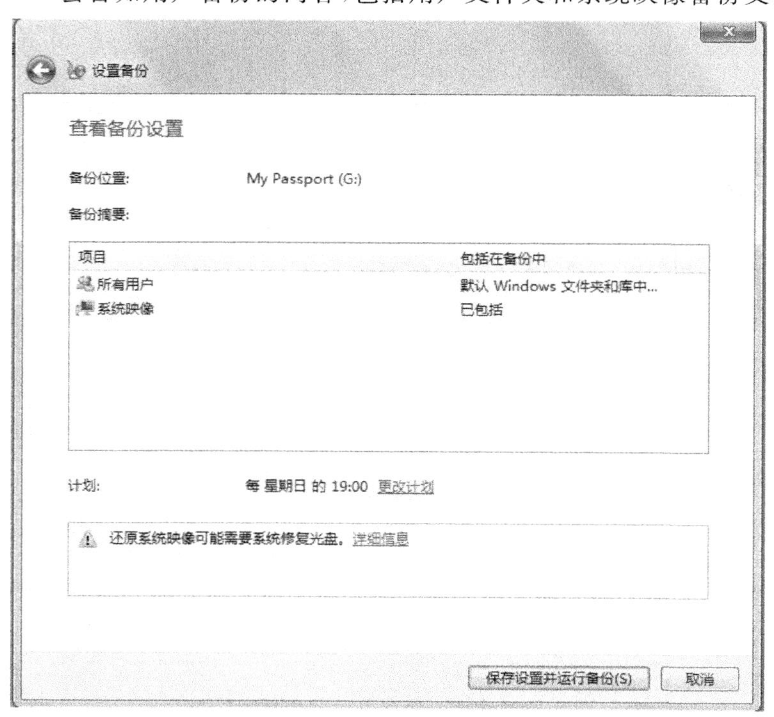

图 8-15　显示备份位置与内容

(4)系统开始备份(图 8-16),完成后会在目标磁盘上生成“WindowsImageBackup”和“QH-PC”两个文件夹,后一个文件夹保存的是用户的数据文件。

图 8-16 正在进行备份

总结:创建系统映像仅仅能恢复系统至正常状态,而设置备份还可以恢复用户文件,比如保存在桌面上的文档、程序等等(图 8-17)。Windows 7 提供的系统还原功能,都是基于还原点、映像以及之前设置的备份进行的。

名称	修改日期	类型	大小
MediaID.bin	2012/11/30 22:10	BIN 文件	1 KB
QH-PC	2012/11/30 22:11	文件夹	
WindowsImageBackup	2012/11/30 21:42	文件夹	
360Downloads	2012/11/30 10:02	文件夹	
Media	2012/11/23 16:39	文件夹	
Program Files	2012/11/23 16:39	文件夹	
MyDrivers	2012/11/18 16:58	文件夹	
Program Files (x86)	2012/10/6 10:41	文件夹	
Soft	2012/7/28 23:56	文件夹	
drivers	2012/7/14 19:28	文件夹	
Application	2012/7/14 19:27	文件夹	

图 8-17 设置备份生成的文件夹

二、使用 Windows 7 的系统还原功能

【实训目的】

掌握使用 Windows 7“系统还原”功能还原操作系统的方法。

【实训准备】

Windows 7 系统开启系统保护、创建系统映像以及设置备份之后，可以通过系统还原的功能来还原操作系统和用户文件。

【实训步骤】

1.通过还原点还原

(1)右击“计算机”→“系统属性”→“系统保护”，单击“系统还原”，单击“下一步”(图 8-18)。

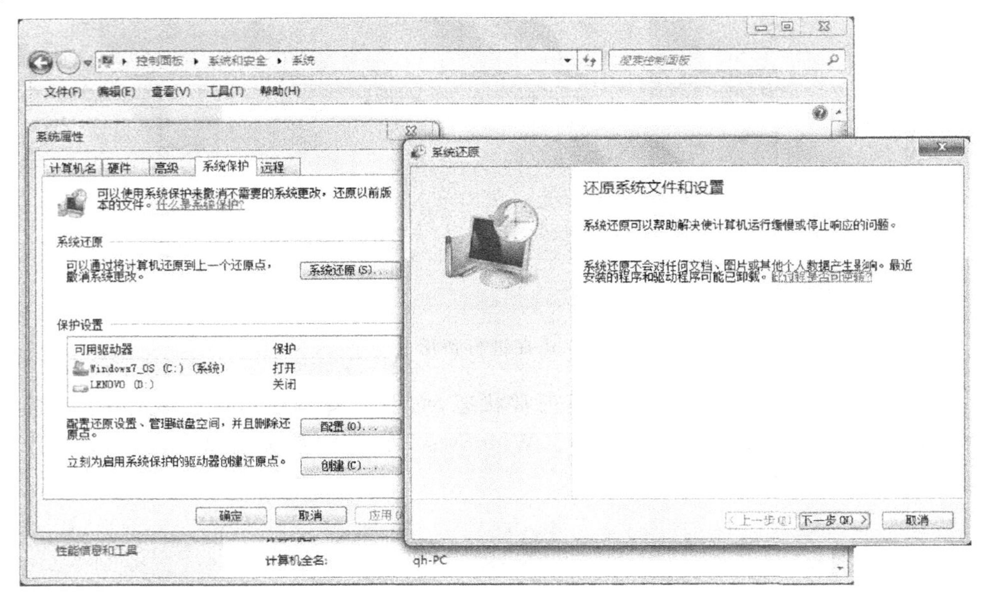

图 8-18　启动系统还原

(2)选择并确认还原点(图 8-19、图 8-20)。

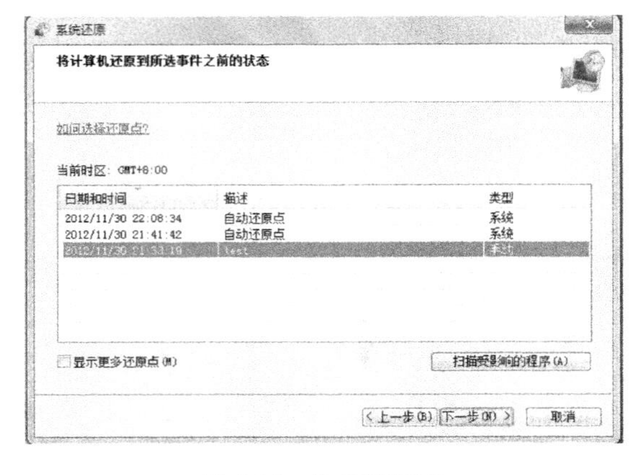

图 8-19　选择还原点

图 8-20　确认还原点

(3)单击“是”确认还原操作，启动后系统还原不能中断，如图 8-21 所示。

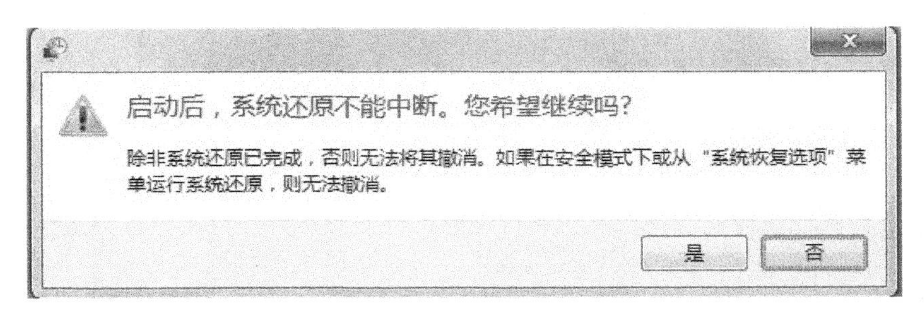

图 8-21 确认系统还原操作

(4)确认系统还原后电脑会重新启动,完成后会有“系统还原已成功完成”的提示。

(5)此外,Windows 还提供撤销还原的功能,实际上是在进行还原之前先创建一个还原点,比如我们进行还原后 Office 不可用了,通过撤销还原,就能够恢复到还原之前安装了 Office 的状态,操作与进行还原一致(图 8-22)。

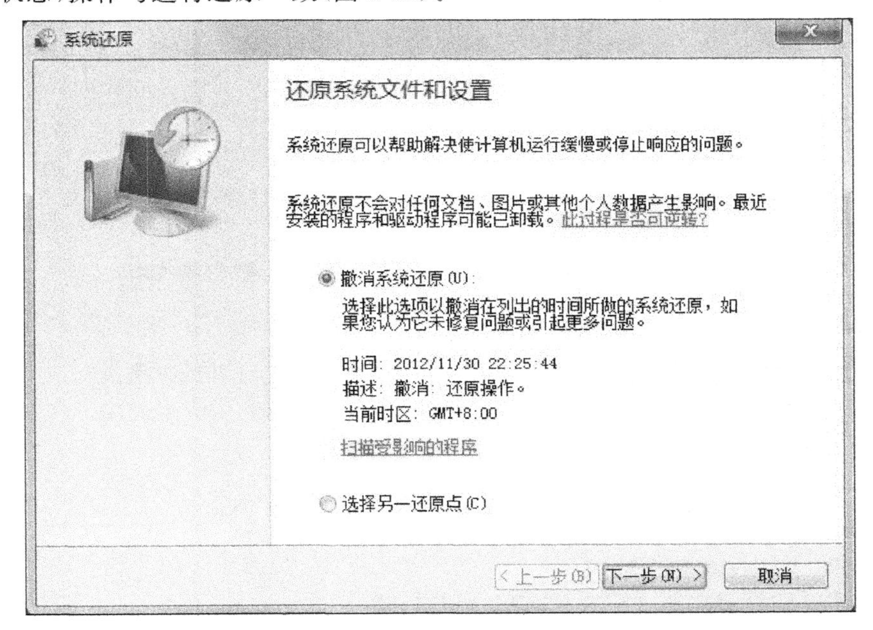

图 8-22 撤销系统还原

2. 通过备份文件进行还原

(1)首先连接好保存备份的移动硬盘,然后打开“控制面板”→“系统和安全”→“备份和还原”选项,在此界面可以看到系统之前创建的备份(图 8-23)。

(2)单击“恢复系统设置或计算机”,出现“将此计算机还原到一个较早的时间点”界面(图 8-24)。若单击“打开系统还原”按钮,系统跳转至上述通过还原点还原界面。此处单击“高级恢复方法”。

(3)出现“选择一个高级恢复方法”界面,在此界面上有两个选项,“使用之前创建的系统映像恢复计算机”和“重新安装 Windows(需要 Windows 安装光盘)”,如图 8-25 所示,因为之前我们创建过系统映像,所以这里选择第一项。

控制面板 ▸ 系统和安全 ▸ 备份和还原
文件(F) 编辑(E) 查看(V) 工具(T) 帮助(H)
控制面板主页
禁用计划
创建系统映像
创建系统修复光盘
备份或还原文件
备份
位置:
My Passport (G:)
327.85 GB 可用，共 465.11 GB
备份大小: 26.04 GB
管理空间(M)
立即备份(B)
下一次备份:
2012/12/2 19:00
上一次备份:
2012/11/30 23:01
内容:
库中的文件和所有用户的个人文件夹 和 系统映像
计划:
每 星期日 的 19:00
更改设置(C)
还原
可以还原在当前位置备份的文件。
还原我的文件(R)
还原所有用户的文件(A)
选择要从中还原文件的其他备份(N)
恢复系统设置或计算机(Y)
另请参阅
操作中心
Windows 轻松传送

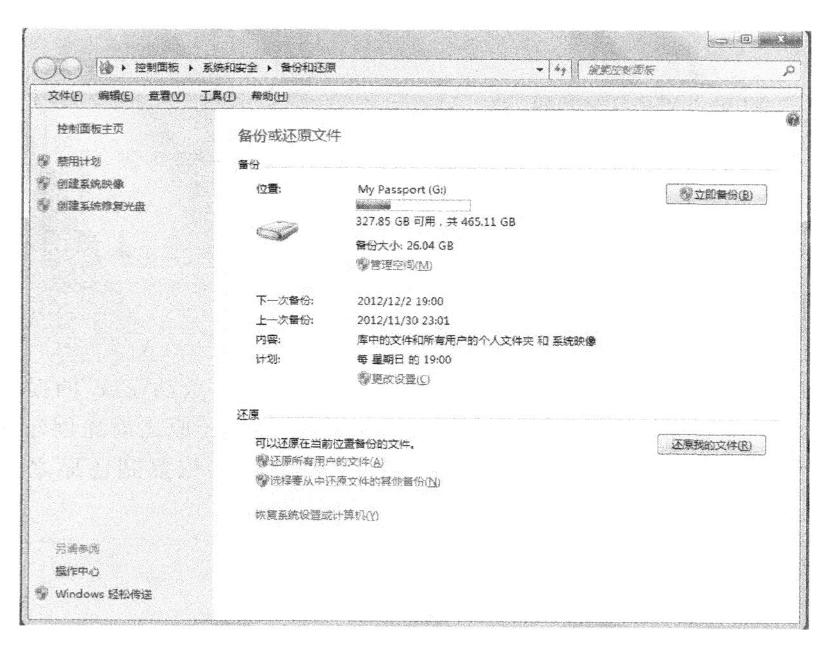

图 8-23 备份或还原界面

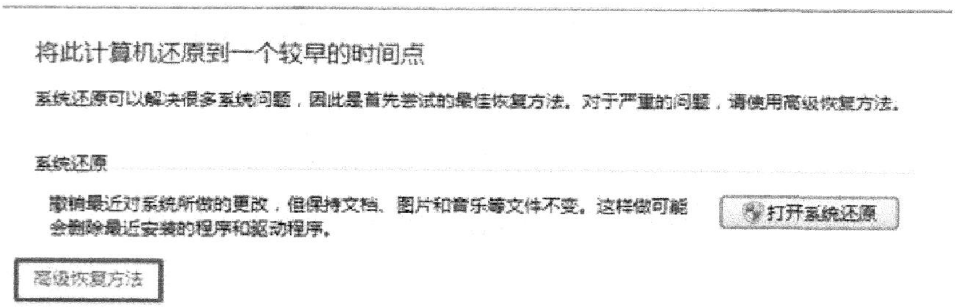

将此计算机还原到一个较早的时间点
系统还原可以解决很多系统问题，因此是首先尝试的最佳恢复方法。对于严重的问题，请使用高级恢复方法。
系统还原
撤销最近对系统所做的更改，但保持文档、图片和音乐等文件不变。这样做可能会删除最近安装的程序和驱动程序。
打开系统还原
高级恢复方法

图 8-24 “将此计算机还原到一个较早的时间点”界面

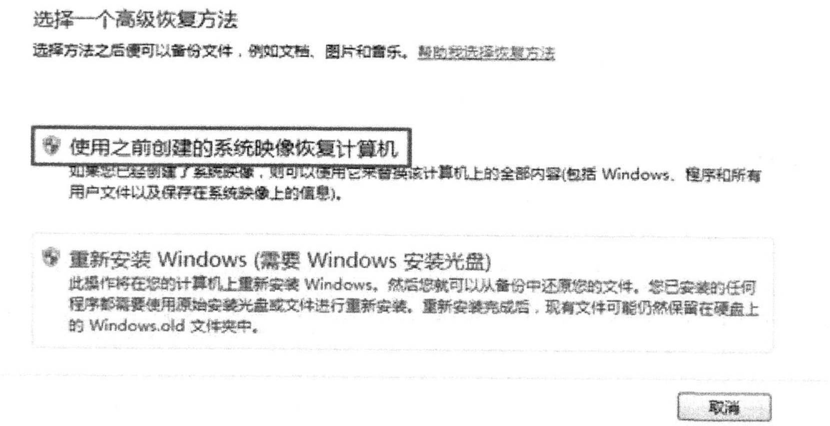

选择一个高级恢复方法
选择方法之后便可以备份文件，例如文档、图片和音乐。帮助我选择恢复方法
使用之前创建的系统映像恢复计算机
如果您已经创建了系统映像，则可以使用它来替换该计算机上的全部内容(包括 Windows、程序和所有用户文件以及保存在系统映像上的信息)。
重新安装 Windows (需要 Windows 安装光盘)
此操作将在您的计算机上重新安装 Windows。然后您就可以从备份中还原您的文件。您已安装的任何程序都需要使用原始安装光盘或文件进行重新安装。重新安装完成后，现有文件可能仍然保留在硬盘上的 Windows.old 文件夹中。
取消

图 8-25 选择恢复方法

(4)系统会提醒是否要备份文件(图 8-26),如果备份的话可将重要数据备份至移动硬盘、光盘或 U 盘上,如果不需要备份可单击“跳过”按钮。

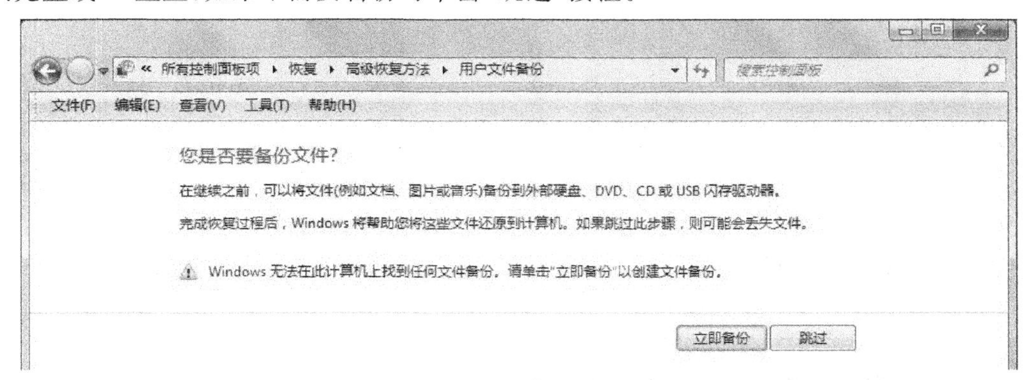

图 8-26 提醒备份文件界面

(5)在此界面单击“重新启动”,重启计算机开始还原(图 8-27)。

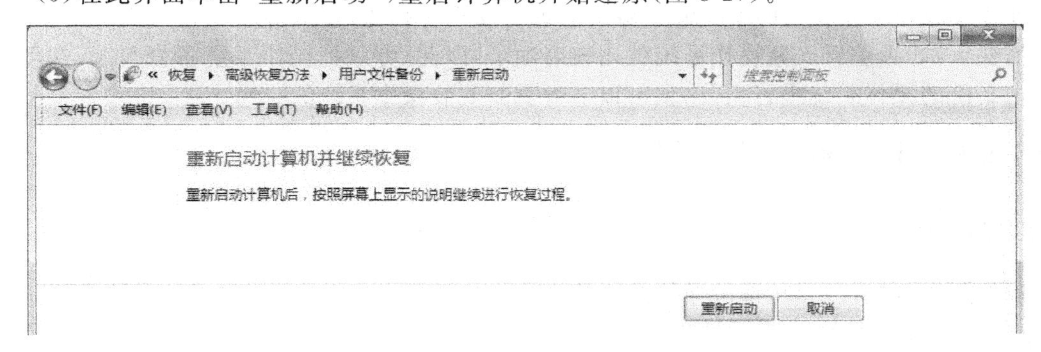

图 8-27 重新启动并恢复系统界面

(6)重启后根据提示选择键盘输入方法(图 8-28)、最新的系统可用镜像(图 8-29)、选择其他的还原方式(图 8-30)、要还原的驱动器、对系统进行重镜像等选项。

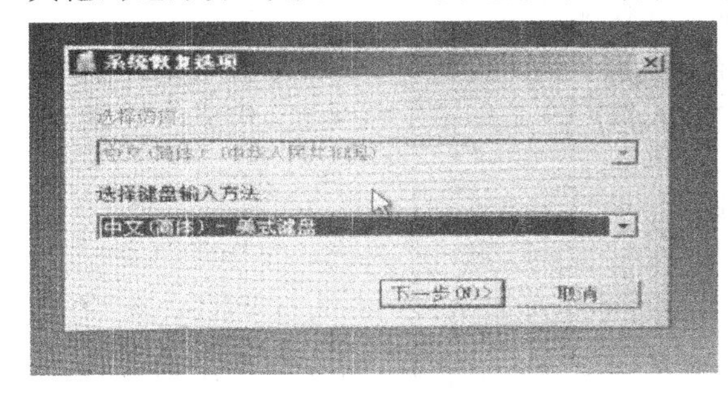

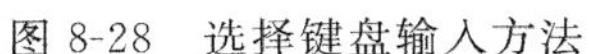
图 8-28 选择键盘输入方法

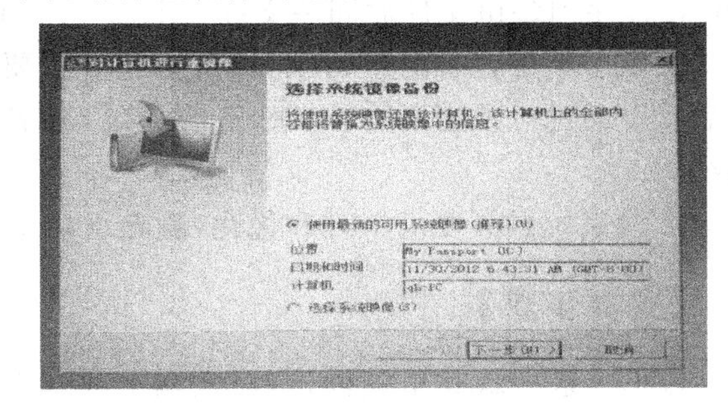

图 8-29 选择系统镜像备份

(7)单击完成后,Windows 的系统还原会自动运行,根据备份的大小耗时不同,一般等待十几分钟即可完成。此时系统会倒计时 60 秒自动重启,用户可以选择立即重启,进入到桌面后,系统会提示还原成功。

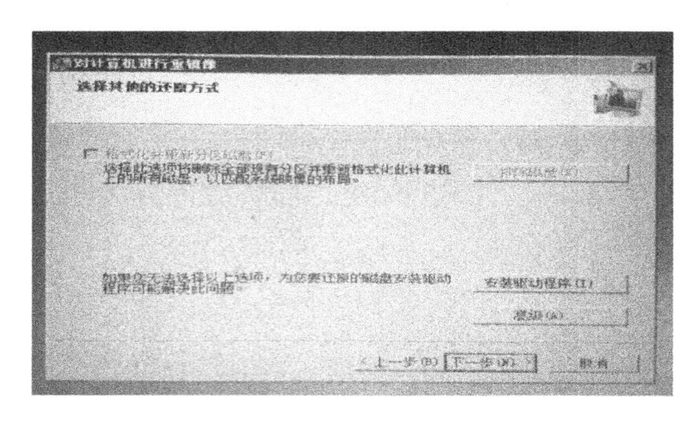

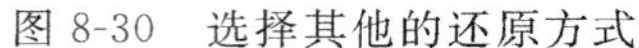
图 8-30 选择其他的还原方式

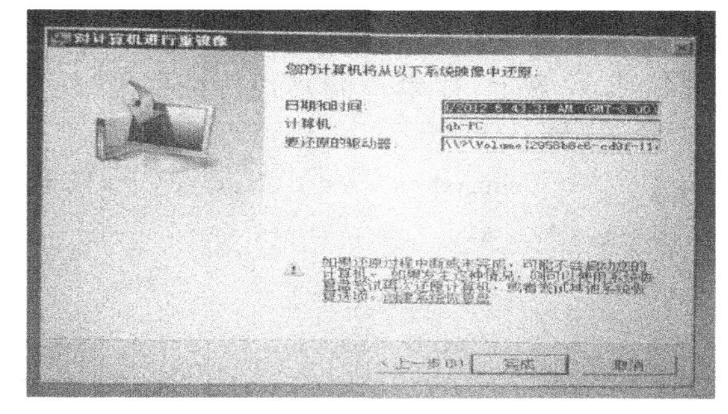

图 8-31 对计算机进行重镜像

任务二 使用 Ghost 备份与恢复系统

在使用计算机时，由于使用不当、软件冲突或遭受病毒的攻击等，经常会造成系统崩溃，在这种情况下，如果重新安装操作系统就比较麻烦了，因此，可以把操作系统备份起来，在需要时再把备份的操作系统进行恢复，就可以节省重新安装操作系统的时间。

一、使用 Ghost 备份操作系统

【实训目的】

掌握使用 Norton Ghost 备份操作系统的方法。

【实训准备】

系统安装好以后，对系统进行及时备份，以后恢复时很快即可恢复到备份的干净系统。

1. 下载 Ghost 程序，解包到非系统盘，建一个文件夹，比如在 E 盘建立文件夹 Ghost，把 Ghost 程序和备份文件放同一文件夹下面，以便将来寻找和操作。

2. Ghost 是著名的备份工具，备份系统盘要在 DOS 下操作，简便的办法是安装虚拟软盘启动下载地址或者 MAXDOS 下载地址，或者“矮人”DOS 工具箱下载地址，构成双启动系统。

3. 对系统做必要的清理和优化，删除系统垃圾。

【实训步骤】

Ghost 是一款共享软件，可以从网上找到它，下载到本地计算机后，将文件解压到一个指定的文件夹即可，但由于操作时需要鼠标，建议最好将鼠标驱动程序(Mouse. exe)复制到该目录下。下面以 Symantec Ghost 8. 0 版本为例，介绍使用 Norton Ghost 备份和恢复系统的方法。

1. 使用 Windows XP 启动盘(或可以启动计算机的光盘)启动计算机，并进入到 DOS 状态下，使用 cd 命令进入到 Ghost 所在的目录，然后再输入 Ghost 命令并按 Enter 键，即可进入其启动界面，如图 8-32 所示。提示：在运行 Ghost 命令之前，可以首先运行 Mouse 命令来

装载鼠标驱动程序，这样，就可以在 Ghost 中操作时使用鼠标，可大大方便操作。

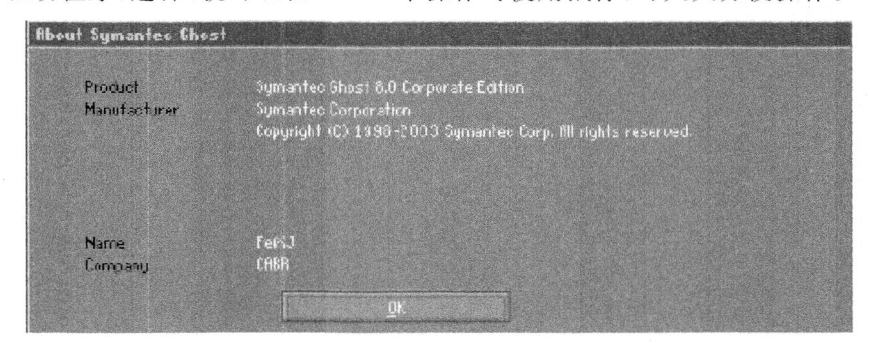

图 8-32 Symantec Ghost 8.0 的启动画面

2. 单击 OK 按钮，进入其主界面，其只有一个主菜单。选择 Local(本地磁盘)菜单，它有 3 个子菜单，Disk 表示备份整个硬盘，Partition 表示备份硬盘的某个分区，Check 可以检查备份的文件，如图 8-33 所示。

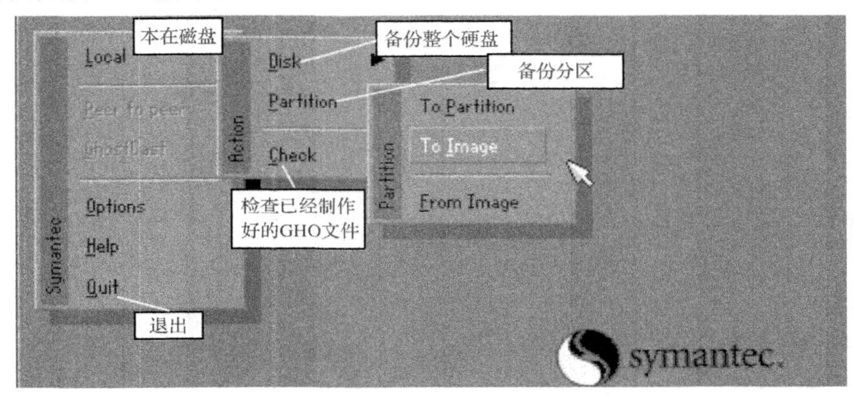

图 8-33 Ghost 的主要菜单及功能

3. 选择 Partition | To Image 命令，打开显示当前硬盘信息的对话框，在该对话框中可以看到当前计算机只有一块硬盘，如图 8-34 所示。

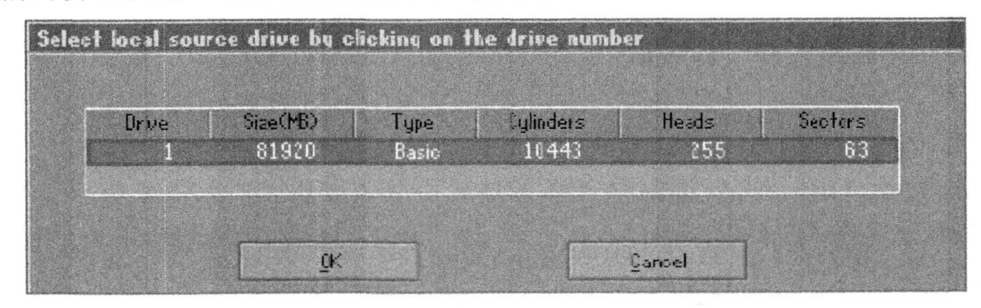

图 8-34 显示当前计算机的硬盘数量

4. 因为只有一块硬盘，所以只有选择该硬盘，然后单击 OK 按钮，程序将显示该硬盘的分区信息，由图 8-35 可见，当前硬盘有 4 个分区，这里以备份 C 盘上的数据为例，所以选择第 1 个分区。

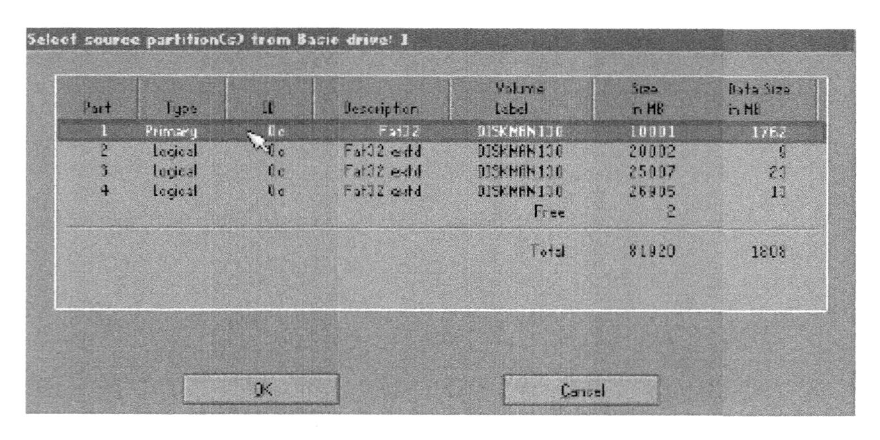

图 8-35　选择分区

5. 单击 OK 按钮，接下来是指定文件存放的路径和文件名，如图 8-36 所示。

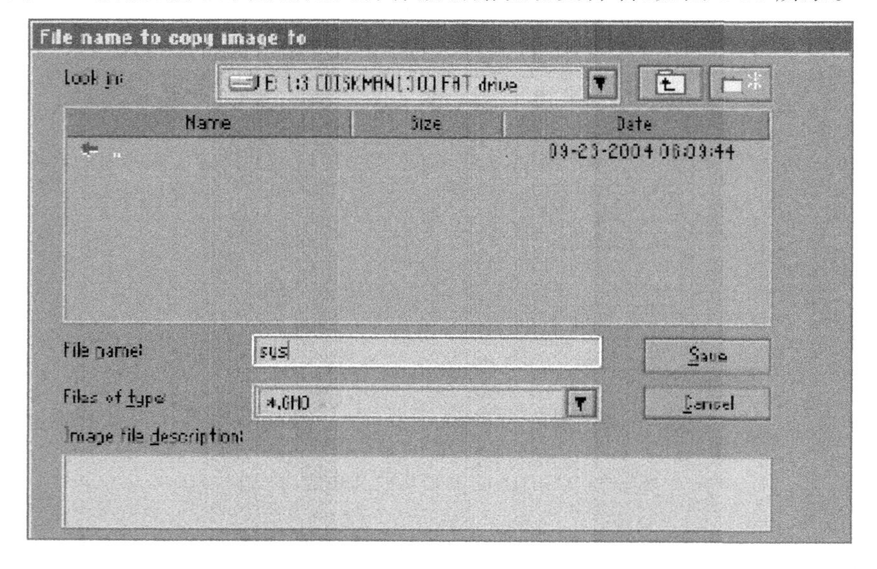

图 8-36　指定存放路径和文件名

6. 指定文件的存放路径和文件名后，按 Enter 键或单击 Save 按钮弹出如图 8-36 所示的对话框，要求用户选择备份文件的压缩方式(图 8-37)。注意：在选择压缩方式时，建议不要选择最高压缩率，因为最高压缩率非常耗时，而压缩率又没有明显的提高。

7. 单击 Fast 按钮，Ghost 再次询问是否准备好备份分区操作，如图 8-38 所示。

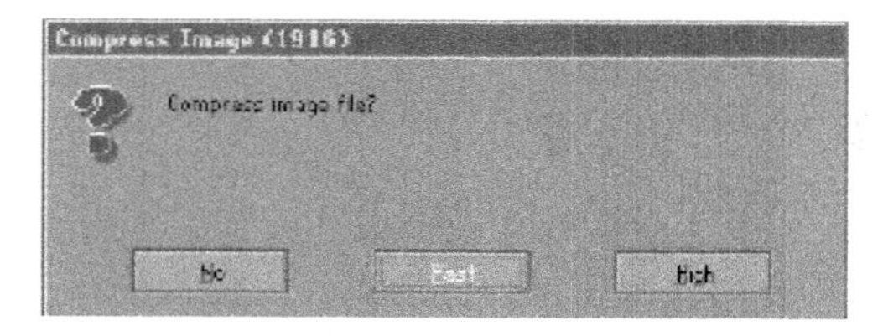

图 8-37　选择压缩方式

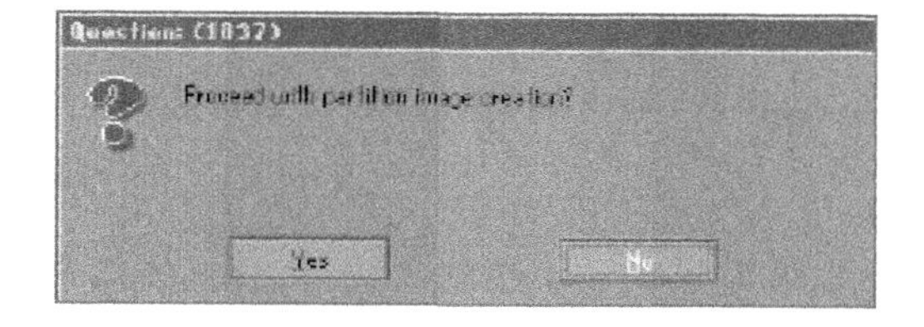

图 8-38　询问是否准备好备份分区操作

8. 单击 Yes 按钮，Ghost 就开始压缩备份文件了，如图 8-39 所示。

9. 压缩完成后，单击 Continue 按钮继续其他操作，如图 8-40 所示。

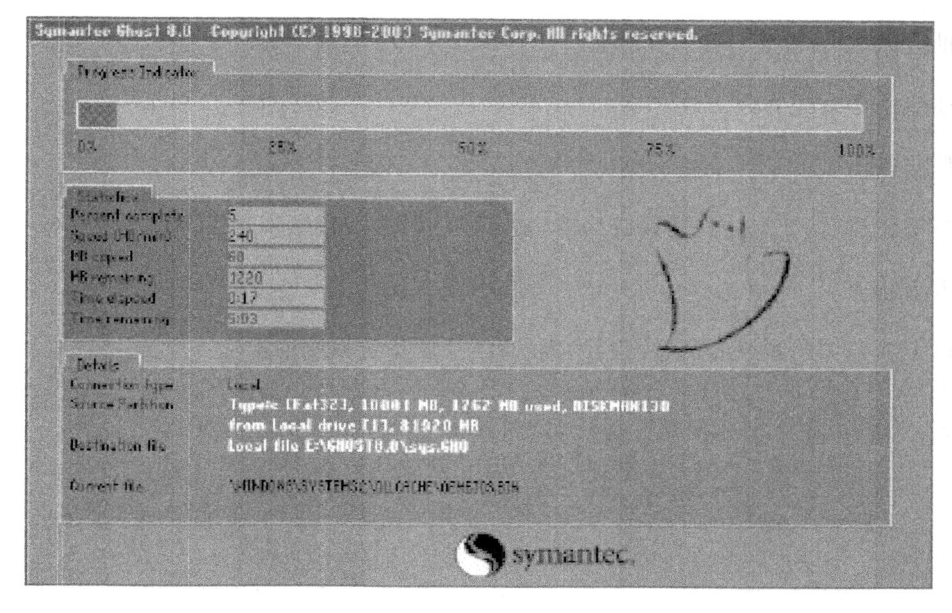

图 8-39 正在压缩

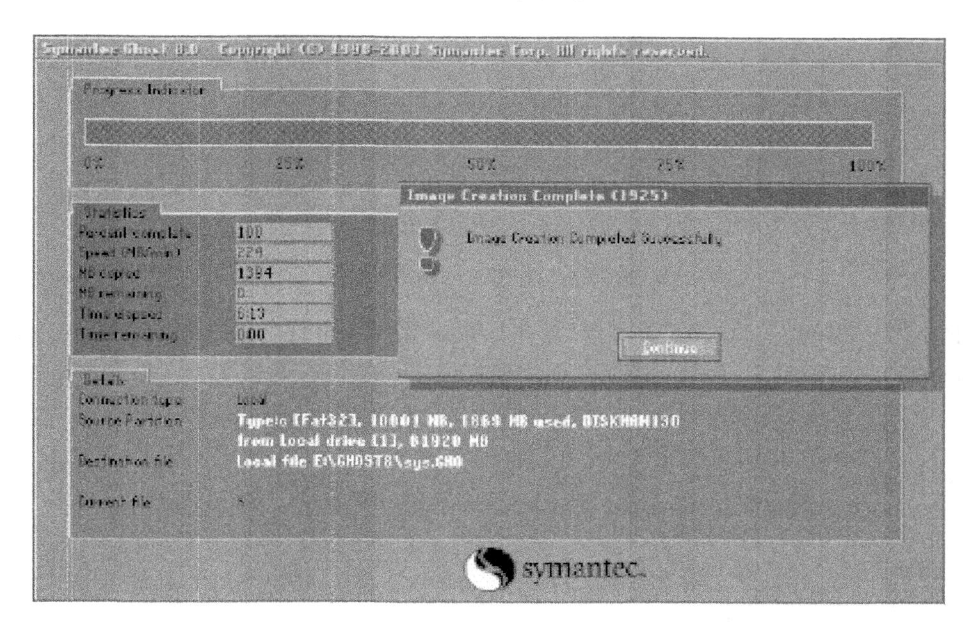

图 8-40 压缩完成

注意：在备份系统时，单个的备份文件最好不要超过 2GB。因此，在备份系统前，最好将一些无用的文件删除，以减少 Ghost 文件的体积。通常无用的文件有：Windows 的临时文件夹、IE 临时文件夹、Windows 的内存交换文件等。

二、使用 Ghost 还原操作系统

【实训目的】

掌握还原操作系统的方法。

【实训准备】

数据备份完成后，如果用户的系统崩溃，就可以随时进行数据恢复了。

【实训步骤】

下面以上节备份的系统分区(C 盘)为例，介绍还原备份系统的操作。

1. 在 Ghost 主界面中，选择“Partition ”→“From Image”命令，打开“Image file name to restorerom”对话框，在这里选择要恢复分区的 Image 文件，如图 8-41 所示。

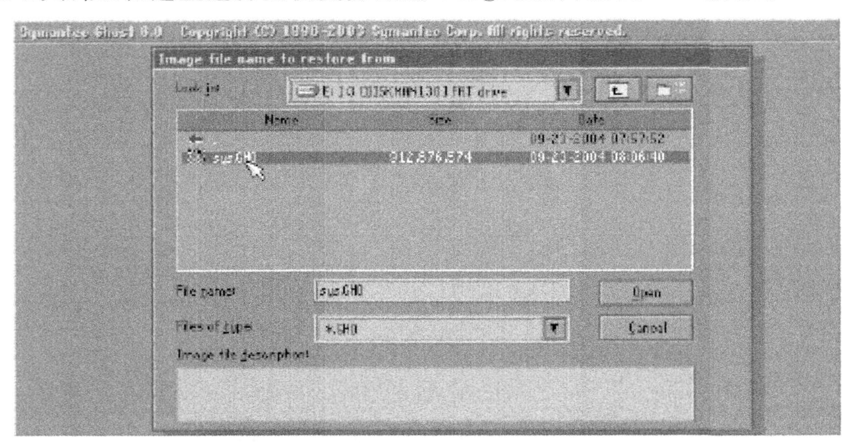

图 8-41　选择要恢复分区的 Image 文件

2. 选择上节备份的 sys. GHO 文件后，单击“Open”按钮，此时显示该 sys. GHO 文件的分区信息，如图 8-42 所示。

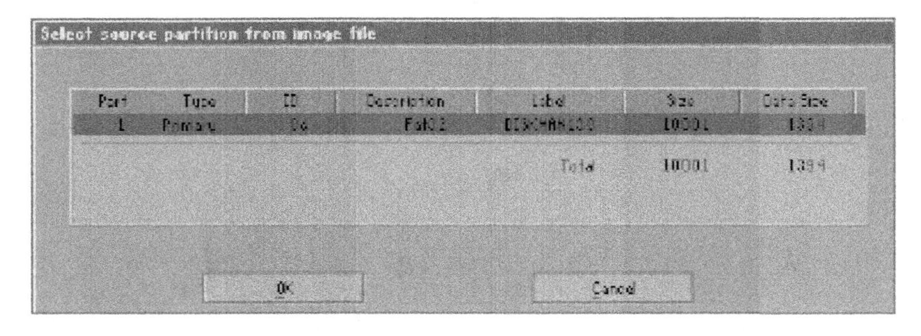

图 8-42　显示 GHO 文件的分区信息

3. 单击“OK” 按钮，就会出现一个对话框，此时要求用户选择要恢复到的硬盘，如果当前计算机安装了多个硬盘的话，就需要进行选择，如图 8-43 所示。

4. 这里只安装一个硬盘，所以只有先选择它，然后单击“OK”按钮，接着程序会再要求选择目的驱动器，因为是恢复 C 盘，所以这里选择第一个驱动器，如图 8-43 所示。

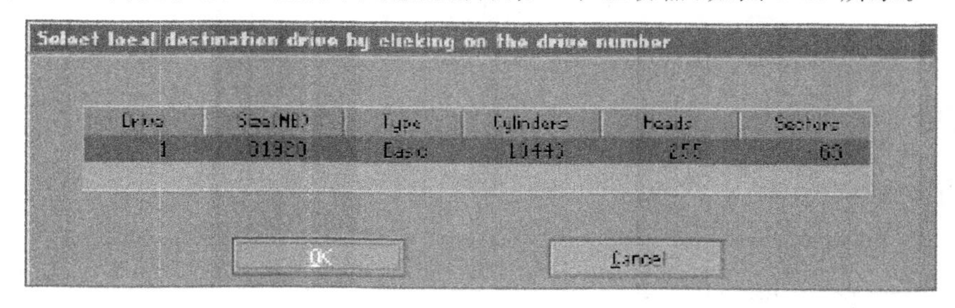

图 8-43　选择要还原数据的目的硬盘

5. 单击“OK”按钮，此时程序会再次确认是否要在该分区还原数据，如图 8-44 所示。

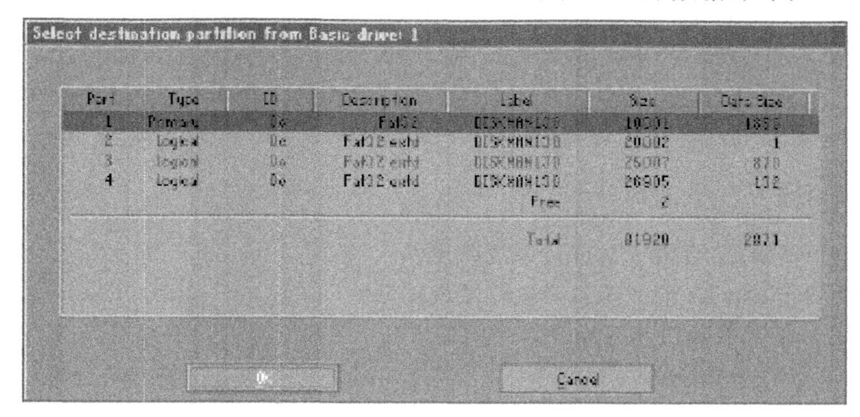

图 8-44　选择要还原数据的目的驱动器

6. 单击“Yes”按钮，程序就会进行还原数据了，该过程与备份数据类似，只不过它是一个相反的操作。

7. 还原数据完成后，程序会提示重新启动计算机，如图 8-45 所示。

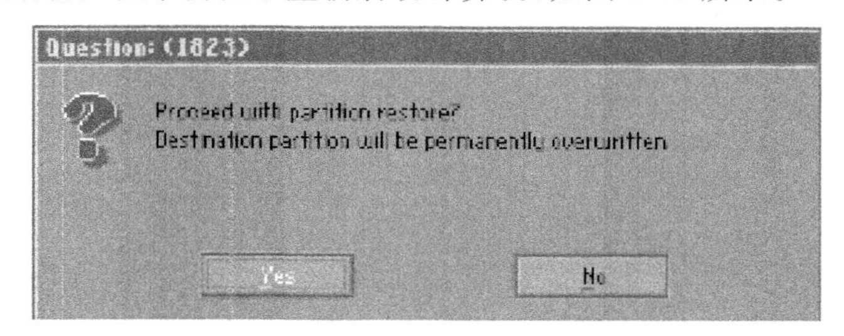

图 8-45　确认是否要在该分区还原数据

8. 单击“Reset Computer”按钮，重新启动计算机即可。还原数据完成界面如图 8-46 所示。

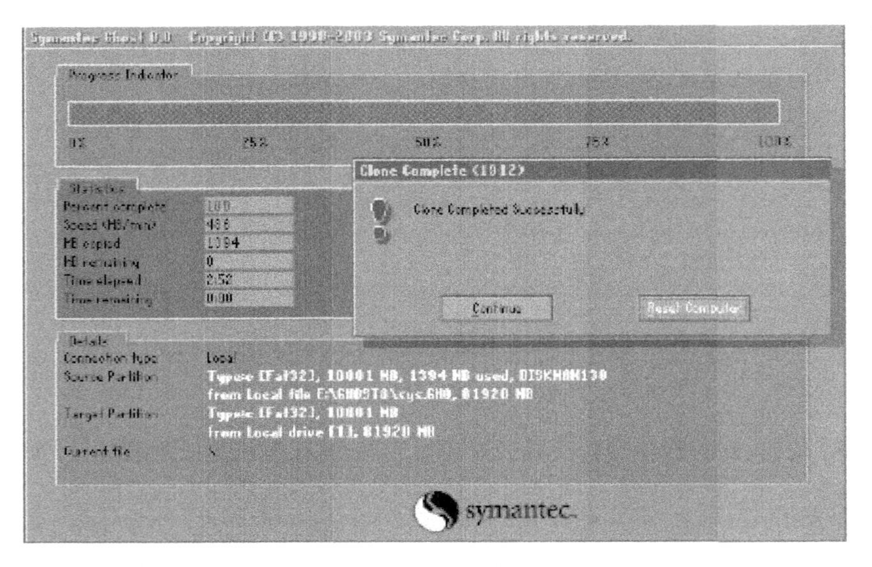

图 8-46　还原数据完成

【思考与练习】

1. 如何用 Windows 7 自带工具进行系统备份?
2. 如何利用 Windows 7 的系统备份进行系统还原?
3. 掌握使用 GHOST 备份与还原操作系统的方法。

项目九　笔记本电脑

随着人们生活水平的不断提高，笔记本电脑性能的不断提升与价格的不断下降，越来越多的人选择笔记本电脑作为自己的第一台计算机和主力工作机器。本项目主要介绍主流的笔记本电脑的相关知识。

任务一　认识笔记本电脑及内部主要部件

【实训目的】

认识主流笔记本电脑的分类、各个接口，了解其内部主要部件。

【实训准备】

(一) 笔记本电脑分类

轻薄、便于携带是笔记本电脑的特色，更轻、更薄、性能更强劲、续航能力更持久是笔记本电脑的发展方向。根据用途来分，笔记本电脑主要可以分为以下几类：商务型、家用娱乐型、超轻薄型、特殊用途型。

1. 商务型笔记本电脑

商务型笔记本电脑主要面向商业用户，外形沉稳，性能稳定，特别看重硬件及数据的安全性。与普通家用型笔记本电脑相比，在机器结构强度、数据安全、电池续航时间、重量上都有更高的要求，具体包括：

高强度的笔记本电脑外壳，增加笔记本电脑尤其是屏幕上盖的抗压能力。

内部的镁制防滚架，可以有效抵抗外力干扰，将内部关键部件牢牢固定并保护液晶显示屏，从而减少意外跌落和震荡对笔记本电脑的损伤，保护数据安全。

指纹识别：防止未被授权的用户使用笔记本电脑。

硬盘防震：可以预测笔记本电脑的位置变化以及加速运动。当笔记本电脑不小心跌落时，防震感应装置会立刻锁住硬盘读写磁头，不让读写磁头在撞击时刮坏硬盘，减少损坏危险，增加挽救硬盘资料的概率。而当防震感应装置侦测到笔记本电脑又置于水平面上时，会自动将磁头解锁。

硬盘加密：即使硬盘遗失，没有密码也无法访问硬盘中的数据，数据安全得到了最大程度的保障。

续航能力：商务笔记本电脑用户经常在移动环境下办公，其对笔记本电脑在不接电源的情况下仅靠自身电池供电所能使用的时间有较高的要求。

旅行重量：所谓旅行重量是指笔记本电脑机身重量、电池重量、电源适配器重量的总和。商业用户在商业旅行时必须将旅行重量控制在合理的范围内。

2. 家用娱乐型笔记本电脑

家用娱乐型笔记本电脑主要侧重于影音娱乐、日常办公等用途，外形时尚，大多配置中高端独立显卡。其主要特色包括：

较大的屏幕尺寸：家用娱乐型笔记本电脑很大程度上是为了取代传统的台式计算机，因此其很少移动，对重量不是很敏感，相反，为了获得较好的影音娱乐体验，一般用户会比较看重屏幕尺寸。

影音效果：家用娱乐型笔记本电脑通常会配置立体声发声单元，配合中高端独立显卡与较大尺寸的液晶屏，无论是影视欣赏还是游戏娱乐，都能获得不错的体验。

人性化设计：悬浮式键盘、多媒体快捷键、机身配色等设计处处体现人性化设计理念。

3. 超轻薄型笔记本电脑

超轻薄型笔记本电脑的特点就是机身极其轻薄，通常厚度在 2cm 以内，整机重量控制在 1.5 千克左右，拥有 5 小时以上的电池续航时间，在便携性与移动性上有极大的优势。以英特尔提出的 Ultrabook（超极本）与苹果公司的 Macbook Air 系列为典型代表。其主要特色包括：

图 9-1　目前全球最新的超级本 NEC Lavie Z(875 克)

轻：超轻薄型笔记本电脑的外壳采用阳极氧化铝、碳纤维等材料制作，具有重量轻、强度高、散热效果好等优点，当然成本也比较高。另外，绝大多数的超轻薄型笔记本电脑都取消了内置光驱，进一步降低了机身的重量，目前最轻的超级本的重量可以控制在 900 克以下（图 9-1）。

薄：通过取消光驱、降低液晶面板厚度、采用超薄主板、锲形外观设计等一系列措施可以有效降低机身厚度，比如目前最薄的超级本 Acer AspireS5 其机身最厚处只有 15mm（图 9-

图 9-2　目前最薄的超级本 Acer AspireS5

2)，苹果 Macbook Air 最厚处 17mm，最薄处仅有 3mm(图 9-3)。

图 9-3 Macbook Air 最薄处仅 3mm

续航时间长：超轻薄型笔记本电脑一般使用超低电压处理器以及其他低耗能零件，所以整体功耗较低，一般的超级本都能达到 5 小时左右的续航时间，配合增强型大容量电池可以轻松达到 10 小时以上的续航时间，能完全满足移动办公的需求。

4. 特殊用途型笔记本电脑

特殊用途型笔记本电脑通常被应用于军事、野外探险、极地科考等特殊场合，其能够在严寒、酷暑、低气压、潮湿等极端环境下使用，具有很多普通笔记本电脑不具备的特性，如耐高温和严寒、防水、防尘、防震、防辐射、全封闭式接口、超长待机等(图 9-4)。

图 9-4 特种笔记本电脑

(二) 笔记本电脑的主要接口类型

笔记本电脑的接口主要包括电源接口、USB 接口、RJ-45 接口、VGA 接口、音频接口、电脑锁接口等，部分笔记本电脑带有 HDMI、Thunderbolt 接口、PCMCIA、Express card 扩展插槽、SD 读卡器等接口(图 9-5)。

1. 电源接口

各笔记本电脑机身与电源适配器连接的接口，各品牌、甚至同品牌不同型号不能通用。

2. USB 接口

USB 是英文 Universal Serial Bus 的缩写，中文含义是"通用串行总线"。USB 使用一个 4 针插头作为标准插头，通过这个标准插头，采用菊花链形式可以把所有的外设连接起来，并且不会损失带宽。USB 接口有 1.0、1.1、2.0、3.0 等几个标准，目前使用比较多的是 USB 2.0 和 USB 3.0 接口。USB 2.0 有高速、全速和低速三种工作速度，高速是 480Mbit/s，全速是 12Mbit/s，低速是 1.5Mbit/s。其中全速和低速是为兼容 USB 1.1 和 USB 1.0 而设计的。USB 3.0 理论上的最高速率是 5.0 Gbps(即 625MB/s)，实际传输速度可以达到 3.2Gbps(即 400MB/s)。USB 3.0 引入全双工数据传输，5 根线路中 2 根用来发送数据，另 2 根用来接收数据，还有 1 根是地线。因此 USB 3.0 的线缆会更"厚"，这是因为 USB 3.0 的

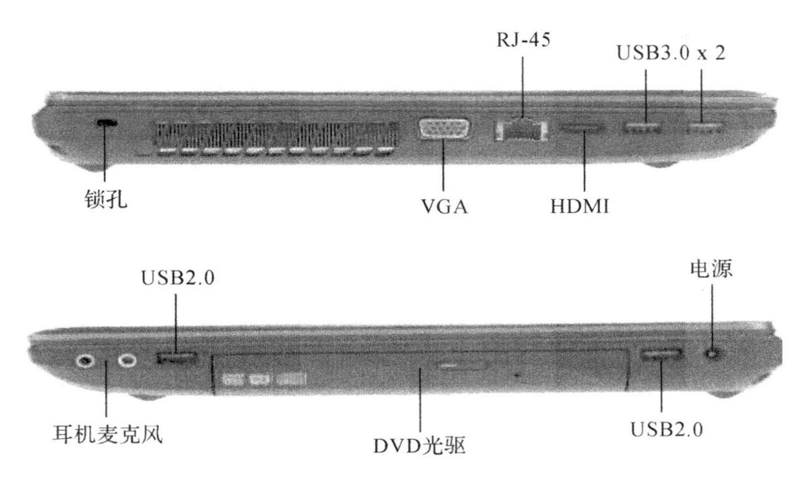

图 9-5　主流笔记本电脑外部接口

数据线比 2.0 的多了 4 根内部线。从外观上看，USB 3.0 接口中间的塑料片颜色为蓝色，而 USB 2.0 接口中间的塑料片颜色一般为黑色。

3. RJ-45 接口

RJ-45 接口即俗称的网线接口，是笔记本电脑与双绞线连接的接口。

4. 音频接口

音频接口包括输入、输出的接口，一般包括 Mic(麦克风输入)和 Speak out(扬声器输出)等接口，某些娱乐型笔记本电脑还带有 Line in(线性输入)和 S/PDIF(数字音频信号)等接口，还有部分笔记本电脑将音频输入/输出合并为一个接口。

5. HDMI 接口

高清晰度多媒体接口(High Definition Multimedia Interface，HDMI)是一种数字化视频/音频接口技术，是适合影像传输的专用型数字化接口，其可同时传送音频和影音信号，最高数据传输速度为 5Gbps。同时无需在信号传送前进行数模或者模数转换。

6. Thunderbolt 接口

2011 年 2 月 24 日，英特尔正式发布了超高速接口"Light Peak"技术，并将其命名为"Thunderbolt"(雷电)，如图 9-6 所示。它是苹果与英特尔合作的产物，由 Intel 开发，通过和苹果的技术合作推向市场。

图 9-6　Thunderbolt 标志

Thunderbolt 采用了专用接口，该接口的物理外观与原有 Mini DsiplayPort 接口相同，适用于各种轻型、小型设备，兼容 DisplayPort 接口的显示设备。

该技术融合了 DisplayPort 显示和 PCI Express 数据传输两项成熟技术，两条通道可同时传输这两种协议的数据,每条通道都提供双向 10Gbps 带宽(图 9-7)。

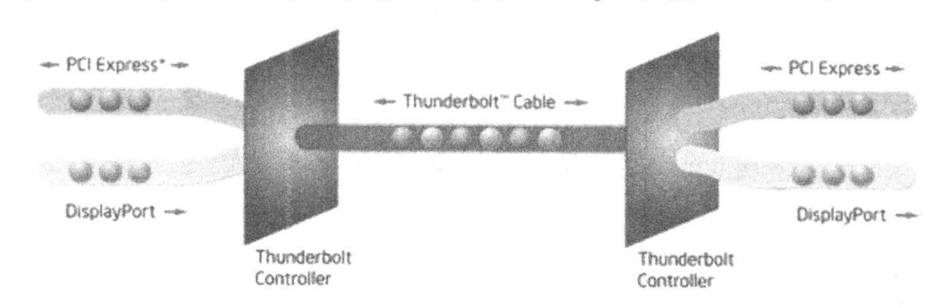

图 9-7 Thunderbolt 工作原理

为了降低成本,目前 Thunderbolt 采用的是铜芯连接的方式而不是早前演示的光纤链接,理论上最高传输速率可达 50Gbps,现在仅设定在 10Gbps,发展空间较大。

7. PCMCIA 扩展插槽

PCMCIA 是英文"Personal Computer Memory Card International Association Industry Standard Archiecture"的缩写,又称为 PC 卡插槽,是笔记本电脑专有的扩展接口,它具有速度快、使用方便和即插即用的优点。

PCMCIA 定义了三种不同型式的卡,它们的长宽都是 85.6mm×54mm,只是在厚度方面有所不同。TYPE Ⅰ最薄仅 0.33cm,最适合用作存储器扩充卡;TYPE Ⅱ厚 0.5cm,常被应用于数据传输、网络连接等产品;TYPE Ⅲ厚 1.05cm ,主要用于取代旋转型的存储媒体(如硬盘)。

8. Express card 扩展插槽

作为 PCMCIA 扩展插槽的升级标准,Express Card 不仅体积细小,而且传输速度更快,适合于移动或者桌面平台系统,并且支持 USB 2.0 以及 PCI Express。Express Card 模块的物理尺寸具有两种规格,一种是宽度为 34mm 的 Express Card/34,另一种是宽度为 54mm 的 Express Card/54,它们的长度均为 75mm,厚度均为 5mm,如图 9-8 所示。Express Card/34 能兼容于 Express Card/54 的插槽当中,而反之不行。

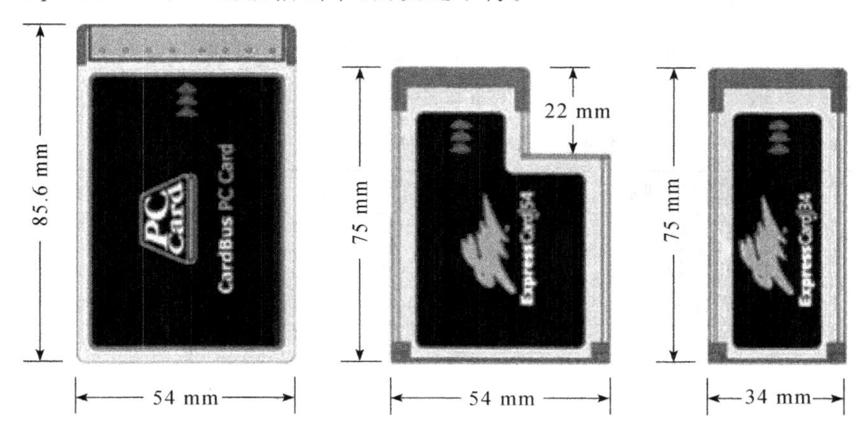

图 9-8 PCMCIA 与两种 Express Card 规格对比

9. 读卡器接口

随着数码产品的兴起,读卡器接口也越来越多地被用在笔记本电脑上(图 9-9),目前用得最多的还是 SD 读卡器。通过相应的卡套可以向下兼容 miniSD 卡、MicroSD 卡。

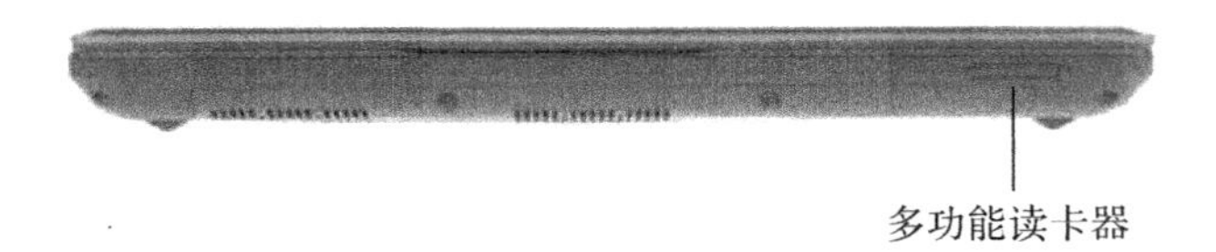

图 9-9　笔记本电脑多功能读卡器接口

10. 电脑锁接口

笔记本电脑便于移动，为了防止失窃，可以用笔记本电脑防盗物理锁锁住你的机器。它是一根一头带有不锈钢锁的钢索，使用时将钢索圈绕在柱子或其他的稳固物件上，另一头在笔记本电脑上的锁孔锁住即可(图 9-10)。

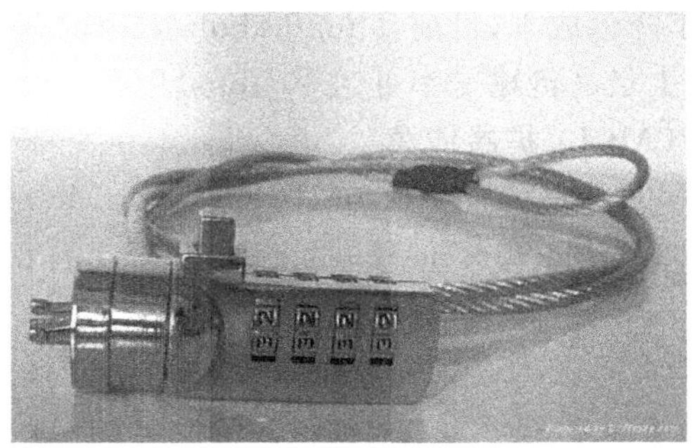

图 9-10　笔记本电脑锁

(三) 笔记本电脑的主要部件

笔记本电脑的主要部件与台式机相似，包括 CPU、主板、内存、显卡、硬盘、光驱、显示器、键盘、触控板、电池、电源适配器等。

1. CPU

笔记本电脑的 CPU 与普通台式机的 CPU 相比，其采用更先进的制造工艺，在功耗及发热量上都有很大的改善。目前笔记本电脑所使用的 CPU 主要可分为 Intel 系列与 AMD 系列。

(1)Intel 系列移动处理器

Intel 是目前全世界最大的 CPU 生产商，其移动处理器也占有全球 80%以上的市场份额。表 9-1 为英特尔第一、二、三代酷睿处理器技术参数对照。

表 9-1　酷睿处理器技术参数

名称	第一代酷睿处理器	第二代酷睿处理器	第三代酷睿处理器
代表产品	酷睿 i7 870	酷睿 i7 2700K	酷睿 i7 3770K
CPU 主频	2.93GHz	3.5GHz	3.5GHz
最大睿频	3.6GHz	3.9GHz	3.9GHz
接口类型	LGA1156	LGA1155	LGA1155
核心代号	Nehalem	Sandy Bridge	Ivy Bridge
制作工艺	45nm	32nm	22nm
核芯显卡	无	HD3000	HD4000
指令集	MMX, SSE, SSE2, SSE3, SSSE3, SSE4.1, SSE4.2, EM64T(TDP)	MMX,SSE(1,2,3,3S,4.1,4.2),EM64T,VT-X,AES,AVX	MMX,SSE(1,2,3,3S,4.1,4.2),EM64T,VT-X,AES,AVX

目前市场上同时有第二代和第三代酷睿处理器销售，其中第二代酷睿处理器采用 Sandy Bridge 架构，第三代酷睿处理器采用 Ivy Bridge 架构，它们的异同之处比较如下，各位读者在选购相应产品时要注意区分。

Sandy Bridge 与 Ivy Bridge 的相同点：Ivy Bridge 仍旧采用 CPU＋PCH 双芯片设计，而 CPU 集成了 I/A 内核、核芯显卡、媒体处理和显示引擎、内存控制器、PCI-E 控制器、环形连通总线以及共享式 LLC(Last Level Cache)。PPGA988 插槽类型(Ivy Bridge 架构的处理器可以用在 6 系主板上，相应的 SNB 也能用在 7 系主板上)、Turbo Boost 2.0 动态加速技术。Ivy Bridge 和前一代微架构相同的部分见图 9-11 所示。

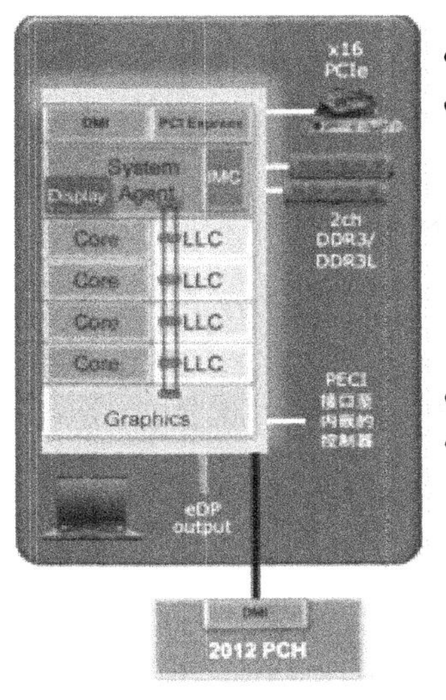

- 依然是双芯片的平台布局 (CPU+PCH)
- CPU 芯片上完全融合了如下单元：
  - I/A 内核，核芯显卡
  - 媒体处理和显示引擎
  - 内存控制器，PCI Express*控制器
  - 互连各个模块的“环”链路
  - 共享式 LLC (最后一级高速缓存)
- 支持相似的产品型号和分类
- 向后兼容 CPU 的接口(和代号为 Sandy Bridge的第2代英特尔®酷睿™ 处理器兼容，插座兼容)

图 9-11　Ivy Bridge 和前一代微架构相同的部分

Sandy Bridge 与 Ivy Bridge 的不同点：Ivy Bridge 最明显的改变是 22 纳米制程工艺和三栅级晶体管技术，支持双通道 DDR3-1600 内存控制器。另外，也改进了 I/A 核心和 ISA 指令集架构，针对 SSE 扩展指令集和字串处理优化了 ISA。还加强了安全性、能耗管理，加入 Configurable TDP 技术，并支持更高频率的内存和低电压内存。新一代 HD Graphics 4000 核芯显卡也采用了 22 纳米制程工艺，增加了 EU 可编程单元，改进了原有 3D 微架构、几何计算性能，并降低环形架构的带宽要求，同时降低了功耗。其最大变化是支持微软 DirectX 11，它包括 SM5、计算着色器、曲面细分技术等等，性能测试完全可以超越目前的入门级独立显卡。另外，还支持 OpenCL 1.1 和原生三屏输出。Ivy Bridge 全新设计见图 9-12、图 9-13 所示。

Ivy Bridge 的另两大改进是加入 USB 3.0 控制器与增加了对于 PCI-E 3.0 的支持。其中，PCI-E 3.0 已在 SandyBridge 时代就出现了，只是这是第一次应用在移动平台上。这样一来主板上绝大部分 PCI-E 插槽都由 CPU 直连，减少了内存和芯片组的过渡，延迟更低、响应时间更短，性能也因此提升。

(2)AMD 系列移动处理器

AMD(超微半导体)公司是全球第二大 CPU 生产商，是 Intel 公司最大的竞争对手，其产品主要包括 CPU、GPU、APU、主板芯片组、电视卡芯片等，目前其主要的移动处理器包括

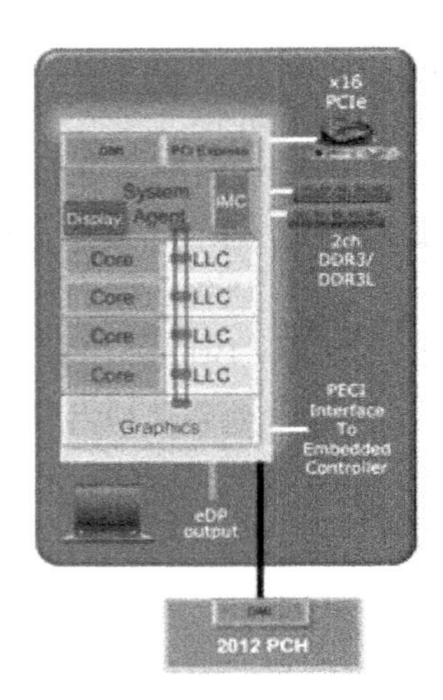

- 整个芯片都切换到 22 纳米的制程工艺
  - 更高性能/更低功耗
- 图形/媒体处理
  - 新一代的微架构带来更高的 3D 性能，并且支持 Microsoft*DirectX*11
  - 在媒体处理功能和性能提升显著
- I/A 核心/指令集架构（ISA）
  - 在内核中，LLC 高速缓存中以及内存控制中都提高了指令执行的速度 IPC (CPU 的每个时钟周期执行的指令数)
  - 针对 SSE 扩展指令集和字串处理优化了 ISA，从而提高了性能

图 9-12　Ivy Bridge 全新设计的部分(一)

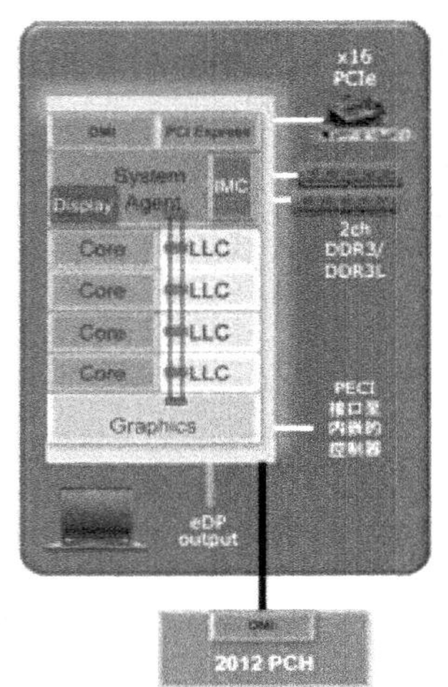

- 安全
  - 数字随机数发生器
  - 监管模式的执行保护
- 能耗管理
  - 提高电池续航时间的新功能
  - 弹性的功能：可配置的TDP，低功耗模式
- 内存/现实
  - 支持DDR3L，提高超频能力
  - 支持 3 个独立的显示输出

图 9-13　Ivy Bridge 全新设计的部分(二)

速龙Ⅱ、翼龙Ⅱ、APU 系列等。

APU(Accelerated Processing Unit)中文名字叫加速处理器，是 AMD“融聚未来”理念的产品，它第一次将中央处理器和独显核心放在一个芯片上(图 9-14)，它同时具有高性能处理器和最新独立显卡的处理性能，支持 DX11 游戏和最新应用的“加速运算”，大幅提升了电脑运行效率，实现了 CPU 与 GPU 真正的融合。

AMD 的移动处理器主要分为 A4、A6 和 A8 三个系列，表 9-2 列出了 AMD 主流移动处理器的参数。

图 9-14　AMD 公司 APU 移动处理器

表 9-2 AMD 主流移动处理器参数

型号	核心	主频	加速频率	二级缓存	GPU 型号	GPU 频率	TDP	内存支持
E2-3000M	双核心	1.8GHz	2.4GHz	2×512KB	HD 6380G	400MHz	35W	DDR3-1333 双通道
A4-3300M	双核心	1.9GHz	2.5GHz	2×1MB	HD 6480G	444MHz	35W	DDR3-1333 双通道
A4-3305M	双核心	1.9GHz	2.5GHz	2×512KB	HD 6480G	593MHz	35W	DDR3-1333 双通道
A4-3310MX	双核心	2.1GHz	2.5GHz	2×1MB	HD 6480G	444MHz	35W	DDR3-1333 双通道
A4-3320M	双核心	2GHz	2.6GHz	2×1MB	HD 6480G	444MHz	35W	DDR3-1333 双通道
A4-3330MX	双核心	2.2GHz	2.6GHz	2×1MB	HD 6480G	444MHz	45W	DDR3-1600 双通道
A6-3400M	四核心	1.4GHz	2.3GHz	4×1MB	HD 6520G	400MHz	35W	DDR3-1333 双通道
A6-3410MX	四核心	1.6GHz	2.3GHz	4×1MB	HD 6520G	400MHz	45W	DDR3-1600 双通道
A6-3420M	四核心	1.5GHz	2.4GHz	4×1MB	HD 6520G	400MHz	35W	DDR3-1333 双通道
A6-3430MX	四核心	1.7GHz	2.4GHz	4×1MB	HD 6520G	400MHz	45W	DDR3-1600 双通道
A8-3500M	四核心	1.5GHz	2.4GHz	4×1MB	HD 6620G	444MHz	35W	DDR3-1333 双通道
A8-3510MX	四核心	1.8GHz	2.5GHz	4×1MB	HD 6620G	444MHz	45W	DDR3-1600 双通道
A8-3520M	四核心	1.6GHz	2.5GHz	4×1MB	HD 6620G	444MHz	35W	DDR3-1333 双通道
A8-3530MX	四核心	1.9GHz	2.6GHz	4×1MB	HD 6620G	444MHz	45W	DDR3-1600 双通道
A8-3550MX	四核心	2GHz	2.7GHz	4×1MB	HD 6620G	444MHz	45W	DDR3-1600 双通道

2. 主板

笔记本电脑的主板是整台机器的核心配件，它连接整合了 CPU、内存、显卡等各种硬件，使其有机地结合在一起，各司其职，共同维持电脑的正常运行。

笔记本电脑主板的集成度非常高，制造工艺比较复杂。不同的笔记本电脑厂商其笔记本电脑主板的外观、内部结构与设计理念都不相同，甚至同一个系列不同型号的笔记本电脑其主板都不同。笔记本电脑主板的核心元件就是芯片组，它的性能直接影响整块主板的性能，进而影响整台笔记本电脑的性能。目前，笔记本电脑所用的移动芯片组主要由 Intel 公司和 AMD 公司设计并生产。

(1)Intel 移动芯片组

目前 Intel 公司设计并生产的笔记本电脑移动芯片组占有很高的市场份额，其主流的移动芯片组型号有 Intel UM67、HM75、HM76、QM77、QS77、HM77、UM77、Z77 等。

移动式英特尔 HM76 高速芯片组在单芯片架构上提供集成的 USB 3.0，并支持第二代和第三代智能英特尔酷睿处理器家族。HM76 提供性能调节、多达三个独立的多任务显示、蓝光、高清视频回放功能，使用无铅和无卤素组件封装制造。

移动式英特尔 Z77 高速芯片组和第三代英特尔酷睿处理器配合可以在需要的时候提高速度，并以能快速引导系统和加载应用程序的 SSD 增强响应性，从而提供终极性能。其特性与优势包括：

支持第三代英特尔酷睿处理器：支持采用睿频加速技术 2.0 的第三代英特尔酷睿处理器、英特尔奔腾处理器和英特尔赛扬处理器。英特尔 Z77 高速芯片组还启用了解锁的第三代英特尔酷睿处理器的超频特性。

快速存储技术：利用添加的额外硬盘，使用 RAID 0、5 和 10 更快速地访问数字相片、视频及数据文件；使用 RAID 1、5 和 10 提供更强大的数据保护功能，避免硬盘驱动器故障造成的损失。支持外部 SATA(e)SATA，机箱外部全部 SATA 接口速度高达 3GB/s。

智能响应技术：实施存储 I/O 高速缓存，使用户获得更快的应用程序启动和用户数据访问的响应时间。

智能连接技术：允许应用程序以低能耗状态更新，从而加快应用程序刷新率。

快速启动技术：使系统能快速从睡眠状态苏醒。

通用串行总线 3.0：支持集成的 USB 3.0，通过多达 4 个 USB 3.0 端口实现每秒 5 兆位(Gbps)的设计数据率，从而提供更高的性能。

串行 ATA(SATA)6GB/s：下一代高速存储接口能支持高达 6GB/s 的更快传输速度，通过多达 2 个 SATA 端口改进数据存取性能。

eSATA：专门用于与外部 SATA 设备一起使用。提供数据速度为 3GB/s 的链路，以消除当前外部存储解决方案中存在的瓶颈。

SATA 端口禁用：可根据需要启用或禁用单独的 SATA 端口，可避免通过 SATA 端口进行恶意数据删除或插入，从而为数据提供了更强大的保护能力。

PCI Express 2.0 接口：借助多达 8 个 PCI Express 2.0 x1 端口(可根据主板设计配置为 x2 和 x4)，针对外设和网络提供高达 5GB/s 的访问速度。

(2)AMD 移动芯片组

目前主流的 AMD 移动芯片组主要包括 A50M、A70M、A90M 等，其主要参数如表 9-3 所示。

表 9-3　AMD 主流移动芯片组参数

芯片组型号	A50M	A70M	A90M
芯片代号	Hudson M1	Hudson M2	Hudson M3
搭配平台	Brazos	Sabine	Sabine
SATA 6Gbps 接口	6 组	6 组	6 组
RAID 技术	不支持	0、1	0、1
节能以太网技术(EEE)	不支持	支持	支持
USB 3.0 接口	0	4	4
SD 控制器	无	有	有
APU 风扇控制	支持	支持	支持

3. 内存

笔记本电脑的内存与台式机内存相比更为短小，其采用一种改良型的 DIMM 模块，拥有体积小、速度快、功耗低、散热性好等特性。笔记本电脑内存条包括 DDR、DDR2 和 DDR3，其针脚分别为 184pin、200pin 和 204pin。

目前，主流的笔记本电脑内存均为 DDR3(图 9-15)，常见的频率有 1066MHz、

图 9-15 204pin 的 DDR3 笔记本电脑内存

1333MHz、1600MHz 等，常见容量有 2GB、4GB、8GB，1GB 的内存条现在早已退出主流市场。内存作为 CPU 和硬盘之间的“桥梁”，其“宽度”很大程度上决定了电脑的性能，因此其又被称为带宽(bandwidth)，同时也可以理解为内存的“速度”。除了内存容量与内存速度，延时周期也是决定其性能的关键。当 CPU 需要内存中的数据时，它会发出一个由内存控制器执行的要求，内存控制器接着将要求发送至内存，并在接收数据时向 CPU 报告整个周期(从 CPU 到内存控制器，内存再回到 CPU)所需的时间。

更快速的内存技术对整体性能表现有重大的贡献，但是提高内存带宽只是解决方案的一部分，数据在 CPU 以及内存间传送所花的时间通常比处理器执行功能所花的时间更长，为此缓冲器被广泛应用。其实，所谓的缓冲器，就是 CPU 中的一级缓存与二级缓存。一级缓存与二级缓存采用的是 SRAM，我们也可以将其宽泛地理解为“内存带宽”，不过现在似乎更多地被解释为“前端总线”。当 CPU 接收到指令后，它会最先向 CPU 中的一级缓存(L1 Cache)去寻找相关的数据，虽然一级缓存是与 CPU 同频运行的，但是由于容量较小，所以不可能每次都命中。这时 CPU 会继续向下一级的二级缓存(L2 Cache)寻找，同样的道理，当所需要的数据在二级缓存中也没有的话，会继续转向 L3 Cache(如果有的话)、内存和硬盘。由于目前系统处理的数据量都是相当巨大的，因此几乎每一步操作都得经过内存，这也是整个系统中工作最为频繁的部件。如此一来，内存的性能就在一定程度上决定了这个系统的表现，这点在多媒体设计软件和 3D 游戏中表现得更为明显。

处理器频率不断提升，加上处理器总线频率的不断攀升，系统对内存的需求自然也是越来越高。为了提升内存带宽，厂商们采用了很多种方法，一方面通过提升内存的工作频率来提升内存的带宽；此外，双通道内存技术成为一种简便的、且成本低廉的内存带宽提升模式。从技术层面来看双通道内存技术其实就是一种内存控制和管理技术，其主要是通过内存控制器来进行独特的寻址和数据交换，从而使得两条内存发挥出比单条内存更高的效率。

目前的主流笔记本电脑一般都支持双通道技术，即在北桥芯片组里有两个内存控制器，在这两个内存通道上可以分别寻址、读取数据，从而与单根内存相比带宽增加一倍、数据的存取速度也增加一倍。组建双通道需要两根同型号、同品牌的内存，如果两根内存的容量也一样，那么被称为对称双通道；如果两根内存的容量不一样，那么被称为非对称双通道，其使用的是弹性双通道技术，而组成双通道的内存容量大小取决于容量较小的那个通道，例如 A 通道有 2GB 内存，B 通道有 4GB 内存，则 A 通道中的 2GB 和 B 通道中的 2GB 组成双通道，B 通道剩下的 2GB 内存仍工作于单通道模式下。

4. 显卡

与台式机一样，笔记本电脑的显卡同样分为独立显卡与集成显卡。笔记本电脑独立显卡与台式机独立显卡一样拥有独立的显卡核心与显存芯片，能够满足复杂、庞大的图形处理需求，并提供高效的视频编码应用。大部分独立显卡通过一个独立的接口与笔记本电脑主板相连，可以进行更换（也有部分独立显卡是焊接在主板上的）。

笔记本电脑集成显卡（或称自带显示核心）是将图形核心以单独芯片的方式集成在主板上，没有自己独立的图形存储器，动态共享部分系统内存作为显存使用，能够提供简单的图形处理能力，以及较为流畅的编码应用。目前使用集成显卡的个人电脑约占总出货量的90%，与使用独立显卡的方案比较，这种方案较为便宜，但性能相对较低。

此外还有双显卡，即同时在笔记本电脑上配置集成显卡与独立显卡，通过软件在两种显卡之间进行切换、甚至同时运行，获得更好的显示效果，这种方案可以让计算机在节能与高性能之间进行动态转换，从而更好地适应了实际使用需求。

目前笔记本电脑的显卡主要来自三家厂商，分别是 Intel、NVIDIA 和 AMD。

Intel 的移动显卡主要是主板集成显卡，如其推出核芯显卡，利用集成到处理器中的显卡大幅提升了性能，同时无需独立的硬件，也避免了随之而来的设计和性能挑战。图形引擎包括多个全新设计的执行单元（EU）以及增强的 3D 功能。其第二代酷睿 i 系列处理器（Sandy Bridge 核心）主要集成了 Intel HD Graphics 3000，第三代酷睿 i 系列处理器（Ivy Bridge 核心）主要集成了 Intel HD Graphics 4000。

AMD 的移动显卡可以分为移动独立显卡与 APU 显卡，目前主流的 AMD 移动独立显卡主要包括 AMD Radeon HD 6000M 系列和 AMD Radeon HD 7000M 系列。APU 显卡集成在 APU 中，根据不同的档次和性能，分为不同类别的显卡核心。如 AMD APU E2-3000M、AMD APU A4-3320M、AMD APU A6-3420M、AMD APU A8-3520M 集成的显卡型号分别为 AMD Radeon HD 6380G、AMD Radeon HD 6480G、AMD Radeon HD 6520G 和 AMD Radeon HD 6620G。

NVIDIA 的移动独立显卡主要包括 NVIDIA GeForce 500M 系列、NVIDIA GeForce 600M 系列，以及最新的 NVIDIA GeForce 7000M 系列。

5. 硬盘

与台式计算机相比，笔记本电脑的硬盘要求体积小、重量轻、能耗低。笔记本电脑一般使用 2.5 英寸或 1.8 英寸笔记本电脑硬盘，厚度在 12.5mm 以下，以适应笔记本电脑的要求。

（1）传统的 2.5 英寸笔记本电脑硬盘

笔记本电脑最常用的还是 2.5 英寸的硬盘，其主要有 7mm、9.5mm、12.5mm 等 3 种厚度，轻薄型笔记本电脑通常使用 9.5mm 厚度以下的硬盘。常见的品牌有希捷、西部数据、三星等。2.5 英寸笔记本电脑机械硬盘如图 9-16 所示。

笔记本电脑的硬盘普遍采用了磁阻磁头（MR）技术或扩展磁阻磁头（MRX）技术，MR 磁头以极高的密度记录数据，从而增加了磁盘容量、提高数据吞吐率，同时还能减少磁头数目和磁盘空间，提高磁盘的可靠性和抗干扰、震动性能。目前，主流的笔记本电脑硬盘容量为 500GB、640GB，最高可至 1TB。

从笔记本电脑硬盘的转速来看，目前主流的笔记本电脑硬盘转速主要有 5400rpm 和 7200rpm 两种，但由于高转速的硬盘能耗比较高、运行时发热量较高、工作噪声大，所以目前大部分笔记本电脑还是采用5400rpm的笔记本电脑硬盘。

从笔记本电脑硬盘的接口来看，目前市场上的笔记本电脑硬盘接口一般都是SATA。SATA全称是Serial Advanced Technology Attachment（串行高级技术附件，一种基于行业标准的串行硬件驱动器接口），是由Intel、IBM、Dell、APT、Maxtor和Seagate公司共同提出的硬盘接口规范。其又分为SATA 1.0、SATA 2.0和SATA 3.0接口。SATA 1.0的理论传输速度为1.5Gb/s，SATA 2.0的理论传输速度为3Gb/s，SATA 3.0的理论传输速度为6Gb/s。目前市面上大部分笔记本电脑硬盘使用的是SATA 2.0接口，SATA 3.0接口主要被固态硬盘所使用。

图9-16　2.5英寸笔记本电脑机械硬盘

(2)固态硬盘

其实，SSD的历史一点不比机械硬盘短。早在20世纪50年代，SSD的原型就已作为内存出现。其采用了磁芯内存技术（Magnetic Corememory）和卡片电容只读存储技术（Card Capacitor Read-only Store），被应用于真空管时代的电脑上，后来因为性能更优越的磁鼓内存出现而被舍弃。此后，基于内存的SSD曾被应用于超级计算机，但是其高昂的价格使得SSD乏人问津。70年代末，通用公司发明了非常接近于后来的NAND闪存的电子抹除式只读存储器（Electrically Alterable ROM，EAROM）。但是由于这种技术的存储器无法实现10年的安全存储，许多公司撤销了相关的开发计划。直到90年代，以闪存为存储核心的SSD重新抬头。1994年，STEC公司收购了CirrusLogic公司的闪存控制芯片部门，并将闪存引入了消费级市场。1995年，M-System公司发明了基于闪存的SSD硬盘，相比基于内存的SSD，闪存SSD无需电池供电，但是在速度上处于下风。不过从那以后，SSD硬盘在军工企业、航空航天企业等关键产业成为了理想的HDD替代品，因为SSD可以在极端的冲击、震动和温度条件下正常工作，这一点是HDD望尘莫及的。军用带动民用，SSD终于迎来了自己的黄金时代。1999年，BiTMICRO生产了一块3.5英寸的18GB SSD硬盘，实现了100000次输入/输出操作每秒（Input/Output Operations Per Second，IOPS），在2009年Cebit上，OCZ展示了一块1TB(4块256GB的SSD组RAID 0)的利用PCI-Express x8插槽的MLC闪存SSD，其读写速度分别可以达到712MB/s和654MB/s。目前其世界纪录由FusionIO的（ioDrive Octal）保持，这块使用2代PCI-Express x16接口的怪兽硬盘，读写速度分别达到了6000MB/s和4400MB/s，随机512B读写可以达到1180000 IOPS！

固态硬盘（Solid State Drive）由控制单元和存储单元（FLASH芯片）组成（图9-17），目前SSD硬盘常用的闪存主要分为SLC（单层式储存，Single Level Cell）和MLC（多层式储存，Multi-Level Cell）两种。SLC顾名思义，每个存储单元内存储1个信息位。SLC闪存的优点是传输速度更快，功率消耗更低和存储单元的寿命更长。然而，由于每个存储单元包含的信息较少，其每百万字节容量需花费较高的成本来生产。由于快速的传输速度，SLC闪存技术会用在高性能的存储卡和高端SSD。MLC是英特尔（Intel）在1997年9月最先开发成

图 9-17　2.5 英寸的固态硬盘

功的，通过精确控制 Floating Gat 上的电荷数量，使其呈现出 4 种不同的存储状态，每种状态代表两个二进制数值（从 00 到 11）。因此，相比 SLC，MLC 拥有比较好的储存密度，再加上可利用比较老旧的生产设备来提高产品的容量，而无需额外投资生产设备，拥有成本与良品率的优势。然而，MLC 同样有其缺点，那就是存取次数仅为 1 万次左右，大约为 SLC 的 1/10，速度上 MLC 也处在明显下风。因此 MLC 主要用于中低端的 SSD。

目前市面上主流的控制芯片厂商主要有 Intel、SandForce、JMicron、Marvell、Samsung、Indilinx 以及 Toshiba。其中，Intel 的 SSD 有口皆碑，得益于自家主控先进的性能。市面上比较常见的 Intel 主控型号为 PC29AS21AA0、PC29AS21BA0，常见的 Intel SSD 为 X-25M 系列，其最新一代的 320 系列用 25nm 的 MLC 闪存替代了上一代的 34nm 闪存，读写速度分别可以达到 270MB/s 和 84MB/s，每秒 IOPS 读写均超过 17000。

SandForce 一向都以性能强大著称，作为唯一能和 Intel 在技术上比拼的企业，其最新一代的 SF-2000 主控提供读写超过 500MB/s，IOPS 破 60000 的强悍指数。OCZ 的 Agility3 和 Vertex3 SATA Ⅲ均采用这一主控。后者在 ATTO 测试中读写速度均达到 500MB/s，必须要 SATA3 接口才能完全发挥性能，彪悍可见一斑。其 4K 读写的 IOPS 同样超过 17000，不比 Intel 差。

JMicron 来自宝岛台湾，一度是打破 SSD 价格坚冰的急先锋，但也长期被认为是廉价低效的主控，金士顿的 SSD 就曾是这一主控的忠实拥护者，代表产品为 SSDNow SV100-S2。Marvell 主控是机械硬盘领域性能最好的产品之一，目前在固态硬盘领域，虽然竞争激烈，但是 Marvell 凭借自己的底蕴还是拿出了镁光 C300 这样的经典产品，读取速度超过 300 MB/s，写入速度约为 80MB/s。不过让人费解的是镁光 C300 读取文件的 IOPS 超过 10000，写入的 IOPS 值却刚过 600，改进余地依然很大。

Samsung 作为最早进入 SSD 领域的巨头之一，后来发展却只能用一般来形容，目前三星 SSD 正打算进入我国市场，最新推出的 470 系列性能大约和 C300 相当，读写速度都稳超 200MB/s，随机读写的 IOPS 值超过 11000（64G 版）。

然后则是黑马 Indilinx，这家此前默默无闻的小公司在 2008 年一鸣惊人，凭借 Barefoot 主控风靡全球，被 OCZ 收购后，随即推出了 Everest 主控，8K 档的读写可以达到 500MB/s，不容小觑。

最后是老牌半导体制造商 Toshiba，2009 年东芝推出的 TC58NCF618GBT 主控实质就是 JMicron 的 JMF618，不过略做了改进而已。读写速度分别在 230MB/s 和 170MB/s，不过在 4KB 读写方面延迟较大。

固态硬盘的优点包括速度快、低功耗、无噪声、抗震动、低热量、工作温度范围大等。其缺点主要是价格相对较高，价格容量比要比机械硬盘高出很多。另外一个缺点是寿命相对较短，因为闪存具有擦写次数的限制。当今的SSD，在闪存暂时没有取得革命性突破的情况下，要想延长使用寿命，还得从主控上下手。目前的主流SSD均引入了TRIM技术，在Windows 7操作系统下可以有效提高SSD的性能，延长SSD的使用寿命并减缓其性能下降。Windows删除文件的机制是对文件的对应区块做上“已删除”的标记，等到下次文件写入时再彻底覆盖之，这也是为什么闪存卡和硬盘上的文件删除后还有可能恢复的原因。启用TRIM后，Windows会使用一个叫做Volume Bitmap的磁盘快照来标记删除与否，而非向硬盘发送删除指令，这一步就节约了大量时间。此外，SSD硬盘在长期使用之后，仍然会产生大量磁盘碎片，由于Windows无法探知这些区块的区域是否已经被删除，只能按照机械硬盘的做法往这些区块打上已删除标记，这样即使这些区块什么也没有，下次写入的时候也会先擦除后写入，导致速率降低。而开启了TRIM的SSD硬盘写入数据的时候，也可以直接根据Volume Bitmap覆盖相应区块，而不是删除数据后再写入，因此可以防止性能下降。

目前，主流的固态硬盘都采用SATA3.0接口，当然由于笔记本电脑的空间有限，通常只能提供2个SATA接口，因此寻找扩展接口来满足消费者对硬盘容量和性能日益扩张的需求，可谓大势所趋，用来进行扩展的接口主要有如下这些：

Mini PCI-E（图9-18）：在Express card在中低端笔记本电脑上潜踪匿迹的今天，Mini PCI-E几乎已经是这些笔记本电脑升级扩展的最后希望，无论是WWAN 3G模块，还是GPS模块，都需要这个接口来实现加装。同样地，SSD的扩展方向上，也少不了这种接口的身影。

图9-18 Mini PCI-E接口固态硬盘

mSATA接口：mSATA接口其实是SATA3标准定义的一种微型接口，将标准SATA接口微缩到一个类似于Mini PCI-E的接口上，并支持1.5Gbps和3Gbps的带宽，东芝已经率先推出了这种接口的SSD硬盘，读写速度分别可以达到180MB/s和70MB/s，Intel的310系列SSD也采用了mSATA标准接口。

ZIF：ZIF接口的硬盘以1.8英寸硬盘为主，主要用于非常轻薄的笔记本电脑，比如Macbook air，还有富士通等日系的轻薄本。ZIF既可以接SATA接口也可以接IDE接口，共分3种，分别是ZIP-24、ZIP-40、ZIP-50，依次有24、40、50针。此外，在iPod等电子播放设备上，ZIF接口也并不少见。

6. 光驱

目前，主流的笔记本电脑光驱可分为DVD刻录机、蓝光COMBO和蓝光刻录机。其中DVD刻录机已成为全内置笔记本电脑的标准配置；蓝光COMBO即相当于DVD刻录机+蓝光只读光驱，其主要面向高清影音用户；蓝光刻录机则面向高端笔记本电脑用户。

随着高速网络的发展以及笔记本电脑轻薄化的趋势，越来越多的笔记本电脑不再把光驱作为内置部件（图9-19），而是将外置的USB光驱（图9-20）作为笔记本电脑的可选组件单独出售，以满足超轻薄型笔记本电脑的刻录需求。

图 9-19 笔记本电脑内置光驱

图 9-20 外置光驱

7. 显示器

自从 1985 年世界上第一台笔记本电脑诞生以来，LCD 液晶显示屏就一直是笔记本电脑的标准显示设备。按照液晶面板的制造技术来分大致可分为 TN 型面板、VA 型面板、IPS 面板等。

TN(Twisted Nematic，扭曲向列)型面板，主要用于中低端笔记本电脑，视角较小且超过一定角度观看颜色变化比较明显。其特点是价格比较便宜、功耗较低、色域偏窄。用手轻按屏幕，出现水波纹的即为 TN 型面板。

VA(Vertical Alignment，垂直排列)型面板，主要用于中高端笔记本电脑，其特点是视角可超过 160°，能提供 16.7M 色彩。其又可分为 MVA、PVA 两种主要类型。

MVA(Multi-domain Vertical Alignment，多区域垂直排列)是较早投入应用的广视角液晶面板，由日本富士通公司开发，目前生产 MVA 的厂家有奇美电子和友达光电等。PVA 是三星公司在 MVA 基础上改进的面板，有着更好的亮度和对比度。其特点是色域广、广视角，但功耗和价格偏高。用手轻按屏幕，出现梅花印的即为 VA 型面板。

IPS(In-Plane Switching，平面转换)面板最早由日本日立公司开发，具有颜色细腻通透、可视角度大等优点。通常用于高端笔记本电脑，其视角可以达到 178°，色域广，硬屏，用力按压可出现轻微的梅花印，松手后迅速消失。价格较高，主要生产商包括日立、LG 等。

8. 键盘

键盘是人们在使用电脑的时候接触最多的硬件输入设备，一款好的键盘会让你打起字来非常舒服，是一种可以愉悦身心的享受；反之，其会降低你工作的效率与热情。影响键盘手感的因素主要有这么几个：键程、键距、键宽、回弹性能和键盘布局。

键程：就是按下一个键它下沉的距离(图 9-21)。键程较长的键盘会让人感到弹力很大，用起来比较费劲；键程适中的键盘，则让人感到柔软舒服；键程较短的键盘给人很硬的感觉，长时间使用会感觉到疲惫。

键距：就是键盘上键与键之间的距离，即从一个键的左侧到与它相邻的另一个键的左侧的距离，其中包括一个键帽和一条缝隙(图 9-22)。键距太长，会影响输入速度；键距太短，容易按到旁边的键，出现错误输入。

图 9-21 笔记本电脑键盘键程

图 9-22 笔记本电脑键盘键距

键宽:就是指键盘上一个完整键帽的宽度(图 9-23)。键宽大的键盘出现误打的几率比较低。

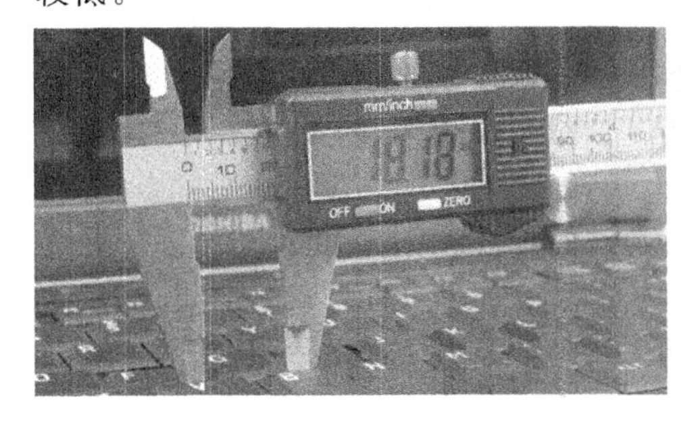

图 9-23 笔记本电脑键盘键宽

图 9-24 笔记本电脑键帽支架

回弹性能:是指按键被按下去以后再次弹起来的性能。回弹性能和键程是影响键盘手感的两个关键因素,如果这两者配合好的话,键盘的手感就会非常舒服。笔记本电脑键帽支架如图 9-24 所示。

键盘布局:就是键盘上各个键的分布情况,根据不同的品牌、型号,笔记本电脑的键盘布局也是多种多样。不过,一般影响人们使用感受的就是“Ctrl”键、“Fn”键、“Windows”键等几个常用功能按键的布局。

下面介绍一下几种不同的笔记本电脑键盘类型。

(1)平面孤岛式键盘(图 9-25):巧克力键盘的前身,2004 年索尼 VAIO X505 机型率先采用了这种键盘样式,后来,苹果笔记本电脑也全线采用了这种键盘设计。由于平面孤岛式键盘按键的厚度比较薄,所以这种键盘也成为了时尚超薄本和上网本的绝佳选择。

图 9-25 平面孤岛式键盘

优点:容易清洁、好上手。缺点:键帽较小,不适合手指粗大的用户使用。

(2)弧面孤岛式键盘(图 9-26):键帽表面呈弧形,键程接近于传统键盘,能够更好地和手指契合,拥有更优良的回弹性能,敲击起来非常舒服。

优点:清洁方便,弧形表面手感更好。缺点:键帽较小。

图 9-26　弧面孤岛式键盘

图 9-27　平面浮萍式键盘

(3)平面浮萍式键盘(图 9-27):这种键盘采用悬浮式结构,巧克力式键帽,键帽下面是充实的,使用的时候手感比较特殊,按的时候力度要求很小,键帽反应迅速。

优点:外观时尚、漂亮。缺点:容易进灰尘或杂物,清理麻烦,不够平稳,容易有误按的现象。

(4)阶梯浮萍式键盘(图 9-28):在传统浮萍式键盘的基础上,对键帽进行了改进,将方方正正的巧克力造型以阶梯形状呈现,形成了新的键帽造型,来代替以往的平面键帽。

优点:不容易进灰尘,键帽大,不容易出现误操作。缺点:太死板,不够漂亮。

图 9-28　阶梯浮萍式键盘

图 9-29　弧面浮萍式键盘

(5)弧面浮萍式键盘(图 9-29):平面浮萍式键盘的改良版,键帽呈弧线弯曲状,能够避免灰尘的进入,同时弧形表面也更契合手指,而且使压力都集中在键帽的中心位置,不会再出现摇晃的现象。

优点:弧形表面契合手指,不易进灰尘,压力集中,稳定性好。缺点:键程比较难控制。

笔记本电脑键盘的细微差别,都能给用户带来巨大的感受差异,不过每一种键盘能够给用户什么样的使用感受都是因人而异的,根据自身条件和个人喜好选择适合自己的笔记本电脑键盘,就能有最好的使用感受。

9. 触控板

触控板(TouchPad)是一种触摸敏感的指示设备,它可以实现一般鼠标的所有功能。使用很简单,手指触摸键盘下方的触摸板,光标会随着移动;左键、右键的功能与鼠标的左右键一样;第三代触控板已经把功能扩展为手写板,可直接用于手写汉字输入。

10. 电池

笔记本电脑在移动办公时使用电池供电，每个不同的笔记本电脑厂家使用的电池容量、外观均不相同，但一般都使用锂离子电池作为标准配置。锂离子电池具有能量密度大、平均输出电压高、自放电小、没有记忆效应、工作温度范围宽（－20℃～60℃）、循环性能优越、可快速充放电、充电效率高、输出功率大、使用寿命长、不含有毒有害物质等很多优点，被称为绿色电池，广泛用于手机、笔记本电脑等设备。

11. 电源适配器

电源适配器（Power adapter）是小型便携式电子设备及电子电器的供电电源变换设备，一般由外壳、电源变压器和整流电路组成。笔记本电脑的电源适配器主要有两个功能，为笔记本电脑电池充电和在未安装电池状态下为笔记本电脑供电。为了适应各个不同地区的电压差异，笔记本电脑的电源适配器一般采用宽幅电压输入（100～240V），可以把交流电转换成稳定的直流电（一般为12～19V），为笔记本电脑提供稳定的电能。

任务二　选购笔记本电脑

笔记本电脑的选购一直是热门话题，选一台适合自己的笔记本电脑也需要花费一番心思，从配置、外观、品牌、价格等多方面进行考虑，本任务对一些选购笔记本电脑的经验进行了总结。

【实训目的】

了解笔记本电脑的主流技术，能根据自己的需求选购合适的笔记本电脑。

【实训准备】

（一）熟悉笔记本电脑相关术语

1. 超线程技术

超线程技术就是利用特殊的硬件指令，把两个逻辑内核模拟成两个物理芯片，进而兼容多线程操作系统和软件，减少了CPU的闲置时间，提高CPU的运行效率。当然，虽然采用超线程技术能同时执行两个线程，但它并不像两个真正的CPU，每个CPU都具有独立的资源。当两个线程都同时需要某一个资源时，其中一个要暂时停止，并让出资源，直到这些资源闲置后才能继续。含有超线程技术的CPU需要芯片组、软件支持，才能比较理想地发挥该项技术的优势。

2. 睿频加速技术

睿频加速技术是英特尔中高端处理器的独有特性，也是英特尔一项新技术。这项技术可以理解为自动超频。通过分析当前CPU的负载情况，智能地完全关闭一些核心，把能源留给正在使用的核心，并使它们运行在更高的频率，进一步提升性能；当需要多个核心时，动态开启相应的核心，智能调整频率。

Intel的睿频技术叫做TB（turbo boost），AMD的相应技术叫做TC（turbo core）。

3. LED 背光显示器

目前市面上所谓的 LED 显示器，其实是 LED 背光液晶显示器，与传统的 CCFL（Cold Cathode Fluorescent Lamp，冷阴极荧光灯管）背光液晶显示器一样属于液晶显示器，只是背光源不一样而已。当然与 CCFL 背光液晶显示器相比，LED 背光显示器具有功耗低、发热量低、亮度高、寿命长的优点。

4. 超极本

超极本（Ultrabook）是英特尔公司为与苹果笔记本 MBA（Macbook Air）、iPad 竞争，为维持现有 Wintel 体系而提出的既具有笔记本电脑性能强劲、功能全面的优势，又具有平板电脑响应速度快、简单易用特点的新一代笔记本电脑。

简单地说，超极本与之前的笔记本电脑相比有几大创新：

(1)使用 22nm 低功耗 CPU，电池续航可达 12 小时。

(2)休眠后快速启动，启动时间小于 10 秒，有的机器启动时间仅为 4 秒。

(3)具有手机的 AOAC 功能（Always online always connected）。

(4)支持触摸屏和全新界面。

(5)超薄，根据屏幕尺寸不同，厚度至少低于 20mm。

(6)安全性：支持防盗和身份识别技术。

(7)部分品牌的超极本还可以变形成平板电脑，实现两用。

(二) 确定自己的需求

如果是用来取代台式机，很少移动，可以选择 15 英寸甚至 17 英寸的笔记本电脑；如果需要经常移动办公，可以选择 12 英寸、13 英寸的笔记本电脑；如果只是普通的办公、上网可以选择集成显卡的机器；如果经常用来欣赏影视，可以选择大屏幕、音响效果比较好的机型；如果是游戏爱好者以及经常进行动画设计、图像处理等操作，需要着重考虑处理器以及显卡的能力；如果经常进行计算机编程、数据运算能力要求比较高，应着重考虑处理器性能问题。

(三) 选择合适尺寸的笔记本电脑

笔记本电脑屏幕尺寸是指笔记本电脑屏幕对角线的尺寸，一般用英寸来表示。由于笔记本电脑采用的液晶屏的大小和分辨率是根据它的市场定位决定的，所以为了适应不同人群的消费能力和使用习惯，笔记本电脑的液晶显示器的尺寸和分辨率种类远远要比台式液晶显示器多。目前市场上有 10.1、11.6、12.1、12.5、13.3、14.1、15.4、15.6、17 英寸等多种屏幕尺寸的笔记本电脑，其中 14.1 英寸屏幕的笔记本电脑占主流地位。笔记本电脑屏幕也有 1024×600、1024×768、1280×800、1440×900、1680×1050、1920×1080、2560×1600、2880×1800 等多种分辨率，相同屏幕尺寸下，分辨率越高，显示效果越细腻。

(四) 选择 CPU

CPU 很大程度上决定着笔记本电脑的整体性能，目前主流的笔记本电脑 CPU 有 Intel 和 AMD 两大类，很多时候并不是型号越高、性能越好，或者说型号数字大很多，但性能却只提升了一点点。尤其是当新老两代产品在市场中并存时，如何辨别它们的性能高低就更加重要了。图 9-30 为英特尔第一、二、三代酷睿 i5 处理器的外观。

相对来说，硬件参数对 CPU 性能影响从大到小依次为：核心数量、架构、主频、二级缓存、前端总线。

主流笔记本电脑 CPU 的参数请参照任务一“认识笔记本电脑及内部主要部件”。

（五）选择内存和硬盘

图 9-30 三代 i5 处理器

现在主流的笔记本电脑都采用 DDR3 内存，容量多为 2GB、4GB，注意选购时要看一下内存插槽的状态和单根内存容量的大小，如有些笔记本电脑型号标配 4GB 内存，就要看一下是使用了单根 4GB 内存还是两根 2GB 内存，在默认状态下两根 2GB 内存组成的双通道比单根 4GB 内存性能强，但由于笔记本电脑只有 2 个内存插槽，要对其进行升级只能放弃原有内存条，而使用单根 4GB 内存的笔记本电脑拥有另外一个空插槽，可以通过添加内存条的方法进行升级，不仅保护原有投资，还可以使得性能得到较大幅度的提升。

具体选购技巧如下：

1. 品牌

目前市场上知名的笔记本电脑内存品牌主要有三星、HY（现代）、KingMax、Kingston 及宇瞻（Apacer）等。这些大厂的产品在出厂时都经过严格的检测，兼容性一般比杂牌产品好，稳定性也更佳。从价格上来看，目前名牌笔记本电脑的内存和杂牌笔记本电脑的内存相差不大，但名牌笔记本电脑的内存在质量上却比杂牌笔记本电脑的内存高很多，笔记本电脑对内存要求比较严格，因此不建议大家选购杂牌产品。

售后服务也是一个重要的考虑因素，这方面同样是品牌内存做得比较好，不过目前也有一些品牌内存的知名度很高，但由于价格和渠道的问题，市场占有率较低，从而导致售后体系不完善、售后服务质量较差，这种品牌的笔记本电脑内存也不建议购买。另外，很多笔记本电脑厂商或销售商都会建议你购买他们的所谓原装内存，有的甚至“恐吓”说若使用其他品牌的内存的话，会损坏笔记本电脑，当然他们报的价格肯定要比市场的兼容品牌高很多。

其实对于目前的主流笔记本电脑来说，只要是标准接口都是通用的，携带笔记本电脑去升级就可避免这种情况发生了。还有大家要特别注意，内存品牌和内存芯片品牌并非同一个概念，满大街的“HY”和“三星”内存条大部分都属于“组装”产品，仅说明它们采用了 HY 或三星的内存芯片而已。一些组装内存的厂家很多是一些小作坊，内存的做工和品质与原装产品有较大差距。当然，市场上也有不少采用 HY 或三星内存芯片生产的内存条，品质还是十分值得信赖的！

以市场主流的 Kingston 内存为例，其网站上有真假 Kingston 内存的识别方法和查询，很有参考价值，打算购买该品牌内存的朋友不妨看看。另外，通过一个叫做 KEPLER 的软件，也可以识别出你所购买的笔记本电脑内存是不是 Kingston OEM 的（官方下载地址：http://www.kingston.com/tools/Kepler/default.asp）。

2. 做工

首先是目测。把内存条侧放于光线明亮的地方，仔细观察金手指部位是否呈纯金褐色，如果呈现出深褐色，就说明已经被氧化了，说明该产品已经存放了很久，最好不要选择；如果有金属磨痕，就表示曾经被插拔过，这一般情况下是正常的，因为内存条出厂前要插拔测试，不过有些则是使用过的返修产品，当然这很难判别。

另外一个窍门就是看编号，如果内存条与颗粒的编号不一致，说不定是组装的哦！然后再反复地摩擦几下编号上的字迹，有些组装货便会出现掉字的现象。

然后是检查内存条的 PCB 板。内存条是由芯片与 PCB 板（印刷电路板）组成，PCB 板的好坏会直接影响整个内存条的性能。六层板的抗干扰能力较强，在工作时比四层板要稳定一些。

最后就是看内存条上"打标"的多少，总代理商出货要打标一次，二级代理商再打标一次，如果"打标"超过两个，就有可能是返修产品。

3. 检验

在购买的时候务必要携带笔记本电脑一同前往，这有两个好处，一是可现场检验所购内存条的兼容性，具体就是插上内存条后看笔记本电脑能否启动，显示的内存容量是否正确；二是可检验内存条的稳定性，有些笔记本电脑插上内存条后能启动，在 DOS 下也一切正常，可进入 Windows 后就出现问题了，例如容易死机、常重启或出错等，因此插上新的内存条后一定要进入 Windows 运行一些大的程序，例如 Photoshop、3DMARK，PCmark 或一些大型的 3D 游戏。

硬盘方面，大部分笔记本电脑仍然使用 2.5 英寸的机械硬盘，一些高端笔记本电脑开始使用固态硬盘。机械硬盘价格便宜、容量大、速度慢，固态硬盘价格高、容量小、速度快，用户可根据自己的需要进行选择。也可以购买后自行升级，如追求大容量可以更换成容量更大的机械硬盘、追求运行速度可以将机械硬盘更换成固态硬盘，同时追求大容量和高速度可以在笔记本电脑上同时使用固态硬盘和机械硬盘（需笔记本电脑有相应的空间安装，如部分机型可以使用 MINI-PCIE 接口的固态硬盘，带光驱的机型可以拆除光驱，将固态硬盘装在原机械硬盘的位置、机械硬盘装在光驱的位置）。

（六）各主要笔记本电脑品牌产品系列简介

1. 联想 lenovo

（1）Y 系列

ideapad 系列消费本的招牌型号，外观突出，性能也足够优秀，而且价格还十分有竞争力——在同价位产品里面，搭配了最好的专业级游戏显卡和极致声效，带给使用者最好的娱乐体验。

适合人群：年轻群体，热爱游戏和影音娱乐。

优点：游戏性能强大，多媒体娱乐功能称王。

不足：同其他游戏笔记本电脑一样，整机发热较配有中低端显卡的机型高。

代表产品：Y480 系列。

（2）Z 系列

外观和配置的最佳搭配，不仅有活力时尚的外观，也有主流的强势性能。搭配多色外观，赏心悦目，富有活力，是优秀的时尚潮本。

适合人群:以女性为主的年轻群体,热爱时尚生活和影音娱乐。

优点:多媒体影音娱乐功能强大,游戏性能稍显一般。

不足:游戏性能一般。

代表产品:Z480 系列。

(3)V 系列——ideapad 系列的商务本

继承 ThinkPad 的衣钵,V 系列是 ideapad 系列里面最好的商务本系列,不仅有 ThinkPad 优秀的内涵和出众的稳定性,更融合了 ideapad 动静皆宜的外观和富有活力的风格。

适合人群:职场人士,对笔记本电脑性能和稳定性要求高,但对价格较敏感。

优点:商务性能优秀(安全保护全面且强大),外观沉稳又不失活力。

不足:多媒体性能突出,但游戏性能不足。

代表产品:V480 系列。

(4)U 系列

联想的超级本系列,镁铝合金机身,极致轻薄,超长待机,快速启动,多彩外壳。

适合人群:移动办公的商务人士,注重上网和影音的时尚年轻消费者。

优点:1 秒唤醒,多彩颜色,轻薄,长续航。

不足:游戏性能一般。

代表产品:U310,U300S。

2. ThinkPad

(1)T 系列

特点:均衡的移动性,坚固安全的机身设计,丰富的扩展性,具备 ThinkPad 的所有人性化设计。

适合人群:有较高消费能力,极致需求的主流商务人群。

2012 年度新机:T430(i),T430u,T430s,T530。

(2)X 系列

特点:轻薄便携,续航时间长,在最小巧的机身中保留了 ThinkPad 独有的商务设计。

适应人群:有频繁移动需求的商务人群。

2012 年度新机:X230(i),X130e ,X1 碳纤版。

(3)X 平板系列

特点:旋转并折叠屏幕,可转换成平板电脑模式,可以自然、直观地进行数据输入。

适合人群:有触控输入需求的商务人群。

2012 年度新机:X230T。

(4)W 系列

特点:移动工作站,高端显卡,有针对设计和作图的各种专业设计软件,提供 ThinkPad 系列中的最极致性能。

适合人群:追求极致性能,对移动性基本没有需求的专业设计人士。

2012 年度新机:W530。

(5)L 系列

特点:严肃的商务外观,具备基本的安全和商务功能,相对低廉的价格。

适合人群:中小企业用户,经济条件有限的商务用户。

2012 年度新机:L413,L431。

(6)EDGE 系列

特点:有多种颜色方案可供选择,高保真音频,娱乐功能较多。

适合人群:年轻人,有个性化的商务用户。

2012 年度新机:E530,E430(s),E330,E130,E535,E435,E335,E135,E230s。

总结:T、X、W 是传统的机型,保留了较多 IBM 时代的经典功能,散热也是一流,EDGE、L 属于新的机型,设计上放弃了部分经典设计,更加突出了性价比。在预算较高的情况下推荐 T、X,对电脑要求非常高的情况下可以选择 W,当然价格也非常高,平常使用可以选 T、X、L、EDGE。不玩游戏,有较多移动需求的可以选择 X;玩大型游戏者可以选择 T、L、EDGE 独显系列。

3. 宏基 Acer

(1)V3 系列

V3 系列代表强劲的性能,工作、影音和游戏全能一体,搭载最新一代 Intel 酷睿智能处理器、GT640M 系列独立显卡等强悍性能,大容量的硬盘更方便存储,usb3.0、蓝牙 4.0 支持文件高速传输,金属风格尽显现代时尚,非常适合学生和商务人士的学习办公需求。

(2)V5 系列

V5 系列在满足大众日常需求下,采用了 i5 强劲动力,同时在外观设计方面更显时尚、轻薄、多彩的潮流风范,轻薄灵动,最新全时在线技术的支持,随时随地掌握最新动态,标配 9mm 纤薄光驱,配合娱乐、生活和工作,喜欢轻薄简约设计的移动人士可以选择。

(3)S3 系列

S3 系列是一个羽量轻薄,瞬间唤醒,超长待机,强劲性能,海量存储的全新日常用超级本,杰出的设计让其拥有高性能低功耗、轻薄便携的特性,在满足便携性能的同时,自身搭载的 i5 处理器和 4G 内存也足以应付一般的家庭娱乐使用。

(4)S5 系列

S5 系列继承 S3 轻巧体型,有着超轻薄的设计以及独创的 MagicFlip 接口设计,科技感十足,MagicFlip 上内藏了包含 HDMI、USB3.0 以及 Thunderbolt 等接口,让一直诟病的超极本接口问题得到解决,更由 S3 原先的 1.5s 联网升级到一直在线,即便是休眠的时候也与网络进行连接。配合 Acer 云技术,能够持续进行数据和资料的上传,常在外的工作人士再也不用担心资料的流失了。

(5)M3 系列

M3 系列超极本采用酷睿 i5 处理器、NVIDIA GeForce GT 640M 独立显卡,并且内置光驱,是一款性能最为全面的超极本。难能可贵的是,15 英寸的机型重量仅为一款普通 13 英寸笔记本电脑的重量,便携性相当不错。而大屏幕的显示效果则可以给用户带来更好的影音娱乐效果,在移动性和娱乐性能中做出了完美的平衡,基本上可以满足用户的日常使用需求。

(6)M5 系列

M5 系列搭载了最新的第三代 i5 处理器,智能性能再次全面提升,选配的 SSD 和普通硬盘,更大容量和高速存取任由选择,GT 640M 独立显卡则为画面带来更细腻流畅的表现,8

小时的待机在移动办公中游刃有余，特别采用酷冷气流降温技术，更优化的主板布局和气流导向设计，长时间地使用依然清凉舒适。

(7)E1 系列

E1 系列是一款演绎了本色的笔记本电脑，完备配置，不高的价格给用户带来超值体验，处理器和独显的选配，最高可达 1T 的硬盘可以满足海量存储，最高支持的 8G 内存多任务处理游刃有余，稳打稳扎的表现，再配上实用的至简设计，完美的互联分享体验，使用户具有美好的多媒体享受。

4. 戴尔 DELL

(1)Inspiron 灵越系列

特点：个性彩壳和高性价比。前漂悦屏设计，复合材料炫钢拉丝外壳，更有合金材质强化顶壳的锋行版。

适合人群：热爱个性色彩的学生，普通游戏玩家。

(2)Inspiron Turbo 系列

特点：New Inspiron 新灵越，最新硬件平台，白色镶边个性彩壳，高性能配置和独立显卡。

适合人群：热爱个性色彩的学生，普通游戏玩家。

(3)Vostro 成就系列

特点：高性价合金强化外壳商务机身，防眩光显示屏，指纹识别等数据保护，3 年上门服务与 1 年全面意外保护服务。

适合人群：初入职场的大学生，中小企业办公用户。

(4)Latitude 系列

特点：轻巧坚固全镁合金材质机身，支持扩展坞，企业远程管理和指纹识别等数据保护功能，永不断网的多种无线连接方式，全面定制的上门保修服务。

适合人群：大中型企业办公用户，可靠性要求高的商务人士、职场精英。

(5)XPS 系列

特点：集轻巧坚固镁合金一体成型机身，高性能配置和独立显卡，B+RG LED 广色域背光全高清显示屏，JBL 音响，背光键盘于一体的影音娱乐全能机型。

适合人群：影音娱乐狂人，时尚青年，游戏玩家。

(6)Alienware 笔记本电脑

特定：顶级发烧游戏本，全高清屏幕，疯狂的双显卡交火性能，七彩 LED 键盘背景灯，最强悍硬件的梦幻机型。

适合人群：游戏发烧友。

5. 索尼 SONY

(1)Sony z 系列

碳纤维+铝镁合金材质构成，极致重量的普通高性能笔记本电脑平台，最适合外出携带，售价一般较高，适合高端商务人士、企业部门领导等。

(2)Sony s13p 系列

正面金色标志，外壳主要由铝镁合金材质构成，适合需要外出携带但同时又有一定娱乐需求的中端商务人士、企业白领等。

(3)Sony s15 系列

市面上非常少见的大屏幕轻薄机型，满足绝大部分娱乐需求的同时又兼顾了观看感受以及重量，适合对屏幕尺寸有一定需求及便携的专业用户等。

(4)Sony 13 系列

性价比较高的低端商务娱乐机型，铝合金一体式键盘和掌托设计，保证长时间舒适操作，适合预算比较有限的普通商务人士、需要携带的在校学生等。

(5)Sony e14p 系列

经济实惠的中端娱乐机型，顶盖金属拉丝设计不易磨损，中等特效下能基本流畅运行如wow等主流游戏，适合有一定娱乐应用需求的家庭用户、在校学生等。

(6)Sony e15/e14 系列

入门级普通娱乐机型，整机无太多亮点可言，能满足绝大部分影音需求，适合需求不高的普通家庭用户等。

6. 华硕 ASUS

(1)A/K/X 系列

华硕的工作娱乐系列，入门级产品，主打性价比，配置一般，适合普通人家用，办公或者一般性娱乐。其中，K系列模具稍微厚点，A系列薄一些，外观颜色选择更靓丽，X系列的掌托是格纹的，多数为低端配置。

(2)N 系列

华硕的视讯系列，中高端产品，搭配中高端独立显卡，加上B&O认证的音效系统，适合对影音视听、游戏娱乐有更高要求的年轻消费者。N系列的外观、用料、做工都比工作娱乐系统强很多。

(3)G 系列

华硕的游戏系列，硬件配置顶级，搭配高端显卡，主打完美的视觉享受、极致的娱乐游戏体验，适合对显卡有很高要求的游戏发烧友。

(4)UX 系列

华硕的超级本，采用一体化全铝合金机，重量轻，机身薄，开机快，电池续航时间长。主要面向对移动办公、便携性有较高要求的商务人士。娱乐性能一般，但最近有推出搭配独显的超级本产品。

(5)U/UL 系列

U/UL系列属于轻薄商务系列，普遍使用SU系列处理器，当然其中也有使用常规处理器的。优点是轻、薄、外型时尚。主要面向移动办公的商务人士。

(6)VX 系列

和兰博基尼合作的产品，属于新概念系列，以兰博基尼跑车为原型设计，前卫酷炫的外形，超主流的硬件配置，外观霸气十足，适合对笔记本电脑外形和性能都有高要求的发烧友。

(7)NX 系列

华硕的概念机型，高端家用机，强劲的配置，独一无二的外观，ASUS首次将音响置于屏幕两侧，符合人体工程学的双触摸板，顶级奢华的外观、无与伦比的视听体验。适合顶级音乐发烧友。

(七)笔记本电脑选购方案推荐

1. 商务用户方案

(1)12 英寸机型

推荐型号:ThinkPad X230(图 9-31)。

主要参数:I3-2370M/2GB/500GB/核显。

点评:12 英寸价格入门级别的商务机型,保持了 X 系列的地位。

图 9-31 ThinkPad X230

图 9-32 联想昭阳 K29

推荐型号:联想昭阳 K29(图 9-32)。

主要参数:B980/2GB/500GB/核显。

点评:ThinkPad X 系列的兄弟机型,性价比很高,特别是低配的乞丐版,改造性也很强(CPU、内存、硬盘、甚至屏幕都能升级更换)。

(2)13 英寸机型

推荐型号:DELL Latitude E6330(图 9-33)。

主要参数:I5-3320M/4GB/500GB/核显。

点评:DELL 新一代的 13 英寸商务机型,3 年保修并且第一年全保的上门售后服务,并且可以延长到 5 年。

图 9-33 DELL Latitude E6330

图 9-34 ThinkPad T430i

(3)14 英寸机型

推荐型号:ThinkPad T430i(2342-3QC)(图 9-34)。

主要参数:I3-2328M/2GB/320GB/核显。

点评:配置蓝牙、指纹、摄像头,核显的配置适合入门级商务人士选择。

推荐型号:ThinkPad T430S A27(图 9-35)。

主要参数:I5-3210M /4GB/500GB/NV NVS 5200M& 核显/1600 * 900。

点评:独显与核显组成双显卡系统,第三代 i5 已达到上代 i7 的性能。提升非常明显。

图 9-35 ThinkPad T430S A27

图 9-36 DELL Latitude E6430

推荐型号:DELL Latitude E6430(图 9-36)。

主要参数:I5-2350M /4GB/500GB/NV NVS 5200M& 核显。

点评:传承了 Latitude 系列优良的血统,具有较强的安全性、稳定性及耐用性,可适应苛刻的工作环境。

(4)15 英寸机型

推荐型号:ThinkPad W530 A44(图 9-37)。

主要参数:I7-3720QM/4GB/1TB/NVIDA QUADRO 1100M& 核显。

点评:功能强大的工作站机型,ThinkPad 商务机型的代表。

图 9-37 ThinkPad W530 A44

2.学生用户和普通家庭用户

(1)14 英寸机型

推荐型号:Acer E1-471-32322G50Mnks(图 9-38)。

主要参数:I3-2328M/2G500G 核显。

点评:便宜的核显机型。

推荐型号:Acer AS4750G-2412G32Mnkk(图 9-39)。

主要参数:I5-2410M/2GB/320GB/DVD 刻录/GT520M 1G 独显 & 核显。

点评:市场上价位最实在的机型。

推荐型号:ASUS X45EI235VD-SL(图 9-40)。

主要参数:i3-2350/2G500GGT610M 1G 独显/DVD 刻录/无线/摄像头/USB3.0/HDMI 接口/奥特蓝星扬声器/DOS。

点评:3000 元左右的普通家用机型。

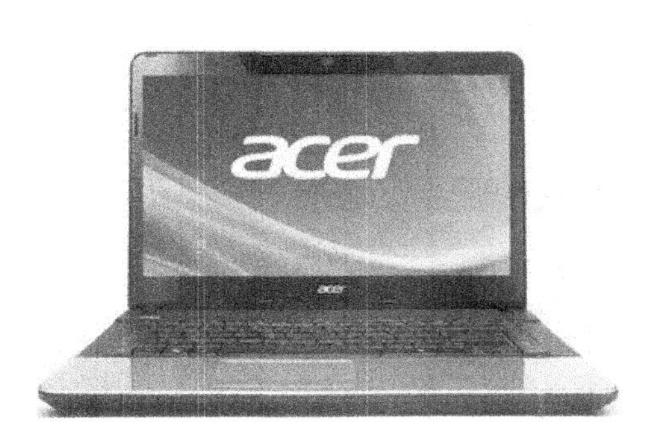

图 9-38 Acer E1-471-32322G50Mnks

图 9-39 Acer AS4750G-2412G32Mnkk

图 9-40 ASUS X45EI235VD-SL

图 9-41 ASUS U44EI233SG-SL

推荐型号：ASUS U44EI233SG-SL(图 9-41)。

主要参数：I3-2330M/4GB/640GB/GT610M& 集成显卡。

点评：ASUS 轻薄机型，8 芯的电池重量却仅仅只有 1.7kg，在尽量轻便的同时也保持了强大的续航能力。

(2)15 英寸机型

推荐型号：ASUS X54XI2328HR-SL(图 9-42)。

主要参数：I3-2328M/2G500GHD7470。

点评：在 15 英寸机型中能有入门配置且价格合理。

3. 游戏影音用户方案

(1)14 英寸机型

推荐型号：联想 Y470NX(图 9-43)。

主要参数：I3-2370M/4BG/500GB/GT550M& 核显。

点评：价格实惠，仅存的几款直接拆后盖就可清灰的机型，对付一般的网游足矣。

推荐型号：联想 Y480N-IFI(图 9-44)。

主要参数：I5-3210M/4GB/1000GB/GT650M& 核显。

点评：5000 元左右的 DDR5 2GB 显存 GT650 显卡，价格合适。

图 9-42　ASUS X54XI2328HR-SL

图 9-43　联想 Y470NX

图 9-44　联想 Y480N-IFI

图 9-45　DELL Inspiron 14TR-1628

推荐型号:DELL Inspiron 14TR-1628(图 9-45)。

主要参数:I5-3210M/6GB/750GB/DVD 刻录/GT640M& 核显/1600 * 900。

点评:最大的优势就是它的高分屏。

推荐型号:三星 Q470-JT05(图 9-46)。

主要参数:I3-3110M/4GB/500GB/GT650M& 核显。

点评:开普勒显卡,雾面屏,也是为数不多的好拆机的机型。

(2)15 英寸机型

推荐型号:ASUS N56XI321VM-SL(图 9-47)。

主要参数:I5-3210M/4GB/750GB/GT650M& 集成显卡/USB3.0。

点评:高分雾面屏。

推荐型号:联想 Y580N-ITH(图 9-48)。

主要参数:I3-3110M/4GB/1000GB/GT660 M & 核显。

点评:DDR5 的 2GB 显存 GTX660 显卡,以及不到 6000 元的价格。

图 9-46 三星 Q470-JT05

图 9-47 ASUS N56XI321VM-SL

图 9-48 联想 Y580N-ITH

图 9-49 ASUS U24GB815E/32NRJXXU

4. 便携用户方案

(1)11 英寸机型

推荐型号:ASUS U24GB815E/32NRJXXU(图 9-49)。

主要参数:B815 2G 320G 1366 * 768 WIFI 摄像头 USB3.0 win7。

点评:价格已经很亲民,对于 11 英寸机型市场已经是个极好的产品,一般的上网聊天看电影足够,适合经常移动的休闲人士选择。

(2)12 英寸机型

推荐型号:ASUS Zenbook UX21LI2467E(图 9-50)。

主要参数:i3-2367M/4GB/128GB SSD/核显。

点评:虽然外围是 11 英寸的尺寸,但屏幕确是 12 英寸的,为数不多的小尺寸超级本,外观极似 11.6 英寸 Macbook Air。

(3)13 英寸机型

推荐型号:联想 U310-ITH(图 9-51)。

主要参数:I3-2367M/4G/500GB HDD+24GB SSD/核显/蓝牙。

点评:联想新一代的超级本,价格上有优势,而且配置也比较齐全。

推荐型号:ASUS Zenbook UX31KI2557E(图 9-52)。

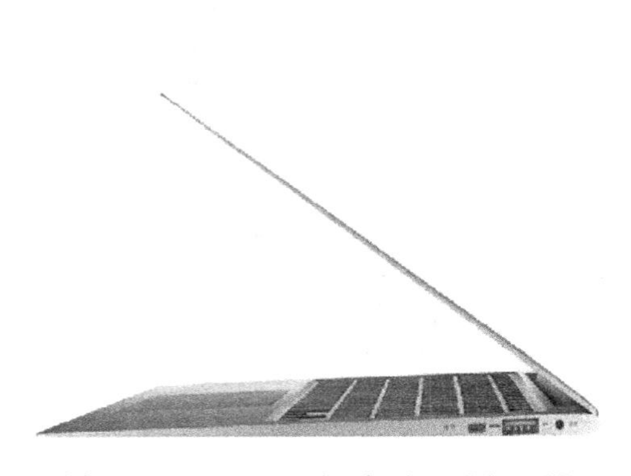

图 9-50　ASUS Zenbook UX21LI2467E

图 9-51　联想 U310-ITH

主要参数:I5-2557M/4GB/128GB SSD/核显/1600 * 900。

点评:13 英寸 IPS 高分是亮点,I7 版还有 FULL HD 可选,但价格昂贵。

图 9-52　ASUS Zenbook UX31KI2557E

图 9-53　SONY SVS13117ECB

推荐型号:SONY SVS13117ECB(图 9-53)。

主要参数:I3-2350M/4GB/640GB/DVD 刻录/核显/蓝牙。

点评:13 英寸机型仅存的几款正常电压机型,价格依旧偏高。

(八) 选购笔记本电脑的其他注意事项

1. 购买前要先了解市场最新动态与价格

在决定购买笔记本电脑前要先了解市场的最新动态与价格,一般可以通过计算机类杂志、报纸或者网络来了解相关的信息,如相关品牌笔记本电脑的型号、详细配置、价格、赠品或配件等信息。可以通过国内一些比较著名的 IT 网站或笔记本电脑论坛如太平洋电脑网、泡泡网、中关村在线、IT168 等来了解相关信息,避免购买时被误导。

2. 选择合适的购机场所

(1)计算机专卖店

计算机专卖店的特点是品种齐全、正品保证、服务专业,但通常数量不多,价格较高,只有一些比较知名的品牌会设立自己的专卖店。

(2)大型连锁家电卖场

如国美电器、苏宁电器等,其卖场数量较多、正品保证、服务质量好,但价格固定,相对市场价格要高一些。

(3)大型 IT 电子市场

如百脑汇、颐高数码城等,其笔记本电脑种类丰富,各个品牌、各个型号的产品都有,价格可以浮动,但用户需要先做好功课,注意产品的品质、售后服务等,防止买到样机或水货等。

(4)网上商城

包括第三方的购物网站,如京东商城(http://www.360buy.com)、亚马逊中国(http://www.amazon.cn/),传统家电卖场开设的网上商城,如苏宁易购(http://www.suning.com/)、国美电器网上商城(http://www.gome.com.cn),计算机厂家自己开设的网上商城,如联想中国官方网上商城(http://shop.lenovo.com.cn/)等,这些都是比较安全可靠的 B2C 购物平台,不建议在 C2C 平台如淘宝网直接购买,避免买到不合格的产品。

3. 实体店购机的注意事项

(1)不要轻易改变事先选择的型号

在去实体店购机前要先做好功课,决定好要购买的品牌和型号,有些销售人员会借口没货或说你选择的这个型号有质量问题而推荐其他品牌和型号的产品,这个时候一定要谨慎,不要轻易改变原来的决定,因为他推荐的往往是利润率较高的产品,而不是最适合你的产品。很多消费者在现场被销售员忽悠,花高价买了其他型号的笔记本电脑。

(2)了解近期的促销活动、赠品的价值

笔记本电脑的厂家经常会举办一些促销活动,比如赠送笔记本电脑包、鼠标、鼠标垫、保护膜、软件礼包等,用户在购买前应了解一下相关厂商近期的促销活动,防止被某些销售商私自扣下,甚至让你另外掏钱购买这些赠品。

(3)要检查是否为全新机器

在各个笔记本电脑的卖场都有很多展示用的样机,这些样机会定期进行更换,更换下来的样机应该在用户知情同意的情况下折价销售,但也有部分商家隐瞒事实,把样机当做全新机器在卖,用户在购买时一定要多加留意。

对于这种情况,用户可以先检查笔记本电脑的外包装,如果外包装盒子有开封的迹象可以要求调换。如果外包装正常,取出笔记本电脑后先查看机身背面的序列号和包装盒以及保修单上是否一致,即是否"三码合一",如果不是,也不建议购买。如果三码合一,继续检查笔记本电脑的外观,机身是否有划痕,散热孔处是否有灰尘,接口是否有插拔的痕迹,如果上述检查没问题则说明是一台全新的机器。

(4)一定要开具正规发票

发票是购买笔记本电脑的有效凭据,一般的笔记本电脑厂家是根据发票来提供三包服务的。有些用户为了购买时能稍微便宜一点选择不要发票,其实是得不偿失的。如果有发票,保修时间是按照发票开具的时间来计算的,如果没有发票一般只能按照出厂时间来计算保修期限,甚至有的厂家售后表示没有发票就不提供任何保修,电脑出了问题只能用户自己付费维修。因此建议大家在购买笔记本电脑时一定要索要正规发票。

任务三　笔记本电脑的硬件升级

随着笔记本电脑的普及、零配件价格的降低,越来越多的用户开始考虑对笔记本电脑进行硬件升级。其实，笔记本电脑的组成部分与普通台式电脑并没有太大的差异，只是机箱更为紧凑、零配件的体积更小而已。因此，我们可以像升级台式电脑一样，通过更换零配件的方式为笔记本电脑升级。当然，由于各个不同厂家、不同型号的笔记本电脑设计不同，最通用的硬件升级方式还是升级内存和硬盘。其他硬件的升级，如升级CPU（必须是PGA封装的才可以升级）、升级液晶屏（换成同尺寸更高分辨率或TN换成IPS等，需要硬件驱动的支持）要根据笔记本电脑具体的型号、接口配置来进行，相对比较复杂。本任务以联想Y480N-IFI笔记本电脑为例，介绍升级内存和硬盘的过程。

在拆装笔记本电脑时有如下事项需要注意：

1. 仔细阅读该型号笔记本电脑的说明书，或去网上搜索相应的拆机教程、拆机图。

2. 动手操作前通过接触金属物体或洗手释放掉身上的静电。

3. 准备一块防静电的垫子并确保工作台的平整、整洁。

4. 拆机前要拔下电源线，拆下笔记本电脑的电池。

5. 按照正确的步骤拆机，用笔记录下拆卸下来的螺丝、小部件的位置，并准备一个小的塑料盒用来盛放。

6. 在拆卸细小的数据线、电缆线时一定要小心，不要造成人为的损坏。

一、升级笔记本电脑的内存

【实训目的】

掌握升级笔记本电脑内存的方法。

【实训准备】

1. 了解该笔记本电脑能否升级内存

通常笔记本电脑具有两根内存插槽，用户可以通过增加或更换内存条的方式进行升级，但也有某些笔记本电脑直接将内存焊在主板上（如苹果的Macbook Air和Macbook Pro的某些型号，部分上网本等），这些笔记本电脑是不能升级内存的。

2. 了解现有笔记本电脑内存的型号

在升级前要了解笔记本电脑内存的类型、容量、频率等参数，并据此来决定要升级的内存类型、容量等（具体参数可以通过CPU-Z来检测）。在升级时除了新加内存的类型、频率要相同外，还要考虑系统最大支持的容量。如一些上网本的主板只支持2GB内存，Windows 7家庭普通版只支持4GB的内存等，合理选择升级的配件。

3. 必要时对BIOS、操作系统等进行升级

某些稍老一点的笔记本电脑对大容量的内存支持不够好，需要对BIOS或操作系统进行升级，使得笔记本电脑能支持更大的内存。

【实训步骤】

1. 打开后舱盖板：将笔记本电脑D面向上，首先松开固定电池的卡扣，取下电池，然后找到固定后舱盖的2颗螺丝，将其旋下后打开后舱盖板（图9-54）。

2. 把内存斜着插入内存插槽（注意：要对好金手指上的缺口位置），如图9-55所示。

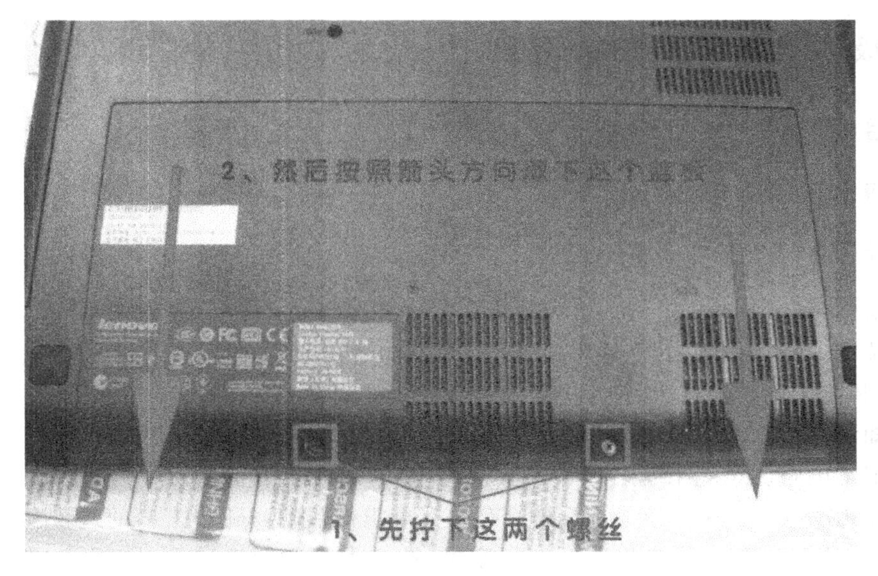

图 9-54 打开笔记本电脑的后舱盖板

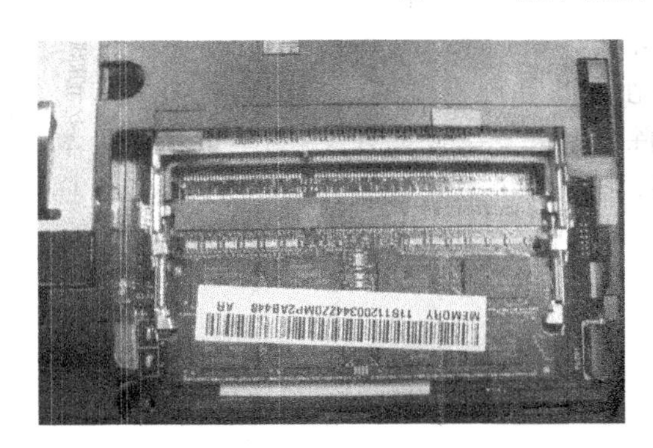

图 9-55 插入笔记本电脑内存条

3.金手指完全插入后，将内存往下按，让两边的卡扣卡住内存，装上后舱盖板即可(图 9-56)。

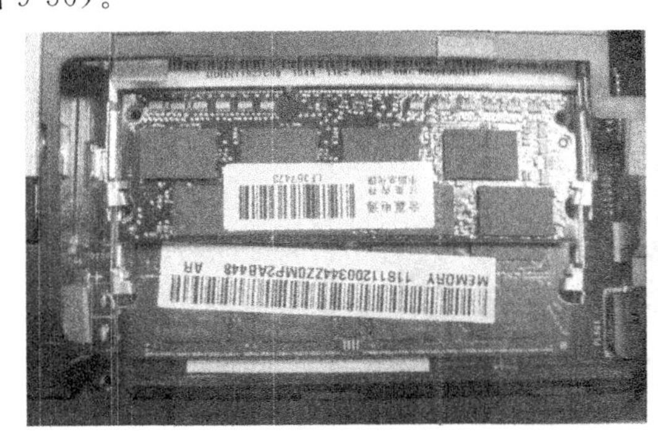

图 9-56 完成安装笔记本电脑内存条

二、升级/更换笔记本电脑的硬盘

【实训目的】

熟悉升级/更换计算机硬盘的方法。

【实训准备】

1. 实训材料

一台安装有 SATA 接口 2.5 英寸硬盘的笔记本电脑、STAT 接口固态硬盘、光驱位硬盘托架(可安装第二块硬盘)

2. 相关知识

如今笔记本电脑已经越来越多地进入我们的生活,通常只有价格昂贵的高配产品才会将 SSD 作为数据存储盘,这种开销并不是所有人都负担得起的。随着工艺的进步和成本的降低,中等容量 SSD 产品的价格也逐渐变得亲民,被广大用户所接受。而用中等容量 SSD 作为系统盘,原机械硬盘作为资料盘的方式既能得到 SSD 优秀的性能,又能保证存储的容量,整套平台的价格也较为低廉,更适合大部分用户。

此外,普通笔记本电脑都会有内置光驱,而在网络和闪存盘等移动设备日益发达的今天,光驱的使用频率越来越低,因此我们可以拆除光驱并安装硬盘托架,为笔记本电脑增加一个新的硬盘位。不过要注意的是,最好将 SSD 换到原机械硬盘所在的主硬盘位,而将更换出的机械硬盘放到通过光驱托架扩展出的第二硬盘位,这样能够增加系统的稳定性,并更好地发挥 SSD 的作用。

【实训步骤】

1. 选择合适的光驱位硬盘托架

如果想采用 SSD+机械硬盘的方案,首先要确定笔记本电脑的光驱是否可以更换为硬盘托架,可以根据笔记本电脑的型号在淘宝等网站上进行搜索,一般都可以买到对应的光驱位硬盘托架(图 9-57)。

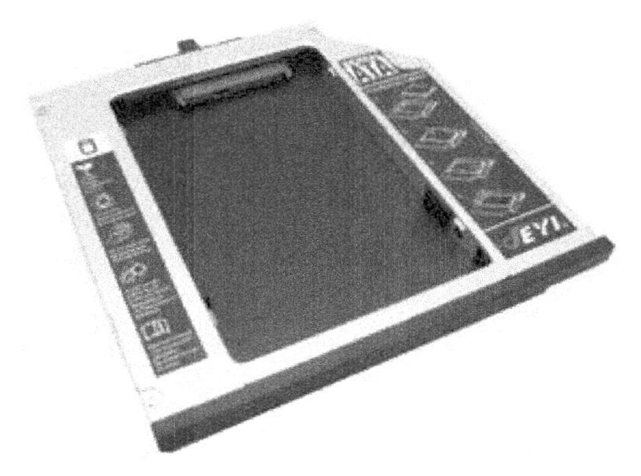

图 9-57 笔记本电脑光驱位硬盘托架

2. 拆卸笔记本电脑中的机械硬盘

将笔记本电脑反过来，D 面向上，首先松开固定电池的卡扣，取下电池，然后找到固定后舱盖的 2 颗螺丝（图 9-58），将其旋下后打开后舱盖板（图 9-59）。

图 9-58　松开笔记本电脑背面螺丝

图 9-59　打开后舱盖板

拆下固定硬盘支架的螺丝（图 9-60），把机械硬盘连同支架拆下来（图 9-61）。

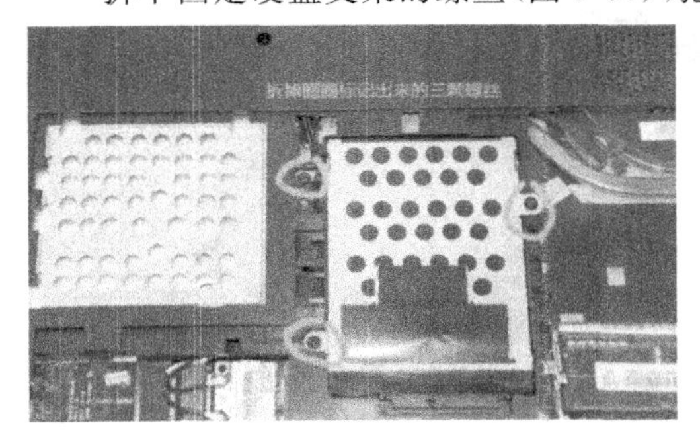

图 9-60　松开固定硬盘支架的螺丝

图 9-61　笔记本电脑硬盘

3. 将 SSD 装入原机械硬盘的硬盘位

主硬盘位可以让 SSD 工作得较为稳定，有效减少因光驱托架松动导致系统不稳定情况的发生。在安装过程中应注意将原机械硬盘的固定螺丝和支架（图 9-62）都安装到 SSD 上，保证其在机身内的稳固性（图 9-63、图 9-64）。

图 9-62　笔记本电脑硬盘支架及硬盘

图 9-63 拆下笔记本电脑硬盘支架

图 9-64 装上固态硬盘

4. 安装光驱位硬盘支架

拧下固定光驱的螺丝,将光驱推出机身(图 9-65),把拆下来的机械硬盘装到托架里(图 9-66)。注意机械硬盘一定要在支架中牢固固定,如果光驱位托架装回机身后出现晃动,最好填充一些减震的材料,如橡胶垫,以保证机械硬盘不会在后期使用时损坏。

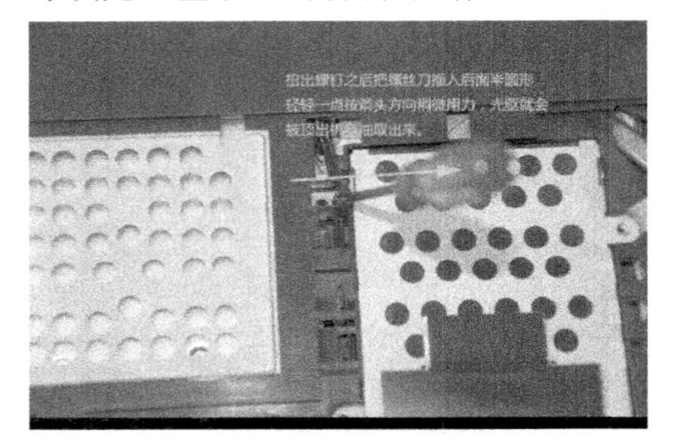

图 9-65 拆下笔记本电脑光驱

图 9-66 将硬盘装入托架

对于无法买到原装托架的用户,还可以尝试将原光驱上的面板卸下来(图 9-67),安装在托架上(图 9-68),这样可以让笔记本电脑的外观变得与改装之前完全一样,让其更加美观。

图 9-67 拆下原装光驱面板

图 9-68 将原装光驱面板装在托架上

5. 安装及调试

将所有拆卸的螺丝按照之前的顺序固定拧紧,之后开机并重新在 SSD 上安装操作系统即可。

任务四 笔记本电脑常见故障的排除与日常维护

一、笔记本电脑常见故障的排除

笔记本电脑产生故障的原因很多、很复杂，在使用过程中往往会因为某些硬件或软件的故障而无法正常运行。硬件故障是指笔记本电脑的硬件设备或外接设备发生损坏、性能下降、接触不良等问题引发的故障，通常导致无法开机、某个设备无法运行、死机、蓝屏等现象。软件故障是指由于系统配置不当、感染病毒、软件不兼容、使用不当等原因引发的故障，通常表现为无法正常启动、软件无法运行、死机、蓝屏等现象。

【实训目的】

熟悉笔记本电脑常见故障的排除方法。

【实训准备】

熟悉引起笔记本电脑故障的原因，掌握笔记本电脑维修的基本原则。

1. 引起笔记本电脑故障的主要原因

(1)使用不当。

(2)感染病毒。

(3)软件与系统不兼容。

(4)应用程序损坏或文件丢失。

(5)硬件不兼容。

(6)笔记本电脑配件质量问题。

(7)外部电磁干扰。

2. 笔记本电脑维修的基本原则

(1)认真检查，了解故障情况：先了解故障发生前后的情况，对故障原因做初步的判断。从笔记本电脑的外部环境、软、硬件配置、资源使用情况进行认真、仔细的检查。

(2)先分析，再维修：了解故障现象后要认真分析，最好能查阅相关资料，结合自己的经验进行分析，然后再动手维修。

(3)先检查软件故障，再检查硬件故障：维修时一般应先检查软件方面的问题，包括应用程序故障、操作系统配置错误、软件不兼容、感染计算机病毒等问题。硬件方面主要检查BIOS设置、键盘、屏幕、电池或接口问题、硬件不兼容或损坏等问题。

【实训步骤】

1. 笔记本电脑无法开机的故障分析与排除

故障可能原因：

(1)电源线或插线板故障。

(2)电池或笔记本电脑电源适配器不供电。

(3)开机键损坏。

(4)主板故障。

排除方法：

(1)检查电源线、插线板。

(2)拔下电源线用充满电的电池开机，如能开机说明是电源适配器的问题，通过更换电源适配器排除故障；若不能开机，则排除电源适配器的问题。

(3)检查电源开关，如果开关松动，拆下笔记本电脑外壳，检查开关按键，发现按键接触不良，更换按键后开机测试，故障排除。

(4)若无开机按键接触不良现象，则要考虑主板供电模块故障，更换主板后重新开机，故障排除。

2. 笔记本电脑使用过程中蓝屏死机的故障分析与排除

故障可能原因：

(1)感染病毒。

(2)硬盘剩余空间太少或碎片太多。

(3)启动程序过多。

(4)CPU 等设备散热不良。

(5)动态链接库文件(. DLL)丢失。

(6)硬件资源冲突。

(7)虚拟内存不足。

(8)安装或卸载软件不当或误操作。

(9)电压不稳等。

排除方法：

(1)用杀毒软件查杀病毒，完成后重新启动笔记本电脑。

(2)检查硬盘剩余空间，如果剩余空间偏少，则可以先删除不用的程序或文件，然后进行磁盘碎片整理。

(3)打开 Windows 任务管理器，检查一下是否同时打开的程序过多，如是，将暂时不用的程序关闭。

(4)如果笔记本电脑总是在开机运行一段时间或运行大型程序后死机，则可能是 CPU 等部件散热不良引起的，可打开后盖检查一下 CPU 散热片是否与 CPU 接触良好，风扇是否运转正常，如风力不足可以更换风扇，改善笔记本电脑的散热。

(5)根据屏幕提示在另一台安装了相同操作系统的计算机上找到同名的 dll 文件，将其复制到 C:\WINDOWS\system32 文件夹内。

(6)首先打开“设备管理器”，检查是否存在带黄色问号或感叹号的设备，如有，先将其删除并重启笔记本电脑，由 Windows 操作系统自动调整，如果自动调整后还是不行，可手工进行调整或升级相应的驱动程序。也可用硬件测试工具检查是否由于硬件的质量不好而引起死机，如是，更换相应的硬件设备。

(7)增大虚拟内存。具体设置方法如下：

A. 单击“开始”→“控制面板”，双击“系统”图标打开“系统属性”对话框(图 9-69)。

B. 单击“性能”选项组中的“设置”按钮，并切换到“高级”选项卡(图 9-70)。

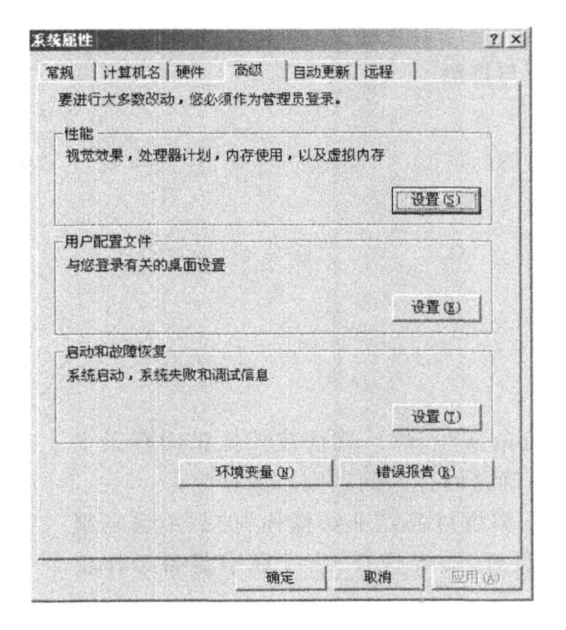

图 9-69 “系统属性”对话框

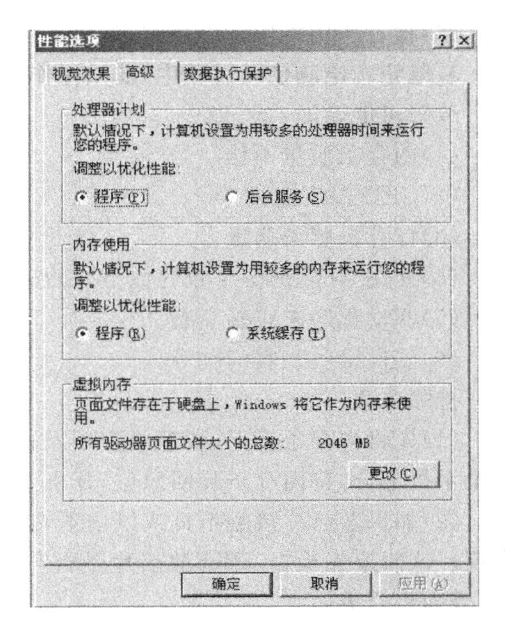

图 9-70 高级性能选项

C. 单击“虚拟内存”选项组中的“更改”按钮，打开“虚拟内存”窗口，如图 9-71 所示。单击“设置”按钮，修改虚拟内存的最大值，设定完后单击“确定”（图 9-72）。

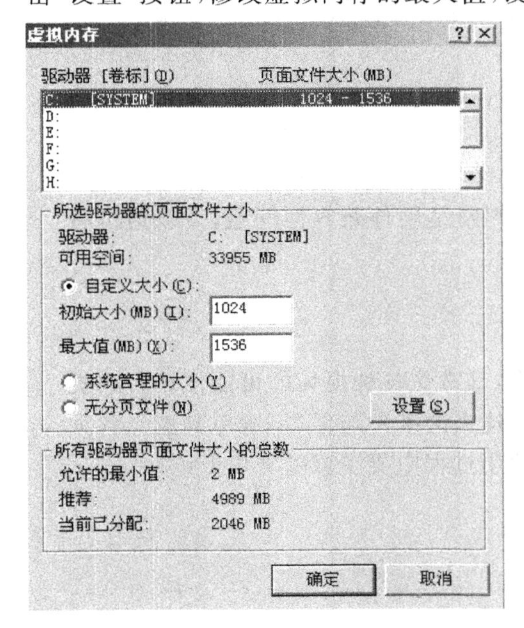

图 9-71 “虚拟内存”窗口

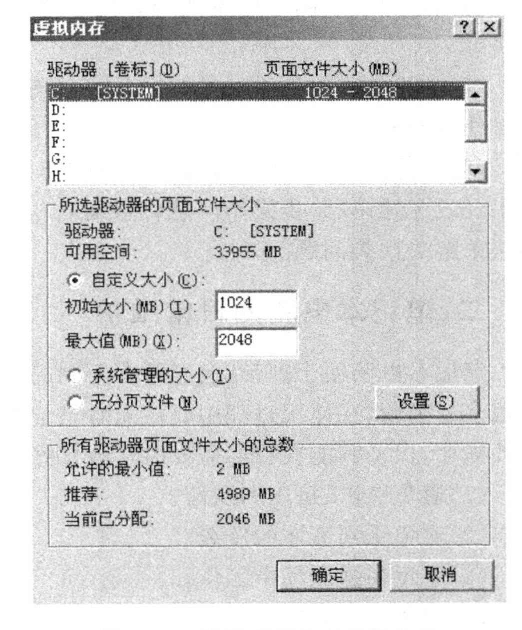

图 9-72 设置虚拟内存的最大值

D. 用同样的方法在其他逻辑盘上设置虚拟内存，完成后分别在“虚拟内存”、“性能选项”、“系统属性”窗口中单击“确定”，根据屏幕提示重启系统后生效。

(8) 检查是否正确安装或卸载了软件，以及误操作情况，可用备份的正确的注册表文件恢复系统的注册表。

(9)检查所用电压是否稳定,如果不稳定可通过加装稳压器来解决。

3. 笔记本电脑使用过程中“非法操作”的故障分析与排除

故障可能原因:

(1)内存条质量不佳。

(2)CPU 温度过高。

(3)计算机感染病毒。

(4)使用与 Windows 兼容性不好的应用程序。

(5)驱动程序未正确安装。

(6)硬件设备兼容问题等。

排除方法:

(1)先将内存条拆下,清理内存条及内存插槽附近的灰尘,然后用橡皮擦擦拭内存条上的金手指部分,将内存条装回原位,开机重新测试。若确是内存条问题则故障排除。

(2)如果散热片接触不良或风扇不转会导致 CPU 温度过高,“非法操作”的提示会频繁出现。这时要先检查 CPU 散热片是否与 CPU 接触良好,还要检查 CPU 风扇是否工作正常,否则需要更换。

(3)计算机感染病毒后如果系统文件被破坏,也会出现“非法操作”的故障,此时可使用杀毒软件查杀病毒。

(4)一些软件的测试版、试用版或网上下载的软件、盗版软件可能存在很多“Bug”,或与计算机内原先安装的程序不兼容,导致“非法操作”故障,可以升级不兼容软件或删除它来解决。

(5)如果某些硬件设备的驱动程序没有被正确安装,在使用这些设备时通常会出现“非法操作”的提示,可以将有问题的驱动程序卸载,然后重新安装或升级对应的驱动程序。

(6)硬件设备兼容性不好也会出现“非法操作”的故障,但应首先怀疑驱动程序的问题,如果经过上述第(5)步操作问题仍没有解决,则可初步判断是硬件兼容性问题,可以通过替换法来解决此类问题。

二、笔记本电脑的日常维护

笔记本电脑便于携带,会经常在不同的环境下工作,其遭受各种损坏的可能性比台式机大很多。因此,在使用过程中要注意对笔记本电脑进行适当的维护与保养,避免其遭受各种意外损坏,保证其能在我们需要时运转良好。在具体使用过程中要注意以下几点:

(1)避免撞击、挤压和跌落。

(2)避免受到液体的侵袭。

(3)避免在强磁场中工作。

(4)避免在温度过高或过低的环境中工作。

(5)注意笔记本电脑的散热。

(6)避免自行拆卸笔记本电脑。

【实训目的】

熟悉笔记本电脑的日常维护方法。

【实训准备】

笔记本电脑，常用清洁套装、保护膜等。

【实训步骤】

1. 笔记本电脑外壳的维护和保养

笔记本电脑外壳的维护和保养主要是避免划伤和磨损，其主要来自于移动过程中，如使用尺寸不合适的包装，易导致笔记本电脑外壳非常容易被包内物件划伤和磨损。我们可以使用以下方法防止磨损和划伤：

（1）使用原装笔记本电脑包来携带笔记本电脑，减少笔记本电脑在包内晃动的几率。

（2）使用笔记本电脑内胆包装笔记本电脑，这些内胆采用柔软质地材料制造，并且大小与笔记本电脑相匹配，可以使笔记本电脑在内部相对稳定，不易划伤和磨损笔记本电脑外壳。

（3）使用专用笔记本电脑外壳保护膜，该膜类似手机屏幕贴膜，附着在笔记本电脑外壳，既不影响笔记本电脑外观，又可以起到保护外壳的作用。

2. 液晶显示屏的维护和保养

液晶显示屏是笔记本电脑最容易损坏的部件，其在使用过程中要注意以下几点：

（1）保持干燥的工作环境。

（2）避免用手指或锐利的物品碰触屏幕表面。

（3）避免阳光直接照射屏幕。

（4）不要让屏幕长时间在较高亮度下工作。

（5）定期清洁液晶屏表面。

（6）可使用专用的液晶屏保护膜。

3. 笔记本电脑硬盘的维护与保养

目前大多数笔记本电脑的硬盘还是机械硬盘，其日常的维护与保养非常重要，正确地使用与维护不仅可以延长使用时间，更能防止因硬件故障而带来数据丢失的风险。在使用过程中要注意以下几点：

（1）在开关机时不要移动笔记本电脑，长时间使用时要把笔记本电脑放在平稳的桌面上，尽量避免在使用过程中发生震动。

（2）避免让笔记本电脑硬盘长时间连续工作。

（3）注意笔记本电脑的散热，保持合适的环境温度，保证通风孔的畅通，必要时可以使用笔记本电脑散热器。

（4）定期（建议每月一次）进行磁盘碎片整理，提高硬盘读取效率。

4. 笔记本电脑光驱的维护与保养

笔记本电脑光驱的维护与保养重点是对光驱激光头的保养，在使用过程中要注意如下几点：

（1）除需要光盘启动外不要在光驱内放置光盘，减少不必要的读盘工作。

（2）不使用劣质盘片。

（3）需要读取光盘时要确认光盘已固定好再推进光驱盒。

(4)使用光驱读盘时要保证笔记本电脑处于水平稳固状态。

(5)减少连续使用光驱的时间,如需欣赏光盘上的影视内容可先将其拷入硬盘,从硬盘读取。

(6)定期使用光盘清洁片对激光头进行清洁。

5. 笔记本电脑键盘的维护与保养

笔记本电脑的键盘作为最常用的部件,其使用频率最高,维护与保养也非常重要,需要注意以下几点:

(1)尽量不要在操作笔记本电脑时吃东西、喝水,保持键盘的清洁。

(2)键盘表面和缝隙积累灰尘时可用小毛刷、或洗耳球、微型吸尘器进行清洁。

(3)可在关机状态下用软布蘸少量的清水或中性清洁剂轻轻擦拭。

(4)可使用专门的键盘保护膜覆盖在键盘上,起到防尘防水耐磨的作用。

6. 笔记本电脑鼠标的维护与保养

笔记本电脑的鼠标包括指点杆、触摸板和轨迹球,其中轨迹球已基本淘汰,触摸板是使用最广泛的笔记本电脑鼠标,部分品牌和型号的机器上拥有指点杆,其也经常和触摸板共同使用。同样作为使用频繁的部件,鼠标在使用时也要注意维护与保养。

(1)使用触摸板时要保持双手清洁,防止油污、汗液粘在其上,引起光标乱跑的现象。

(2)不要使用尖锐的物体在触摸板上书写,也不可重压,避免造成损伤。

(3)不小心弄脏表面时,可用软布蘸一点点清水轻轻擦拭,不可用粗糙的布料等擦拭表面。

(4)指点杆长时间使用后可更换一个专用的鼠标帽。

7. 笔记本电脑电池的维护与保养

现在市场上的笔记本电脑基本上都是使用锂离子电池,锂离子电池的记忆效应很微弱,充放电次数固定,关于笔记本电脑电池的使用和保养还有很多人不了解,存在很多误区。其在使用过程中要注意以下几点:

(1)笔记本电脑买回来不需要反复充放电三次。除非买到的笔记本电脑是库存一年以上的产品,否则就不需要这样做,因为现在的电池电芯在出厂的时候已经经过启动,而电芯在封装成笔记本电脑电池的时候又经过一次相当于启动的检验,因此你拿到手的电池,早已是被启动过的了,再做三次充放电过程只是无谓地增加电池的损耗。

(2)第一次充电不需要充 12 小时。新机器连续充电 12 小时对于早期那些没有电池控制电路的镍氢电池机型是适用的,但对于如今具有智能充放电控制电路的笔记本电脑电池来说却是不需要的,当笔记本电脑电池充满之后,充电电流就会被自动切断,哪怕继续充 120 个小时,状态也不会有任何变化了,一般来说,就算充电最慢的机器,6 小时也完全充满了,剩下的"充电"只是浪费自己的时间。反而是拿到新机器的时候应该先把电量放光再充电。

(3)电池需要定期校正。对于记忆效应很强的镍氢电池,这是必需的工作,但对于锂电池,这个周期却不需要太频繁。如果你使用电池很频繁,那么你应该将电池放电到比较低(大约 10%～15%)再充电,但如果放电到连机器都开不了(0～1%),就属于对锂电池的有较大损伤的深度放电,一般来说每 2～3 个月进行一次这样的操作就可以了。

(4)使用正确的充电器。笔记本电脑各个机型的电压、电流,甚至接口都不同,即使是接口相同,如果电压和电流低于机器的标称数值,机器全速工作的时候电池可能就无法获得足够的充电电流，这对电池的损害是很大的。如果电压和电流低于标称值太多，甚至会发现根本无法开机或者能开机却无法充电。请注意电压和电流一定要符合机器的标称数值；同厂的不同产品接口一般相同，但是电压和电流可能不同，这点一定要注意！

(5)电池长期不使用的保存方法。无论是充满还是放光都是不正确的，放光电长期保存会令电芯失去活性，甚至导致控制电路保护自锁而无法再使用，充满电长期保存会带来安全的隐患，最理想的保存方法是放电到40%左右然后保存，锂电池害怕潮湿和高温，因此应该放在阴凉干燥的地方保存，但温度不可以太低，否则容量会大大减少，20℃左右是理想的保存温度。

(6)电池不行了不可以自己换电芯。许多品牌的笔记本电脑电池设计都是有自锁功能的，一旦电芯脱离控制电路，电路就进入自锁状态，只有使用特定的手段才能解开，在此之前控制电路将不会工作，也就是说电池等同报废，笔记本电池电芯不可以随意更换。

(7)充电无法充到100%的处理方法。笔记本电脑的电池之所以充电到99%后充不到100%满电的状态，往往是因为电池控制电路的记录和电池本身的状态出现偏差，电池始终没有达到控制电路中记录的电压，所以控制电路一直加电充电，实际上电池已经充满了，这种问题通常可以通过校正解决，但是即使不校正也没有什么关系，因为大多数充电电路都会在长时间无法充满之后自动断开。

【思考与练习】

1. 熟悉笔记本电脑的分类、主要部件与主要接口类型。
2. 熟悉选购笔记本电脑的原则与注意事项。
3. 超极本与普通笔记本电脑相比有什么特点？
4. 简述升级笔记本电脑内存的方法。
5. 简述笔记本电脑硬盘与台式机硬盘的区别，升级/更换笔记本电脑硬盘的方法。
6. 熟悉笔记本电脑常见故障的排除方法。
7. 笔记本电脑在日常使用中应如何进行维护？

项目十　常见故障诊断与排除

电脑故障一般是指造成电脑系统正常工作能力失常的软件系统的错误或者是电脑硬件的物理损坏，因此总的可以分为软件故障和硬件故障。

任务一　常见软件故障的诊断与排除

【实训目的】

了解软件故障产生的原因，掌握故障的诊断与排除方法。

【实训准备】

软件故障主要是指操作系统或各种应用软件引起的电脑故障。通常是因为软件自身问题、系统配置不正确、系统工作环境改变或操作不当所产生。

其主要原因可归纳为如下几个方面：①系统设备的驱动程序安装不正确，造成设备无法使用或功能不全。②系统中所使用的部分软件与硬件设备不能兼容。③CMOS 参数设置不当。④系统遭到病毒的破坏。⑤操作系统存在的垃圾文件过多，造成系统瘫痪。

软件故障不同于硬件故障，它一般由软件本身兼容性问题或用户操作不当引起，具有这么几个方面的特点：一是具有可修复性，在大部分情况下，用户可以通过重新安装软件或使用软件修复将软件故障完全解决；二是破坏性小，一般不会导致硬件的损坏；三是具有随机性，很多软件故障没有规律可循，比如误操作而导致的软件故障，可能下次正确操作时就消失了。

【实训步骤】

根据软件故障产生的原因，一般分为系统死机故障、系统蓝屏故障、电脑重启故障、系统非法操作故障以及 Windows 注册表故障。不同的故障，产生的原因不同，其诊断与排除的方法也不同。

1. 系统死机故障的诊断与排除

分为开机过程中死机、关机的时候死机、启动操作系统时死机以及运行应用程序时死机。

(1)开机过程中死机故障的原因有 6 种，如图 10-1 所示。

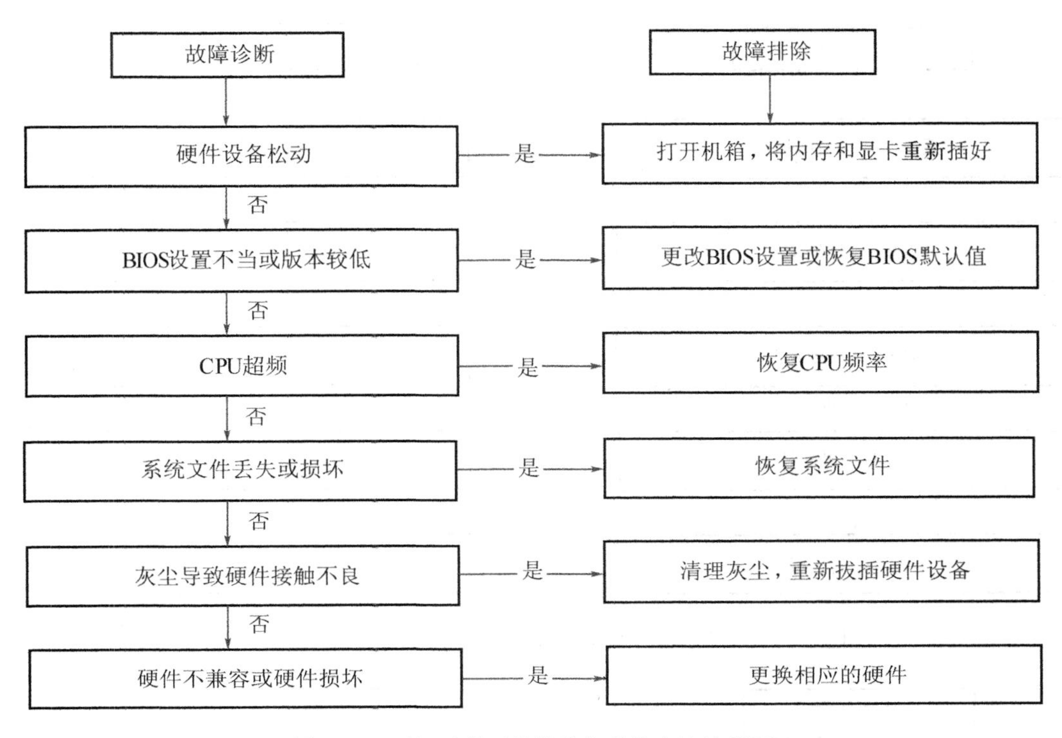

图 10-1 开机过程死机故障与排除方法流程图

(2)关机过程中死机的情况比较常见，其故障的原因与排除方法如图 10-2 所示。

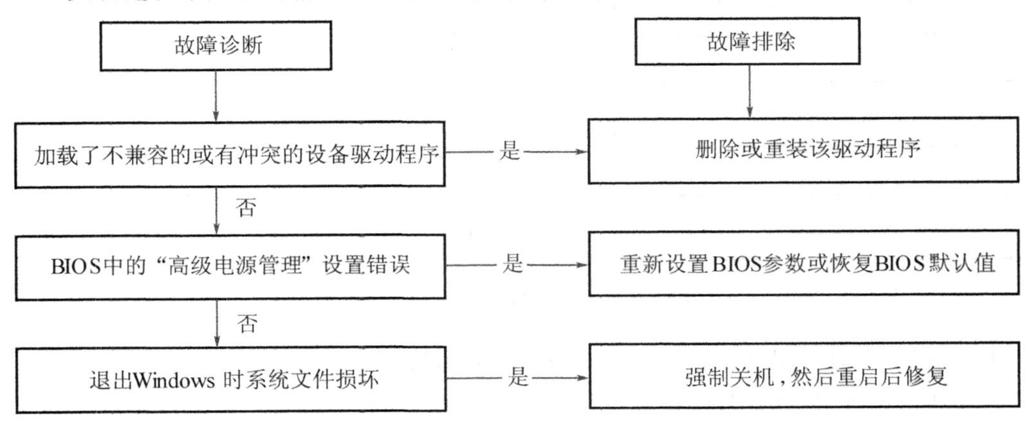

图 10-2 关机过程死机故障与排除方法流程图

(3)启动操作系统时死机。电脑启动时，首先是进入自检程序，然后加载操作系统。但由于某种原因启动的时候发生故障，导致启动失败。其故障诊断与排除方法如图 10-3 所示。

(4)运行过程中死机的情况比较少见，其故障的原因与排除方法如图 10-4 所示。

2. 系统蓝屏故障的诊断与排除

系统发生蓝屏故障的原因有可能是硬件所致，也有可能是软件引起。其排除的方法一般有三种。

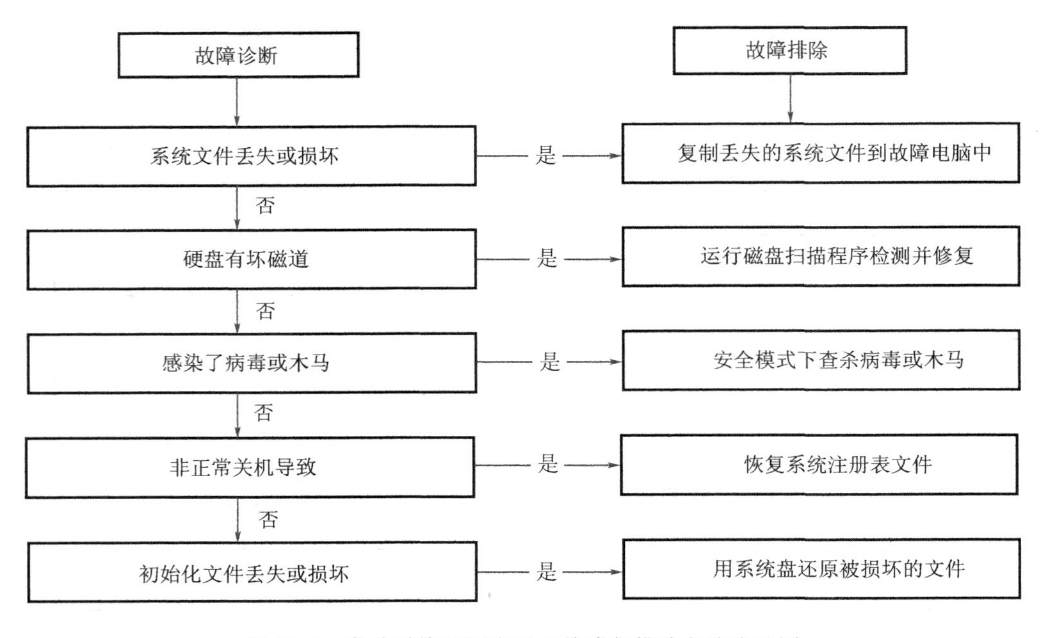

图 10-3 启动系统过程中死机故障与排除方法流程图

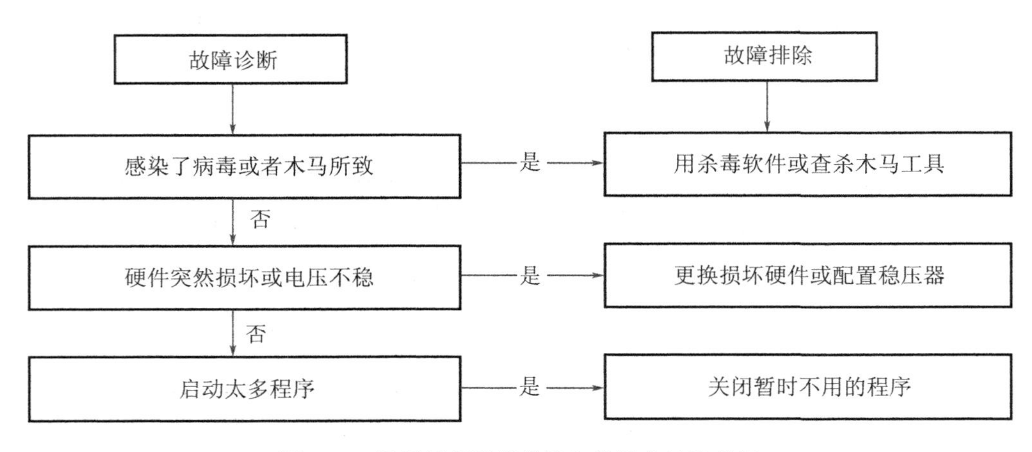

图 10-4 运行过程死机故障与排除方法流程图

（1）重启电脑：重启后用杀毒软件进行查杀病毒或木马。

（2）恢复到最后一次正确配置：重启后按 F8 键，选择“最后一次正确配置电脑”，就能自动恢复注册表中如图 10-5 所示的有效注册表信息。

（3）查询蓝屏提示的错误代码，找出相对应的原因进行修复。

3. 由于感染病毒或木马导致的故障诊断与排除

电脑病毒或木马故障比较常见，特别是网络化时代的到来，这种情况更常见。

（1）故障现象：

A. 文件或数据被破坏，造成电脑数据丢失或损坏，其主要表现为文件字节数变大或变小；可执行文件大小发生变化；程序或数据莫名其妙丢失等。

B. 上网速度变慢或系统资源被占，造成网络阻塞或系统瘫痪；或者导致内存和磁盘空间变小，文件运行速度严重变低。

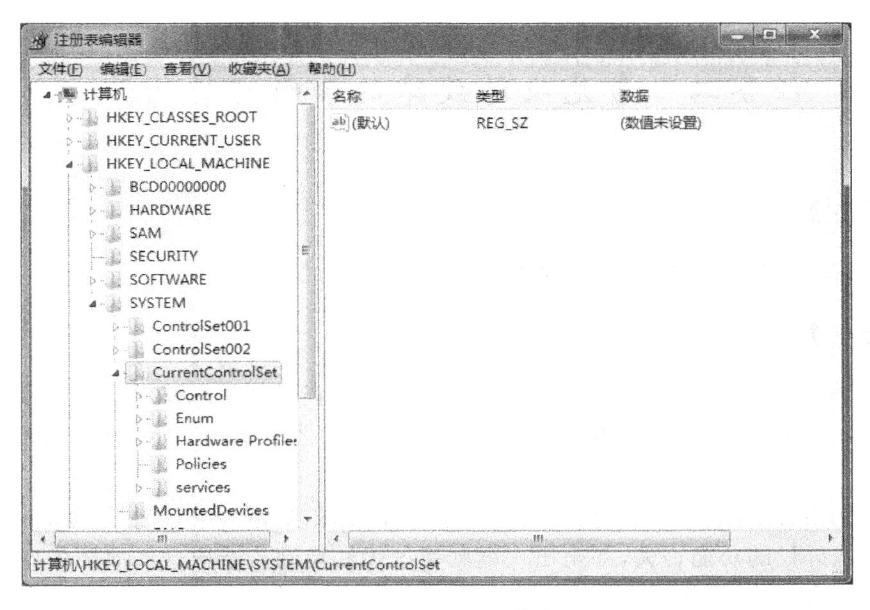

图 10-5 "注册表"信息

C. 操作系统等软件或硬件设备破坏,导致电脑无法正常运行,例如异常死机、莫名出错等。

(2)故障排除:一般情况下把杀毒软件升级到最新版,进行查杀即可,这时可按图 10-6 和图 10-7 所示的步骤进行操作。若无法重启系统,则需重新安装操作系统。

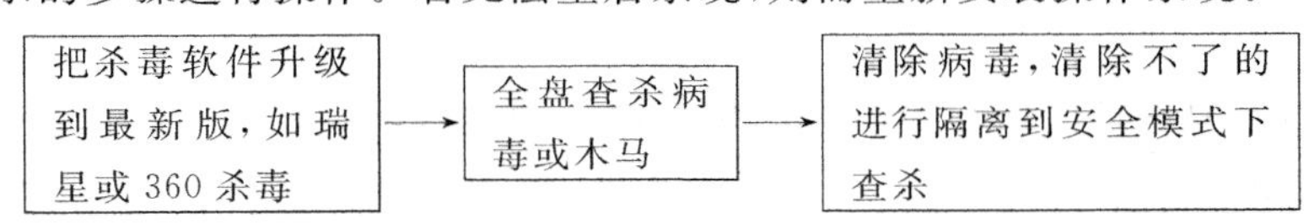

图 10-6 电脑感染病毒后排除流程图

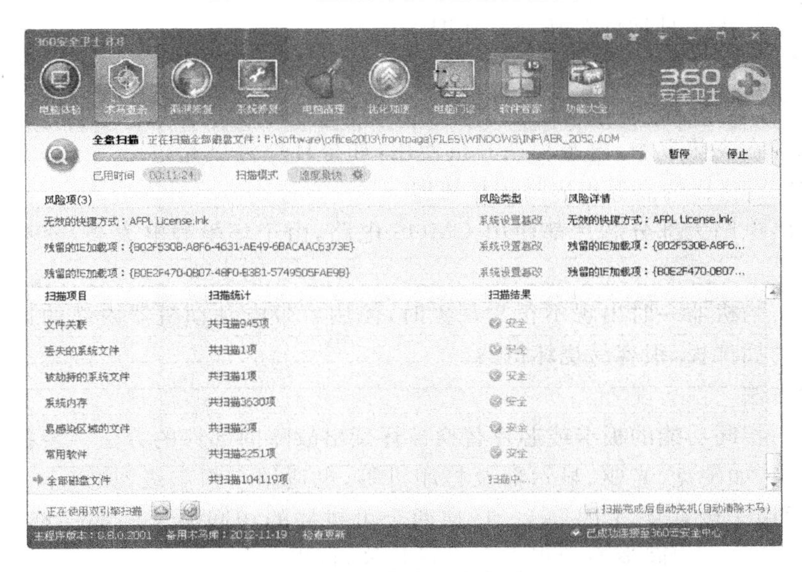

图 10-7 全盘查杀木马

任务二　常见硬件故障的诊断与排除

【实训目的】

了解硬件故障产生的原因，掌握常见故障的诊断与排除方法。

【实训准备】

硬件故障是指电脑硬件系统使用不当或硬件物理损坏所造成的故障，例如，电脑开机无法启动、无显示输出、声卡无法出声等。在这些硬件故障之中又有“真故障”和“假故障”之分。

“真故障”是指各种板卡、外设等出现电气故障或者机械故障等物理故障，这些故障可能导致所在板卡或外设的功能丧失，甚至出现电脑系统无法启动。造成这些故障的原因多数与外界环境不适合、使用操作不当等有关。

“假故障”是指电脑系统中的各部件和外设完好，但由于在硬件安装与设置，外界因素影响（如电压不稳、超频处理等）下，造成电脑系统不能正常工作。

1. 常见硬件故障的产生原因

（1）机械故障：如打印机的打印头部分、软盘驱动器和硬盘驱动器的机械部分等。

（2）电路故障：如主板、软驱和硬盘等电路芯片损坏，导致驱动能力下降、电阻开路和电容断路等。

（3）接触不良：主要是扩展槽与接口卡的接触部分和信号电缆插头与插座的接触部分。这类故障是比较多的。

（4）介质故障：主要是硬盘的磁道有划痕以及光盘上有油污等。硬盘使用一段时间后，硬盘应当使用系统维护工具软件对其进行维护。

（5）灰尘太多：电脑由于长期使用，在电路板上、软驱内、CPU 及电源的风扇内等处会积满灰尘，影响元器件散热，使局部温度太高，烧坏元器件。

（6）温度过高：在炎热夏季，电脑长期开机使用，如果环境温度超过 30℃，那么机内的温度会达到 50℃以上，这样的高温很容易损坏机器。

（7）静电太高：电脑大部分芯片都使用 CMOS 电路，由于环境静电太高，容易损坏内部芯片。

（8）操作不当：当机器一时出现不正常现象时，使用者带电乱动机器内部的连接电缆或带电插拔机器内的插件板，很容易烧坏机器。

2. 故障处理方法

（1）替换法：用相同功能的板卡或芯片替换被怀疑出故障的部件的方法。替换法既适合于部件之间的交换，如硬盘、光驱、显示器及打印机等，也适用于板卡级，如声卡、Modem 卡以及网卡等，还适用于内存条、CPU 等。任何两个可拔插的相同型号的部件都可以交换。使用拔插法时，必须使用相同类型的板卡。经过替换，可以迅速地排除故障，这是维修中最常用的一种方法。若故障转移到没有问题的电脑上，说明就是刚才交换的板卡的故障；如果问题依然存在，再继续查找其他故障。注意：用替换法排除故障时，要防止静电造成故障，更不可带电操作，确认操作无误时方可再次加电，否则会造成人为故障。在替换时，尽量要用同一种型号的部件对换，总之，不能影响硬件环境，否则现象不一样，不能说明问题。

(2)拔插法。将主机内被怀疑有问题的部件拔出，最好用无水酒精擦一下相互接触部位，再插回去。然后接通电源，检查机器状态。如果经过上述处理后故障消失，则可以认为故障存在于这一块板卡上；否则可根据故障现象及排除故障的流程再继续插拔其他的部件。拔插法不仅适用于各种可插拔的板卡，而且也适用于带有插座的采用 PGA 封装的中、大规模集成电路芯片。拔插法主要适用于一些接触不良故障的排除，通过将主机板上的 CPU、内存条、显示卡和声卡等可拔插的部件或芯片拔出后，观察部件之间互相接触的插头、插座或插针等处是否有氧化和变形等情况，经修复后，再插入以查找故障原因，这是一种非常有效的方法。如果电脑出现不明原因的“死机”现象，使用拔插法能很迅速地定位故障的位置。

(3)观察法。① 观察周围环境：电源环境、其他高功率电器、电、磁场状况、网络硬件环境、温湿度、环境的洁净程度；周边设备是否存在变形、变色、异味等异常现象。② 观察硬件环境：观察用户加装的与机器相连的其他设备等一切可能与机器运行有关的其他硬件设施。例如，机箱内的清洁度、温湿度，部件上的跳接线设置等，部件或设备间的连接是否正确；有无错误或错接、缺针/断针等现象；电脑内部连接、器件的颜色、部件的形状、指示灯的状态等。

(4)最小系统法。硬件最小系统由电源、主板、CPU 和显卡组成。在这个系统中，没有任何数据线的连接。在判断过程中，通过声音来判断这一核心组成部分是否可正常工作。

【实训步骤】

(一) 常见 CPU 类故障的诊断与排除

CPU 是电脑的核心部件，当 CPU 出现故障时电脑会出现黑屏、死机、运行软件缓慢等现象。本文把实际操作中常见的 CPU 故障进行归纳整理，供在排除故障时参考。

1. CPU 常见故障——温度故障

故障现象：电脑启动后运行一段时间后死机或启动后运行较大的软件（特别是一些大型游戏软件）时死机。

故障原因：这种有规律性的死机现象一般与 CPU 的温度有关。因为随着 CPU 工作频率的提高，CPU 所产生的热量也越来越高。CPU 是电脑主机中发热最大的配件，若其散热器散热能力不强，产生的热量不能及时挥发掉，CPU 就会长时间在高温下工作。

解决方法：打开机箱侧板后开机，发现装在 CPU 散热器上的风扇转动时快时慢，叶片上还沾满了灰尘。关机取下散热器，用刷子刷干净风扇上的灰尘，把风扇和散热器组装在一起，再重新装到 CPU 上。启动电脑后，发现风扇的转速明显快了许多，而噪声也小了许多，运行时不再死机。

2. CPU 常见故障——超频故障

故障现象：CPU 超频使用了几天后，一次开机时，显示器黑屏，重启后无效。

故障原因：因为 CPU 是超频使用，有可能是超频不稳定引起的故障。开机后，用手摸了一下 CPU 发现非常烫，于是故障可能就在此。

解决方法：找到 CPU 的外频与倍频跳线，逐步降频后，启动电脑，系统恢复正常，显示器也有了显示。

提示:将 CPU 的外频与倍频调到合适的情况后,监测一段时间看是否稳定,如果系统运行基本正常,此时如果不想降频,为了系统的稳定,可适当调高 CPU 的核心电压。

3. CPU 常见故障——散热片故障

故障现象:平常机器一直使用正常,有一天突然无法开机,屏幕提示无显示信号。

故障原因:因为是突然死机,怀疑是硬件松动而引起了接触不良。打开机箱把硬件重新插了一遍后开机,故障依旧。可能是显卡有问题,因为从显示器的指示灯来判断无信号输出,使用替换法检查,显卡没问题。又怀疑是显示器有故障,使用替换法同样没有发现问题,接着检查 CPU,发现 CPU 的针脚有点发黑和绿斑,这是生锈的迹象,看来故障应该在此。

解决方法:用橡皮和软毛刷仔细地把 CPU 的每一个针脚都擦一遍,在散热片上均匀地涂上一层薄薄的硅胶,再装好机器,然后开机,故障即可排除。

(二)常见内存故障的诊断与排除

内存是电脑的主要部件之一,其性能的好坏与否直接关系到电脑能否正常稳定工作。本文把实际操作中常见的内存故障进行归纳整理,供在排除故障时参考。

1. 内存常见故障——不同型号内存兼容性问题

故障现象:计算机硬件进行升级后(如安装双内存),重新对硬盘分区并安装操作系统,但在安装过程中复制系统文件时出错,不能继续安装。

故障原因:由于硬盘可以正常分区和格式化,所以排除硬盘有问题的可能性。首先考虑安装光盘是否有问题,格式化硬盘并更换一张可以正常安装的操作系统光盘后重新安装,仍然在复制系统文件时出错。但如果只插一根内存条,则可以正常安装操作系统。

解决方法:(1)此故障通常是因为内存条的兼容问题造成的,可在只插一根内存条的情况下安装操作系统,安装完成后再将另一根内存条插上,通常系统可以识别并正常工作。(2)除此之外可更换一根兼容性和稳定性更好的内存条。

2. 内存常见故障——质量问题

故障现象:原系统工作正常,但新添加了一条杂牌的内存条后,开机时显示器黑屏,无法正常开机。

故障原因:(1)查看新内存条的外观,看防伪标识是否清晰;芯片上的字迹是否清晰或有无涂改的痕迹;内存条的引脚是否有缺损脱落等。(2)将新内存条单独插到主板上,开机测试其能否正常启动。若能正常启动,可查看内存条的工作频率是否与标识一致。

解决方法:(1)若内存条上的防伪标识缺失或模糊不清,芯片上的字迹不清或有明显涂改的痕迹,则有可能是以次充好的劣质产品,可要求更换并在更换时仔细辨别内存条的真伪。(2)若内存条的引脚有缺损或脱落,或者单独使用时也不能正常启动,则证明内存条已损坏,应立即更换。(3)若单独使用该内存时能正常启动,但发现内存条的工作频率与标识的不一致,则有可能是次等的低频率内存条,可更换成高频率的内存条。

3. 内存常见故障——提示内存不足

故障现象:当在计算机上运行大型软件时,总提示"内存不足",但计算机上的内存实际已经是 1GB 甚至更大。

故障原因:提示"内存不足"包括物理内存和虚拟内存,所以可以判定是本机的虚拟内存偏低或设置虚拟内存的磁盘可用空间太小,应设置较大虚拟内存或对设置虚拟内存的磁盘进行空间整理。

解决方法:(1)(进入设置虚拟内存的磁盘进行磁盘清理和碎片整理。(2)用鼠标右键单击"我的电脑"图标,在弹出的快捷菜单中选择"属性"命令,弹出"系统属性"对话框,切换到"高级"选项卡,如图 10-8 所示。(3)单击"性能"栏中的设置按钮,弹出"性能选项"对话框,切换到"高级"选项卡,如图 10-9 所示。(4)单击"虚拟内存"栏中的更改按钮,弹出"虚拟内存"对话框,查看虚拟内存的大小,并进行适当的设置。

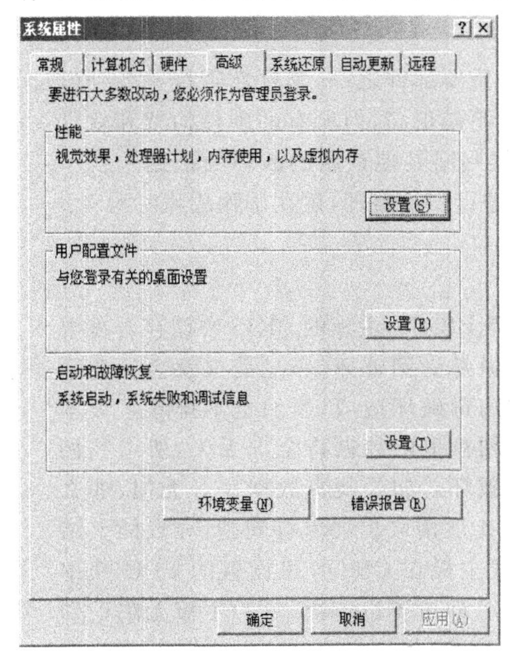

图 10-8 "高级"选项卡(1)

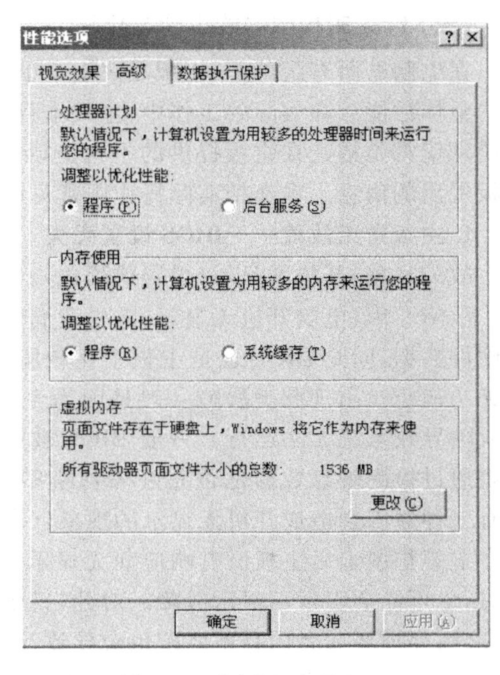

图 10-9 "高级"选项卡(2)

4. 内存常见故障——接触不良

故障现象:计算机长时间不用后,开机无法正常启动。

故障原因:此类故障多是由于内存或显卡与主板上的插槽接触不良或金手指出现铜锈而导致。可以使用排除法,首先排除是显卡的问题,最后确定是内存的金手指出现故障。

解决方法:(1)从主板上卸下内存条,使用毛刷将其表面的灰尘打扫干净,如图 10-10 所示。(2)使用橡皮擦将内存条金手指上的铜锈擦掉,如图 10-11 所示。

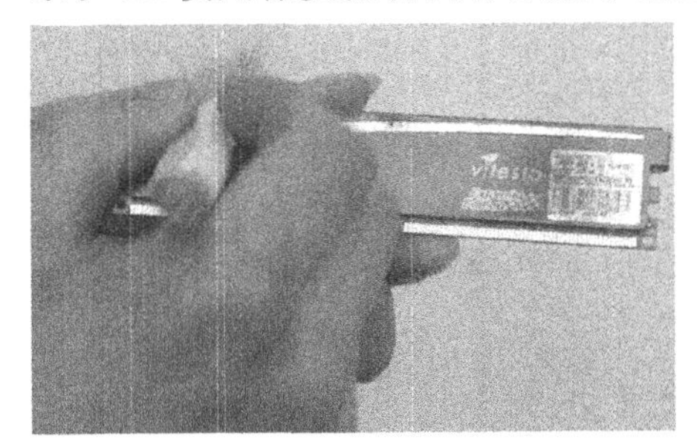

图 10-10 清洁内存条外部

图 10-11 擦除金手指上的铜锈

5. 内存常见故障——重复自检

故障现象：开机启动时，内存需要多次自检才能通过。

故障原因：此类故障多是由于内存容量的增加，有时需要进行多次检测才能完成检测内存操作。

解决方法：自检时按“Esc”键跳过自检，或者进入 BIOS 设置“Quick Power On Self Test”选项为“Enabled”。

（三）常见主板故障的诊断与排除

在电脑的所有配件中，主板是决定电脑整体性能的重要部件之一，其好坏直接关系到电脑的整体性能。在实际的工作中，主板本身的故障率并不是很高，但所有的硬件构架和软件系统环境都是搭建在主板提供的平台上，而且很多时候判断其他设备的故障的依据来自于主板发出的信息。本文把实际操作中常见的主板故障进行归纳整理，供在排除故障时参考。

1. 主板常见故障——BIOS 设置丢失

故障现象：开机无显示（黑屏或死机）。

故障原因：电脑开机无显示，首先我们要检查的就是 BIOS。主板的 BIOS 中储存着重要的硬件数据，同时 BIOS 也是主板中比较脆弱的部分，极易受到破坏，一旦受损就会导致系统无法运行。出现此类故障一般是因为主板 BIOS 被病毒破坏造成，当然也不排除主板本身故障导致系统无法运行。一般 BIOS 被病毒破坏后硬盘里的数据将全部丢失，所以我们可以通过检测硬盘数据是否完好来判断 BIOS 是否被破坏。如果硬盘数据完好无损，那么还有三种原因会造成开机无显示的现象：(1) 因为主板扩展槽或扩展卡有问题，导致插上诸如声卡等扩展卡后主板没有响应而无显示。(2)免跳线主板在 CMOS 里设置的 CPU 频率不对，也可能会引发不显示故障。对此，只要清除 CMOS 即可予以解决。(3)主板无法识别内存、内存损坏或者内存不匹配也会导致开机无显示的故障。

解决方法：杀毒，修复 BIOS，屏蔽受损的扩展插槽或重新设置 BIOS 中的 CPU 频率。

2. 主板常见故障——主板高速缓存不稳定引起

故障现象：CMOS 中设置使用主板的二级高速缓存（L2 Cache）后，在运行程序时经常死机，而禁止二级高速缓存时系统可正常运行。

故障原因：引起故障的原因可能是二级高速缓存芯片工作不稳定，用手触摸二级高速缓存芯片，如果某一芯片温度过高，则很可能是不稳定的芯片。

解决方法：禁用二级高速缓存或更换芯片即可。

3. 主板常见故障——BIOS 电池失效

故障现象：BIOS 设置后无法保存。

故障原因：此类故障一般是由于主板电池电压不足造成，对此予以更换即可。但有的主板电池更换后同样不能解决问题，此时有两种可能：(1)主板电路问题，对此要找专业人员维修。(2)主板 CMOS 跳线问题，有时候因为错误地将主板上的 CMOS 跳线设为清除选项，或者设置成外接电池，使得 CMOS 数据无法保存。

解决方法：更换主板 BIOS 电池或者更换主板。

（四）常见显卡故障的诊断与排除

显卡是电脑重要的显示设备之一，了解显卡几种常见故障的诊断与排除有利于出现故障时及时地排除故障。本文把实际操作中常见的显卡故障进行归纳整理，供在排除故障时参考。

1. 显卡常见故障——接触不良

故障现象：计算机不能正常启动，打开机箱，通电后发现CPU风扇运转正常，但显示器无显示，主板也无任何报警声响。

故障原因：(1)CPU风扇运转正常证明主板通电正常。(2)拔下内存条后再通电，若主板发出报警声，则说明主板的BIOS系统工作正常。(3)插上内存条并拔下显卡，若主板也有报警声，说明显卡插槽正常，排除显卡损坏的可能，则确定是因为显卡与插槽接触不良引起的故障。

解决方法：(1)使用工具将显卡表面灰尘清洁干净，如图10-12所示。(2)使用橡皮擦擦拭显卡的金手指，如图10-13所示，然后再插入插槽，即可解决故障。

图10-12 清洁显卡表面

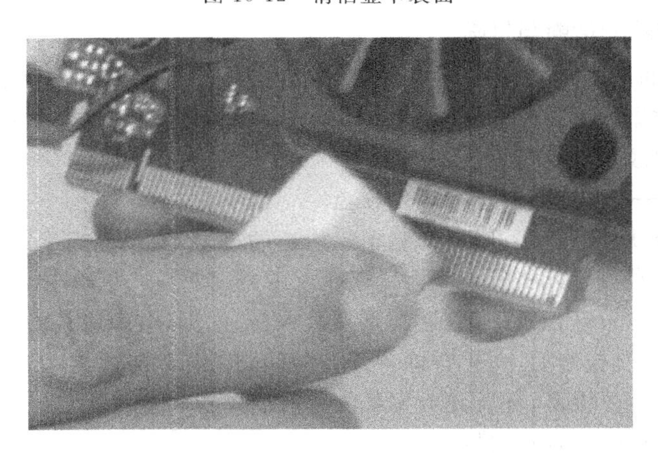

图10-13 使用橡皮擦擦拭金手指

2. 显卡常见故障——显示花屏

故障现象：开机显示就花屏或计算机能正常启动运行，但在运行大型游戏或制图软件一段时间后，出现花屏现象。

故障原因：(1)散热问题，用手轻轻触摸一下显存芯片的温度，看看显卡的风扇是否停转。(2)显卡驱动与程序本身不兼容或驱动存在BUG(电脑系统或程序中，隐藏着的一些未被发现的缺陷或问题)而造成的。

解决方法：(1)采用换个风扇或在显存上加装散热片的方法解决。(2)卸载原有的显卡驱动，把显卡驱动更新到新的版本。

3. 显卡常见故障——颜色显示不正常

故障现象:显示器显示颜色不正常。

故障原因:(1)显卡与显示器信号线接触不良。(2)显卡损坏。(3)显示器自身故障或者显示器被磁化。

解决方法:(1)重新连接显卡和显示器的连线。(2)更换显卡或显示器。(3)对显示器进行消磁处理。

4. 显卡常见故障——显卡驱动程序问题

故障现象:系统启动没有问题,只是画面显示不完全。

故障原因:显卡驱动程序载入,运行一段时间后驱动程序自动丢失,此类故障一般是由于显卡质量不佳或显卡与主板不兼容,使得显卡温度太高,从而导致系统运行不稳定或出现死机。

解决方法:升级显卡的驱动程序或更换显卡。

5. 显卡常见故障——系统出现工作不稳定,经常死机等现象

故障现象:对部分硬件进行了升级,安装了一块新的显卡,安装上后可以正常使用,但系统出现运行不稳定,经常莫名死机等现象。

故障原因:随着技术的更新,显卡的设计和生产技术也不断提高,使得显卡的性能和运行效率也越来越高,而与此同时,显卡的功耗也在不断增大(特别是增加了强劲散热系统的显卡)。若系统供电不足,则会造成显卡工作不稳定,从而导致死机等故障。

解决方法:更换额定功率更大的电源。

(五) 常见硬盘故障的诊断与排除

硬盘是电脑重要的设备之一,因其使用率高,出现故障的概率也较高。了解硬盘的常见故障,对防止硬盘中数据的丢失有很好的预防作用。本文把实际操作中常见的硬盘故障进行归纳整理,供在排除故障时参考。

1. 硬盘常见故障——系统经常不能识别硬盘

故障现象:对部分硬件进行了升级,安装了一块新的显卡,安装上后可以正常使用,但系统出现运行不稳定,经常莫名死机等现象。

故障原因:系统不能正确识别硬盘,通常是硬盘本身、主板、电源、BIOS 设置这几个方面的问题。通过替换法反复检查后,一一排除各部分的问题。仔细查看时发现,硬盘数据线的很多地方扭曲、捆扎得十分混乱,怀疑是数据线内部有断路或者接触不良。

解决方法:更换数据线后,故障排除。

2. 硬盘常见故障——硬盘分区表丢失而不能正常启动系统

故障现象:在使用 Ghost 工具还原系统过程中突然断电,重新启动计算机后不能正确识别硬盘。

故障原因:在使用 Ghost 工具进行系统还原的过程中会对硬盘的分区表进行读取并改写,此时若突然断电,则会造成分区表丢失或损坏,从而导致不能正确识别硬盘。

解决方法:使用硬盘修复工具进行修复或送修。

3. 硬盘常见故障——硬盘转动和读写的噪声很大

故障现象:电脑在工作的时候,硬盘转动和读写的噪声很大。

故障原因:出现这种问题,可能不仅仅是硬盘的问题,因为有些品牌和型号的硬盘噪声大是客观存在的，但更多时候是机箱设计和硬盘安装不合理造成的。

解决方法：首先检查硬盘的安装是否牢固，所有螺丝是否拧紧，最好在硬盘和机箱接触的地方垫一些橡胶物质，以起到减震、降噪的效果。

4. 硬盘常见故障——硬盘坏道

故障现象：

(1) 打开或复制某一文件、程序时，硬盘的操作速度变慢，长时间反复读盘，然后出错，或 Windows 提示"无法读取文件"或出现蓝屏。

(2) 硬盘读写的声音由原来的"嚓嚓"的摩擦声变为怪声。

(3) 每次进入系统时都使用 ScanDisk 扫描硬盘，并在扫描时出现红色的"B"的标记。

(4) 在排除病毒的情况下，电脑启动时无法从硬盘引导。自检时，屏幕提示 Hard diskdrive failure 或 Hard drive controller failure 及类似信息。

(5) 硬盘无法启动时，用软盘进行引导，出现 Sector not found 或 General error in readingdrive C 等信息。还有就是可以转到硬盘所在盘符，但无法进入。

(6) 格式化硬盘时，到某一进度停滞不前，最后报错退出。

(7) 对硬盘用 Fdisk 命令进行分区时，到某一进度会反复进退，不能完成。

故障原因：

硬盘坏道分为逻辑坏道和物理坏道两种。逻辑坏道为软坏道，大多是由于软件的操作和使用不当造成的，可以用软件进行修复。逻辑坏道是日常使用中最常见的硬盘故障，实际上是磁盘磁道上面的校验信息(ECC)跟磁道的数据和伺服信息对不上号。出现这一故障的原因，通常都是因为一些程序的错误操作或是该处扇区的磁介质开始出现不稳定的先兆。

解决方法：

消除逻辑坏道最常用的方法就是用系统的 Scan Disk 进行磁盘扫描。物理坏道为真正的物理性坏道，它表明硬盘的表面磁道上产生了物理损伤，大多无法用软件进行修复，只能通过改变硬盘分区或扇区的使用情况来解决。

ScanDisk 修复坏道的操作方法如下：

(1) 使用启动盘启动计算机，在其提示符下输入"scandisk C:"，按"Enter"键，进入 Microsoft ScanDisk 界面，程序先开始检测磁盘的文件结构，如图 10-14 所示。

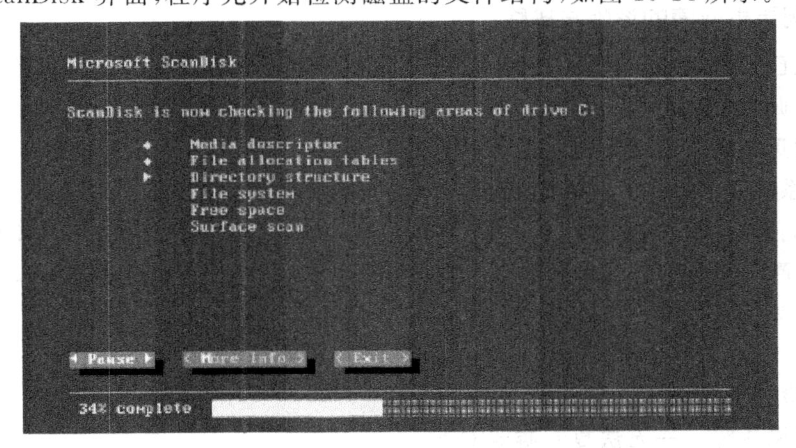

图 10-14 Microsoft ScanDisk 界面

(2) 检测磁盘的文件结构完成后，程序提示是否要对磁盘表面进行扫描，然后按“Y”键，如图 10-15 所示。

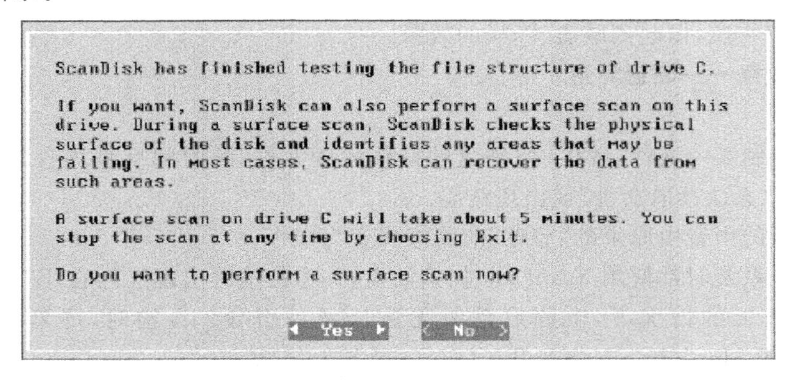

图 10-15　提示磁盘扫描界面

(3) 此时 ScanDisk 程序便会开始扫描，如扫描程序在某一进度停滞不前，那么硬盘就有物理坏道了。并将坏簇以黑底红字的“B”(表示 bad 的意思)标出，如图 10-16 所示。

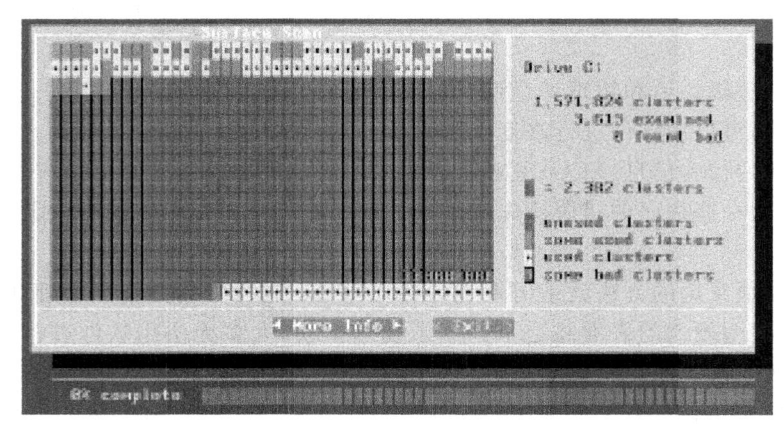

图 10-16　磁盘扫描结果

(六) 常见刻录机故障的诊断与排除

刻录机现在已经逐渐取代光驱成为电脑主机的配件之一。本文把在实际操作中常见的刻录机故障进行归纳整理，供在排除故障时参考。

1. 刻录机常见故障——安装刻录机后无法启动电脑

故障现象：系统原本正常，安装了刻录机后，系统无法启动。

故障原因：首先切断供电电源，打开机箱外壳检查 IDE 线是否完全插入，并且要保证 PIN-1 的接脚位置正确连接。如果刻录机与其他 IDE 设备共用一条 IDE 线，需保证两个设备不能同时设定为“MA”(Master)或“SL”(Slave)方式，可以把一个设置为“MA”，一个设置为“SL”。

解决方法：检查 IDE 连线并进行设置。

2. 刻录机常见故障——无法复制游戏 CD

故障现象：光盘复制时出错。

故障原因：一些大型的商业软件或者游戏软件，在制作过程中，对光盘的盘片做了保护，所以在进行光盘复制的过程中，会出现无法复制，导致刻录过程发生错误，或者复制以后无法正常使用的情况发生。

解决方法：无。

3. 刻录机常见故障——刻录的 CD 音乐不能正常播放

故障现象：刻录的 CD 音乐不能正常播放。

故障原因：并不是所有的音响设备都能正常读取 CD-R 盘片的，大多数 CD 机都不能正常读取 CD-RW 盘片的内容，所以最好不要用刻录机来刻录 CD 音乐。另外，还需要注意的是，刻录的 CD 音乐，必须符合 CD-DA 文件格式。

解决方法：刻录的时候选择生成一张数据 CD。

4. 刻录机常见故障——刻录失败

故障现象：光盘刻录过程中提示刻录失败。

故障原因：刻录成功需要保持系统环境单纯，即关闭后台常驻程序。为了保证刻录过程数据传送的流畅，需要经常对硬盘碎片进行整理，避免发生因文件无法正常传送造成的刻录中断错误，可以通过执行“磁盘扫描程序”和“磁盘碎片整理程序”来进行硬盘整理。注意刻录机的散热问题，良好的散热条件会给刻录机一个稳定的工作环境，如果因为连续刻录，刻录机发热量过高，可以先关闭电脑，等温度降低以后再继续刻录。

解决方法：经常整理系统环境，刻录机要注意防尘、防潮，以免造成激光头读写不正常。

（七）其他设备常见故障的诊断与排除

以下把在实际操作中，液晶显示器、键盘、鼠标、网卡等硬件设备的故障进行归纳整理，供在排除故障时参考。

1. 液晶显示器常见故障——显示模糊或出现色差

故障现象：液晶屏显示模糊，特别是显示汉字时情况更严重；或者液晶屏无论是启动或运行时都会出现色差。

故障原因：液晶显示器只支持“真实分辨率”，而且只有在真实分辨率下才能显示最佳。出现色差可能是液晶显示器周围有磁性物品或数据连接线松动。

解决方法：调整显示器的分辨率为最佳，检查液晶显示器和主板的数据线。

2. 电源常见故障——电脑反复自动重启

故障现象：某天电脑开机时不能正确启动，电脑反复自动重启，刚开始自检便又重启。

故障原因：这种现象是典型的电源损坏故障，说明电源内部元器件已经损坏，无法再正常工作。

解决方法：更换新电源。

3. 键盘常见故障——系统启动时自检出错

故障现象：键盘自检出错，屏幕提示“keyboard error Press F1 Resume”出错信息。

故障原因：键盘自检出错的原因可能有：键盘接口接触不良、键盘硬件故障、键盘软件故障、信号线脱焊、病毒破坏和主板故障等。

解决方法：当出现自检错误时，可关机后拔插键盘与主机接口的插头。如果故障仍然存在，可用替换法换用一个正常的键盘与主机相连，再开机试验。若故障消失，则说明自身存在硬件问题，可对其进行检修；若故障依旧，则说明是主板接口问题，必须检修或更换主板。

4.移动存储设备常见故障——移动硬盘在进行读写操作时频繁出错

故障现象:将移动硬盘连接到USB接口之后,系统可以正常识别出移动硬盘,但是在对移动硬盘进行读写操作时,硬盘经常发出“咔咔”的异响,然后出现蓝屏,系统提示读写错误,但是在另外一些计算机上可以正常使用该移动硬盘,扫描硬盘也没有发现坏道。

故障原因:由于USB设备是通过USB接口获得必要的电源,一般闪存、数码相机等USB设备在100mA左右电流时就可以正常工作,但是对于移动硬盘这种大功率移动存储器,一般需要500mA电流才能正常工作。如果主板USB接口的供电不足,就无法提供足够大的电流,从而造成移动硬盘无法正常工作,这种故障在一些较早期的主板上比较常见。

解决方法:

(1)最好是把移动硬盘直接接到主板的USB接口上,而不要将其连接在主机的前置USB接口上,以免造成供电不足。

(2)不要使用USB延长线来连接USB移动硬盘,最好使用厂家随移动硬盘附送的USB电线。

(3)目前主板上的USB接口后面一般都有一个JP3跳线,用来改变USB接口的供电方法,可以改变JP3跳线的设置,将USB电源由副电源5V供电改为主电源5V供电,可以得到更加稳定的电源(详细方法可以参考主板说明书)。

(4)如果以上方法都无法解决问题,那就只有改变移动硬盘的取电方式了,一般的USB移动硬盘都提供了PS/2取电接口,将它接到主板的PS/2接口上,可以得到比较稳定的电流。另外也可以购买一个带有外接电源的USB Hub,利用它为USB移动硬盘供电也是个比较不错的方法。

【思考与练习】

1.计算机软件故障的原因大致有哪几种?如何排除?
2.计算机硬件故障产生的具体原因大致有哪几种?
3.在排除硬件故障时,什么是最小系统法?
4.常见的定位硬件故障的方法有哪几种?

参考文献

1. 刘瑞新. 计算机组装与维护教程(第5版). 北京:机械工业出版社,2011
2. 葛勇平. 计算机组装与维修项目教程. 北京:机械工业出版社,2009
3. 王红军. 笔记本电脑维护与维修从入门到精通. 北京:科学出版社,2008
4. 太平洋电脑网 http://www.pconline.com.cn
5. 泡泡网 http://www.pcpop.com
6. 天极网 http://www.yesky.com
7. IT世界网 http://www.it.com.cn
8. 中关村在线 http://www.zol.com.cn
9. IT168 http://www.it168.com
10. 小熊在线 http://www.beareyes.com.cn